中国人群
暴露参数手册（儿童卷）
概 要

HIGHLIGHTS OF THE CHINESE
EXPOSURE FACTORS
HANDBOOK

段小丽　编著

Children

中国环境出版社·北京

图书在版编目（CIP）数据

中国人群暴露参数手册. 儿童卷. 概要/段小丽编著. —
北京：中国环境出版社，2016.10
　ISBN　978-7-5111-2812-6

Ⅰ. ①中…　Ⅱ. ①段…　Ⅲ. ①环境影响—儿童—健
康—参数估计—中国—手册　Ⅳ. ①X503.1-62

中国版本图书馆 CIP 数据核字（2016）第 102182 号

出 版 人	王新程	
责任编辑	孟亚莉	
责任校对	尹　芳	
封面设计	彭　杉	

出版发行　**中国环境出版社**
　　　　　（100062　北京市东城区广渠门内大街 16 号）
　　　　　网　　址：http://www.cesp.com.cn
　　　　　电子邮箱：bjgl@cesp.com.cn
　　　　　联系电话：010-67112765（编辑管理部）
　　　　　　　　　　010-67112735（中国环境出版社第一分社）
　　　　　发行热线：010-67125803，010-67113405（传真）

印　　刷	北京盛通印刷股份有限公司
经　　销	各地新华书店
版　　次	2016 年 10 月第 1 版
印　　次	2016 年 10 月第 1 次印刷
开　　本	787×1092　1/16
印　　张	14
字　　数	230 千字
定　　价	85.00 元

编委会

编写组

主　编　段小丽

副主编　赵秀阁　王贝贝　赵丽云　程红光　曹素珍

成　员（按笔画排序）

于冬梅　马　瑾　王丹洁　王红梅　王先良　王　寻
王宗爽　王菲菲　王海燕　刘　平　闫芳芳　朱忠军
许晓丽　许人骥　闫振广　刘新成　张霖琳　张　倩
张文杰　陈子易　陈奕汀　姜　勇　李天昕　李　琴
范德龙　杨立新　邹　滨　郑婵娟　房玥辉　胡小琪
俞　丹　聂　静　钱　岩　黄　楠　董　婷　韩　斌
颜增光　魏永杰

技术顾问（按笔画排序）

于云江　王五一　王建生　王金南　白志鹏　吕岩玉
孙承业　许秋瑾　许振成　陈秉衡　陈育德　李发生
宋永会　吴丰昌　林春野　金水高　杨功焕　张金良
张寅平　孟　伟　武雪芳　郑丙辉　徐东群　柴发合
郭新彪　陶　澍　阚海东　谢晓桦　潘小川　颜崇淮
魏复盛

Dongchun Shin　Jacqueline Moya　Jae-Yeon Jang
Junfeng（Jim）Zhang　Kai Zhang　Chunrong Jia
Kirk Smith　Michael Dellarco

前言

　　暴露参数是用来描述人体暴露环境介质特征和行为的基本参数，是决定环境健康风险评价准确性的重要因素。根据《国家环境保护"十二五"环境与健康工作规划》，2013—2014 年，环境保护部科技标准司委托中国环境科学研究院，针对我国 0~17 岁儿童开展了"中国儿童环境暴露行为模式研究"，并在此基础上，综合国内其他相关调查、研究及统计信息，形成了《中国人群暴露参数手册（儿童卷：0~5 岁）》和《中国人群暴露参数手册（儿童卷：6~17 岁）》（以下简称《手册》）。这两本《手册》分别共 12 章，分别对编制《手册》的背景目的、工作过程、适用范围及使用方法，以及摄入量参数、时间活动模式参数和其他参数的定义、影响因素和获取方法进行了介绍，并以附表的形式列出了各参数分地区（东中西、片区和省）、城乡、性别、年龄的样本量（n）、算数均值（Mean）以及百分位数值（P5、P25、P50、P75、P95），有个别参数还列出了分季节的数据。为了方便读者携带和查阅，为相关科研和管理人员提供参考和借鉴，特在两本《手册》基础上编制完成《中国人群暴露参数手册（儿童卷）概要》（以下简称《概要》）。

　　《概要》共 12 章，分别对编制《概要》的背景目的、工作过程、适用范围及使用方法，以及摄入量参数、时间活动模式参数和其他参数的定义、影响因素和获取方法进行了介绍，并以表格的形式列出了各参数分年龄、性别、城乡和片区的算数均值以及百分位数值，以及各参数分省的推荐值，有个别参数还列出了分季节的数据（本书的统计数据暂未包含西藏自治区、台湾地区、香港和澳门特别行政区的数据）。

《概要》是《手册》内容的精简版，旨在更方便地为相关科研和管理人员提供参考和借鉴，由于时间和经验所限，在编制过程中难免有不足之处，敬请广大读者批评指正。

编写组

2016 年 3 月

中国儿童暴露参数推荐值总表

分类		年龄												
		0~<3月	3~<6月	6~<9月	9月~<1岁	1~<2岁	2~<3岁	3~<4岁	4~<5岁	5~<6岁	6~<9岁	9~<12岁	12~<15岁	15~<18岁
呼吸量	长期呼吸量/(m³/d)	3.7	4.7	5.4	5.9	5.7	6.3	8.0	8.4	8.8	10.1	13.2	13.5	14.0
	短期呼吸量/(L/min) 休息坐	1.4	1.7	2.0	2.1	2.5	2.7	3.3	3.4	3.6	4.1	4.8	5.5	6.0
	轻度运动	1.6	2.1	2.4	2.6	3.0	3.3	3.9	4.1	4.3	4.9	5.8	6.6	7.2
	中度运动	2.7	3.4	4.0	4.3	4.9	5.5	6.5	6.9	7.2	8.2	9.7	10.9	12.1
	剧烈运动	5.4	6.9	7.9	8.6	9.9	10.9	13.1	13.8	14.4	16.5	19.3	21.9	24.1
饮水摄入量/(ml/d)	总饮水摄入量	13.6	17.2	19.8	21.5	24.7	27.3	32.6	34.4	36.1	41.1	48.3	54.7	60.3
	直接饮水摄入量	182	345	592	813	911	809	863	851	861	1 186	1 280	1 383	1 414
	间接饮水摄入量	182	302	407	506	600	556	567	574	575	867	938	1 062	1 153
饮食摄入量		209	136	195	264	292	290	322	305	293	319	344	321	262
	主食食用率/%	—	—	—	—	—	99.9	100.0	100.0	100.0	96.5	95.7	96.4	97.0
	主食摄入量[a]/(g/d)	—	—	—	—	—	139.4	148.8	153.4	162.1	243.8	284.2	352.3	389.2
	蔬菜食用率/%	—	—	—	—	—	96.7	97.5	97.6	97.5	94.6	93.5	93.3	91.9
	蔬菜摄入量[b]/(g/d)	—	—	—	—	—	124.6	133.4	135.5	133.1	151.5	175.8	204.9	197.8
	水果食用率/%	—	—	—	—	—	94.2	94.9	94.7	94.9	89.8	90.2	87.6	86.1
	水果摄入量[c]/(g/d)	—	—	—	—	—	110.0	121.2	117.5	117.4	95.8	124.8	137.8	148.3
	乳类食用率/%	—	—	—	—	—	56.6	50.4	48.4	47.4	71.6	70.4	70.5	63.8

分类		年龄												
		0~<3月	3~<6月	6~<9月	9月~<1岁	1~<2岁	2~<3岁	3~<4岁	4~<5岁	5~<6岁	6~<9岁	9~<12岁	12~<15岁	15~<18岁
饮食摄入量	乳类摄入量[d]/(g/d)	—	—	—	—	—	229.4	187.9	178.4	161.4	128.1	136.0	150.3	150.5
	豆类食用率/%	—	—	—	—	—	74.3	76.6	76.9	78.5	73.8	71.6	69.1	68.3
	豆类摄入量[e]/(g/d)	—	—	—	—	—	6.5	6.9	7.6	7.2	22.4	29.9	36.4	37.4
	肉类食用率/%	—	—	—	—	—	93.1	94.8	95.1	95.6	89.4	86.6	86.7	85.6
	肉类摄入量[f]/(g/d)	—	—	—	—	—	53.7	59.8	58.5	59.1	68.1	88.9	116.4	102.4
	水产类食用率/%	—	—	—	—	—	62.0	62.4	62.2	61.4	67.2	60.8	60.8	54.1
	水产类摄入量[g]/(g/d)	—	—	—	—	—	28.7	30.9	30.0	29.0	30.8	39.2	58.5	55.8
	蛋类食用率/%	—	—	—	—	—	84.0	85.1	86.1	85.0	83.8	80.1	78.6	75.9
	蛋类摄入量[h]/(g/d)	—	—	—	—	—	37.6	38.5	37.8	37.9	38.4	41.4	45.8	48.2
土壤/生土摄入量/(mg/d)									72			103		86
手物口接触	手口接触人数比例/%	29.6	56.5	56.4	40.5	28.5	17.1	16.2	11.3	8.7	9.4	12.0	10.5	9.5
手口接触	手口接触频次[i]/(次/d)	6	7	5	5	4	3	3	3	3	3	3	3	4
	手口接触时间[j]/(min/d)	6	10	8	5	5	5	5	5	4	6	5	6	6
物口接触	物口接触人数比例/%	13.1	33.2	46.9	39.0	25.0	12.3	8.3	6.2	4.6	6.9	6.9	6.3	7.3
	物口接触频次[k]/(次/d)	4	5	5	5	3	3	3	3	2	3	3	3	2
	物口接触时间[l]/(min/d)	4	5	6	5	5	4	3	3	4	6	4	5	4
时间活动模式参数	室外活动时间/(min/d)	50	90	119	137	155	157	150	138	134	104	106	102	96
	室内活动时间/(min/d)	1 390	1 350	1 321	1 303	1 285	1 279	1 275	1 284	1 286	1 297	1 298	1 300	1 302
	总交通出行时间/(min/d)	—	—	—	—	—	—	23	23	23	41	37	41	45

分类		年龄												
		0~<3月	3~<6月	6~<9月	9月~<1岁	1~<2岁	2~<3岁	3~<4岁	4~<5岁	5~<6岁	6~<9岁	9~<12岁	12~<15岁	15~<18岁
时间活动模式参数	与水接触 洗澡时间/(min/d)	5	7	8	8	8	9	9	9	9	9	10	12	10
	游泳人数比例/%	9.5	10.9	12.3	11.0	5.0	4.6	5.6	5.4	7.4	14.9	21.7	18.0	12.2
	游泳时间^m/(min/月)	43	55	60	45	61	63	94	80	108	148	217	218	230
	土壤接触 土壤接触（室外）人数比例/%	—	—	—	—	62.6	66.3	67.0	63.4	55.1	63.8	54.9	48.7	41.3
	土壤接触时间^n/(min/d)	—	—	—	—	38	37	40	39	37	24	19	19	21
	电磁接触 看电视人数比例/%	—	—	—	—	66.5	86.2	91.6	93.7	86.8	90.8	88.5	85.6	75.4
	看电视时间^o/(min/d)	—	—	—	—	44	66	73	76	75	46	47	42	34
	看（玩）手机人数比例/%	—	—	—	—	26.1	31.0	32.7	35.3	31.7	40.3	49.4	61.2	75.1
	看（玩）手机时间^p/(min/d)	—	—	—	—	15	19	19	19	18	15	20	33	42
	看（玩）台式电脑人数比例/%	—	—	—	—	5.3	9.7	14.0	16.1	19.9	43.0	53.8	52.6	52.2
	看（玩）台式电脑时间^q/(min/d)	—	—	—	—	15	20	20	22	22	17	21	25	30
	看（玩）平板电脑人数比例/%	—	—	—	—	3.5	5.2	6.8	6.0	7.2	11.7	14.0	17.9	12.1
	看（玩）平板电脑时间^r/(min/d)	—	—	—	—	16	21	22	23	18	14	20	22	30

分类		年龄												
		0~ <3月	3~ <6月	6~ <9月	9月~ <1岁	1~ <2岁	2~ <3岁	3~ <4岁	4~ <5岁	5~ <6岁	6~ <9岁	9~ <12岁	12~ <15岁	15~ 18岁
体重/kg		6.4	7.9	9.1	9.8	11.2	13.5	15.6	17.7	19.6	26.5	36.8	47.3	54.8
全身皮肤表面积/m²		0.34	0.40	0.45	0.47	0.52	0.61	0.68	0.74	0.80	0.99	1.23	1.46	1.61
皮肤表面积	身体不同部位的皮肤表面积/m² 头部	0.06	0.07	0.08	0.09	0.09	0.09	0.09	0.10	0.11	0.13	0.13	0.14	0.13
	躯干	0.12	0.14	0.16	0.17	0.19	0.23	0.22	0.23	0.28	0.35	0.42	0.48	0.52
	手臂	0.05	0.06	0.06	0.06	0.07	0.07	0.10	0.10	0.11	0.13	0.16	0.18	0.24
	手部	0.02	0.02	0.02	0.03	0.03	0.03	0.04	0.04	0.04	0.05	0.07	0.08	0.09
	腿	0.07	0.08	0.09	0.10	0.12	0.14	0.18	0.21	0.22	0.27	0.36	0.48	0.53
	脚	0.02	0.03	0.03	0.03	0.03	0.04	0.05	0.05	0.06	0.07	0.09	0.11	0.11

注："—"表示无数据。

a. 指具有主食摄入行为儿童的主食摄入量。
b. 指具有蔬菜类摄入行为儿童的蔬菜摄入量。
c. 指具有水果摄入行为儿童的水果摄入量。
d. 指具有乳类摄入行为儿童的乳类摄入量。
e. 指具有豆类摄入行为儿童的豆类摄入量。
f. 指具有肉类摄入行为儿童的肉类摄入量。
g. 指具有水产类摄入行为儿童的水产类摄入量。
h. 指具有蛋类摄入行为儿童的蛋类摄入量。
i. 指具有手口接触行为儿童的手口接触频次。
j. 指具有手口接触行为儿童的手口接触时间。
k. 指具有物口接触行为儿童的物口接触频次。
l. 指具有物口接触行为儿童的物口接触时间。
m. 指游泳儿童的游泳时间。
n. 指有户外土壤接触行为儿童的土壤接触时间。
o. 指看电视儿童的与电视接触时间。
p. 指看（玩）手机、平板的与儿童的与手机接触时间。
q. 指看（玩）台式电脑儿童的与台式电脑接触时间。
r. 指看（玩）平板电脑儿童的与平板电脑接触时间。

目　录

表目录

1 编制说明

1.1 背景、目的和意义

1.1.1 背景

伴随我国工业化、城镇化的快速发展，环境污染影响人民群众健康问题凸显，成为影响可持续发展、小康社会建设和社会和谐的重要因素之一，保护环境、保障健康成为人民群众最紧迫的需求。加强风险管理，开展环境健康风险评价，有助于环境保护部门明确污染控制的优先次序，提高投入—产出水平。

环境健康风险评价包括四个基本步骤（图 1-1）：一是危害鉴定，即明确所评价的污染要素的健康终点；二是剂量—反应关系，即明确暴露和健康效应之间的定量关系；三是暴露评价，包括人体接触的环境介质中污染物的浓度，以及人体与其接触的行为方式和特征，即暴露参数；四是风险表征，即综合分析剂量—反应和暴露评价的结果，得出风险值（USEPA，1989）。

暴露参数是用来描述人体暴露环境介质的特征和行为的基本参数，是决定环境健康风险评价准确性的关键因子。在对环境介质中污染物浓度准确定量的情况下，暴露参数值的选取越接近评价目标人群的实际暴露状况，则暴露剂量的评价结果越准确，环境健康风险评价的结果也就越准确（段小丽，2012）。

非致癌物风险评价：

$$R = \frac{\text{ADD}}{\text{RfD}} \times 10^{-6} \qquad (1\text{-}1)$$

式中：R —— 人体暴露某污染物的健康风险，量纲为 1；

$\quad$ RfD —— 污染物在某种暴露途径下的参考剂量，mg/（kg·d）；

$\quad$ ADD —— 污染物的日均暴露剂量，mg/（kg·d），见公式（1-3）。

致癌物风险评价：

$$R = q \times \text{ADD} \quad 或 \quad R = Q \times \text{ADD} \tag{1-2}$$

式中：q —— 由动物推算出来的人的致癌强度系数，$[\text{mg/（kg·d）}]^{-1}$；

Q —— 以人群资料估算的人的致癌强度系数，$[\text{mg/（kg·d）}]^{-1}$。

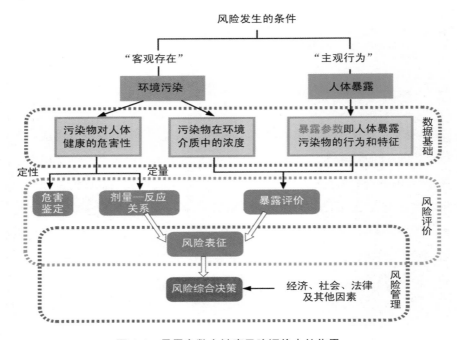

图 1-1   暴露参数在健康风险评价中的作用

日均暴露剂量计算：

$$\text{ADD} = \frac{C \times \text{IR} \times \text{EF} \times \text{ED}}{\text{BW} \times \text{AT}} \tag{1-3}$$

式中：ADD —— 污染物的日均暴露剂量，mg/（kg·d）；

IR —— 摄入量，mg/d 或 m^3/d；

C —— 某环境介质中污染物的浓度，mg/L 或 mg/kg；

EF —— 暴露频率，d/a；

ED —— 暴露持续时间，a；

BW —— 体重，kg；

AT —— 平均暴露时间，d。

暴露参数根据类别可分为摄入量参数、时间活动模式参数和其他暴露参数三类：摄入量参数指对每种环境介质的摄入量，包括呼吸量、饮水摄入量、饮食摄入量、土壤/尘摄入量等；时间活动模式参数指与环境介质接触的行为模式，包括手/物口接触时间、室内外活动时间、洗澡和游泳时间、与土壤接触时间等；其他暴露参数指体重和皮肤表面积等各种环境介质暴露评价中都需要用到的参数。

1.1.2　国内外研究进展

从 20 世纪末开始，美国环境保护局（Klepeis NE，et al.，2001；USEPA，1989、1997、2011）、韩国环境部（Jang J Y，et al.，2007）等机构相继开展了本国的环境暴露行为模式研究，发布人群暴露参数手册，但均以成人为主。目前，仅有美国环境保护局针对儿童环境暴露行为模式特点发布了儿童暴露参数手册（USEPA，2002、2008）。

我国在 2011—2012 年完成了成人环境暴露行为模式调查（环境保护部，2013a），并于 2013 年出版了《中国人群暴露参数手册》（成人卷）（环境保护部，2013b），但是关于儿童暴露参数方面还处于空白。

环境保护部科技标准司于 2013—2014 年委托中国环境科学研究院在我国 30 个省（区、市）的 55 个县/区、165 个乡镇/街道和 316 所学校针对 75 519 名 0～17 岁儿童（有效样本量为 75 490 人）开展并完成了中国儿童环境暴露行为模式研究工作。通过调查儿童经呼吸道、消化道和皮肤暴露于环境的特征参数等，建立了能够反映我国儿童特点的暴露参数数据库，编制完成《中国人群暴露参数手册（儿童卷：0～5 岁）》和《中国人群暴露参数手册（儿童卷：6～17 岁）》（以下简称《手册》）。《手册》可应用于环境基准推导、污染防控优先次序识别、环境影响评估、化学品风险管理和污染场地风险评估等领域，能够极大地提高我国环境健康风险评价的准确性，推进我国环境健康风险评价工作的发展。由于《手册》内容详尽，篇幅较大，故在其基础上编制《中国人群暴露参数手册（儿童卷）概要》（以下简称《概要》），旨在更方便地为相关科研和管理人员提供参考和借鉴。

1.2　适用范围

《概要》可供相关科研、技术或管理人员参考，适用于环境基准推导、污染防控优先次序识别、环境影响评估、化学品风险管理和污染场地风险评估等领域。

1.3　使用方法

《概要》共包括 12 章。其中第 1 章是编制说明，第 2～12 章是暴露参数的主体内容，根据参数类别，可以分为三个部分：摄入量参数，包括呼吸量、饮水摄入量、饮食摄入量、土壤/尘摄入量；时间活动模式参数，包括手/物口接触参数、与空气暴露相关的时间活动模式参数（室内外活动时间、交通出行方式和时间等）、与水暴露相关的时间活动模式参数（洗澡时间、游泳时间等）、与土壤暴露相关的时间活动模式参数（土壤接触时间等）、与电磁暴露相关的时间活动模式参数（与电视、手机、台式电脑、平板电脑的接触时间）；其他参数，包括体重和皮肤表面积相关参数。

1.3.1　根据所需要评价的对象选择合适的参数

儿童随着年龄的增长，与环境暴露的行为方式存在很大的差异，因此手册根据不同年龄段儿童暴露方式的差异，将 0～17 岁儿童分为 0～<3 月、3～<6 月、6～<9 月、9 月～<1 岁、1～<2 岁、2～<3 岁、3～<4 岁、4～<5 岁、5～<6 岁、6～<9 岁、9～<12 岁、12～<15 岁和 15～<18 岁共计 13 个年龄段，同时考虑到儿童暴露参数的性别、城乡和地区差异，因此，《概要》中每章都列出了儿童分年龄、性别、城乡和地区的暴露参数推荐值，可根据实际情况予以选用。

1.3.2　根据风险评价的区域范围选择合适的参数

对于每类参数，《概要》前言部分列出了 "推荐值总表"，即最能代表我国各年龄段儿童总体暴露特征的数值，在对全国状况进行风险评价中可予以直接引用。《概要》每一章都列出了该参数的详细信息，包括分性别、年龄、城乡和片区的均值（Mean）、百分位数值（P5、P25、P50、P75、P95），以及分省推荐值，以便读者根据实际情况予以应用。如需要更为详尽的参数信息，请参考《手册》。片区涵盖各省（区、市）分布情况见表 1-1。

表 1-1 　《手册》中涉及的片区涵盖省（区、市）分布情况

地区	包含省（区、市）
华北	北京、天津、河北、山西、内蒙古、河南
华东	上海、江苏、浙江、福建、山东、安徽、江西
华南	湖北、湖南、广东、广西、海南
西北	陕西、甘肃、青海、宁夏、新疆
东北	吉林、黑龙江、辽宁
西南	重庆、四川、贵州、云南

1.3.3　根据所需要评价的环境介质选择合适的参数

若要对某一环境介质中污染物的人体健康风险进行评价，就要考虑到该介质的所有人体暴露途径。例如，对于食物的人体暴露途径主要是经口摄入，而土壤的人体暴露途径要同时考虑经皮肤接触和经口摄入。

1.3.4　根据所需要评价的污染物选择合适的参数

先要根据该污染物的来源判断其在环境介质中的分布状态，再根据不同环境介质的人体暴露途径来选择合适的暴露参数。

1.3.5　根据所需要评价的时间段选择合适的参数

某些暴露参数具有季节性，当考虑不同季节风险时可根据实际需要从《概要》中选用，如：洗澡和游泳时间，夏季、春秋季和冬季具有较大差异。

《概要》中的"推荐值"主要考虑了时效性等因素，尽量选择最新的调查数据，供使用者参考。

此外，在环境健康风险评价中，除了暴露参数数据外，污染物的毒性资料也很重要，建议可以参考国外有关权威机构颁布的数据，如美国环保局的综合风险信息系统（Integrated Risk Information System）数据库。

1.4　局限性

全面性方面：《概要》中并未涉及所有环境健康风险评价所需要的暴露参数。《概

要》主要是基于我国儿童环境暴露行为模式研究，该研究主要采用的是问卷调查的方式，对于一些需要通过采样、实验室分析检测等手段才可以获得的暴露行为模式参数无法通过该调查来获取，而我国尚缺乏相关结果。

代表性方面：《概要》主要是基于中国儿童环境暴露行为模式研究的结果而形成的，该研究具有良好的全国代表性，经加权后的数据可代表全国的水平，但并不具有省代表性，在评价某个特定区域污染的健康风险时可以酌情参考。

时效性方面：中国儿童环境暴露行为模式随着经济和社会的发展可能会发生比较大的变化，需要定期进行调查，定期更新，才可以反映其随时间变化的实际情况。

参考文献

段小丽. 2012. 暴露参数的研究方法及其在环境健康风险评估中的应用[M]. 北京：科学出版社.

环境保护部. 2013a. 中国人群环境暴露行为模式研究报告（成人卷）[M]. 北京：中国环境出版社.

环境保护部. 2013b. 中国人群暴露参数手册（成人卷）[M].北京：中国环境出版社.

Jang J Y，Jo S N，Kim S，et al. 2007. Korean exposure factors handbook[S]. Seoul，Korea：Ministry of Environment.

Klepeis NE, Nelson WC, Ott WR, et al. 2001. The National Human Activity Pattern Survey (NHAPS): a resource for assessing exposure to environmental pollutants [J]. Journal of Exposure Analysis and Environmental Epidemiology, 11(3): 231-252.

USEPA. 1989. Risk assessment guidance for superfund. Volume I human health evaluation manual（Part A）[S]. Washington. DC：USEPA.

USEPA.1997. Exposure factors handbook[S]. Washington DC：EPA/600/P-95/002Fa.

USEPA. 2002. Child-specific exposure factors handbook[S]. EPA-600-P-00-002B. Washington DC.

USEPA. 2008. Child-specific exposure factors handbook[S]. EPA/600/R-06/096F.Washington DC.

USEPA.2011. Exposure Factors Handbook Revised[S]. Washington，DC：U.S. Environmental Protection Agency，Office of Research and Development. EPA/600/R-09/052A.

2 呼吸量

2.1 参数说明

呼吸量（Inhalation Rates）指人在单位时间内吸入空气的体积（USEPA，2008）。呼吸量可以分为短期呼吸量和长期呼吸量。短期呼吸量按每分钟或每小时吸入空气的体积（L/min 或 m³/h）计算，按照活动强度，儿童短期呼吸量可分为休息、坐、轻度运动、中度运动和剧烈运动下的呼吸量；儿童长期呼吸量按照每天吸入空气的体积（m³/d）计算。

儿童呼吸量受年龄、性别和活动强度等的影响（USEPA，2011）。呼吸量的调查方法主要包括：

（1）人体能量代谢估算法

人体能量代谢估算法是根据各类人群每天或每种类型活动单位时间内消耗的能量和耗氧量来确定呼吸量。这种方法的原理是：根据生物化学原理，人们在消耗能量的同时需要吸入氧气参与体内的生化反应，因此可以根据消耗能量数据计算消耗的氧气量，再根据空气中氧气的含量，核算出吸入的空气量。

长期呼吸量计算方法见公式（2-1）：

$$IR_L = \frac{BMR \times H \times VQ \times A}{1\,000} \tag{2-1}$$

式中：IR_L——长期呼吸量，m³/d；

  BMR——基础代谢率（Basal Metabolism Rate），kJ/d。基础代谢是维持机体生命活动最基本的能量消耗，相当于平躺休息时的活动强度水平，不同性别年龄段儿童基础代谢率的计算公式见表2-1；

  H——单位能量代谢耗氧量（Oxygen uptake），0.05 L/kJ（USEPA，2008）；

VQ——通气当量（Ventilation equivalent），量纲为 1，取 27（USEPA，2008）；

A——长期呼吸量计算系数，不同性别年龄儿童长期呼吸量计算系数取值见表 2-2。

表 2-1 不同性别年龄儿童基础代谢率计算公式[*]

性别	年龄	BMR 计算公式
男	0～<3 岁	0.249×BW−0.127
	3～<6 岁	0.095×BW+2.110
女	0～<3 岁	0.244×BW−0.130
	3～<6 岁	0.085×BW+2.033

* 数据来源为《美国儿童暴露参数手册》（USEPA，2008）；BW 为体重（kg）。

表 2-2 不同年龄儿童长期呼吸量计算系数取值[*]

年龄	长期呼吸量计算系数（A）
0～<1 岁	1.9
1～<3 岁	1.6
3～<6 岁	1.7

* 数据来源为《美国儿童暴露参数手册》（USEPA，2008）。

短期呼吸量计算方法见公式（2-2）：

$$IR_S = \frac{BMR \times H \times VQ \times N}{1\,440} \qquad (2-2)$$

式中：IR_S——短期呼吸量，L/min；

N——各类活动强度水平下的能量消耗量，是基础代谢率的倍数，量纲为 1，N 随着活动强度的变化而变化，在休息、坐、轻度运动、中度运动和剧烈运动的取值分别为 1、1.2、2、4 和 10（USEPA，2008）。

人体能量代谢估算法的优点是计算较为简单，容易获取，缺点是准确性需要进一步提高。目前，在我国尚未全面开展大规模各类人群呼吸量调查的情况下，可以采用该计算方法获取该参数。

（2）测量法

直接测量法也叫双标记水法（DLW）。受试者口服一定剂量的 ^2H_2O 和 $H_2^{18}O$，经过 7～21 天后，检测受试者尿液、唾液或血液中稳定同位素氘（^{2}H）和重氧（^{18}O）的分解速率。^{2}H 的分解速率反映水的产率，^{18}O 的分解速率表明水和二氧化碳的产率，通过两者分解速率的差值可以计算出二氧化碳的产率。每日总能量消耗（TDEEs）中，呼吸商值 RQ（RQ=CO_2 产生量/O_2 消耗量）取决于各研究期间膳食组成。DLW 方法同样用于测量生长发育消耗的能量（ECG）。TDEE 和 ECG 可转化为 PDIR 值，利用下列 Layton 方程式计算 PDIR 见公式（2-3）：

$$PDIR = (TDEE + ECG) \times H \times VQ \times 10^{-3} \tag{2-3}$$

式中：PDIR——每日生理呼吸速率，m^3/d；

TDEE——每日总能量消耗，kcal/d；

ECG——每日生长发育能量消耗量，kcal/d；

H——消耗单位能量的耗氧量，一般取 0.21L/kcal；

VQ——通气当量，一般取 27；

10^{-3}——转化因子，L/m。

在健康风险评价中，人体经呼吸道对污染物的日均暴露剂量计算公式如下。

$$ADD = \frac{C \times IR \times ET \times EF \times ED}{BW \times AT} \tag{2-4}$$

式中：ADD —— 呼吸暴露空气中污染物的日均暴露剂量，mg/（kg·d）；

C —— 空气中污染物的浓度，mg/m^3；

IR —— 呼吸量，m^3/d；

ET —— 暴露时间，h/d；

EF —— 暴露频率，d/a；

ED —— 暴露持续时间，a；

BW —— 体重，kg；

AT —— 平均暴露时间，h。

2.2 资料与数据来源

关于我国儿童呼吸量的调查有：中国儿童环境暴露行为模式研究、中国人群生理常数与心理状况调查中关于 4 省（区、市）7～18 岁青少年的潮气量和呼吸频率的调查（朱广瑾，2006）。《概要》中的数据来源于中国儿童环境暴露行为模式研究，在该研究对儿童身长/身高、体重进行实测的基础上，通过人体能量代谢估算法计算得出。我国儿童的呼吸量推荐值见表 2-3～表 2-14。

2.3　参数推荐值

表 2-3　中国儿童长期呼吸量推荐值

分类			长期呼吸量/（m³/d）					
			Mean	P5	P25	P50	P75	P95
0～<3 月		小计	3.7	2.3	3.1	3.6	4.2	5.3
	性别	男	4.0	2.5	3.4	4.0	4.5	5.4
		女	3.4	2.0	2.8	3.4	3.9	5.0
	城乡	城市	3.9	2.5	3.3	3.8	4.4	5.5
		农村	3.6	2.2	2.9	3.5	4.2	5.1
	片区	华北	3.7	2.3	3.1	3.6	4.2	5.3
		华东	3.9	2.4	3.3	3.9	4.5	5.5
		华南	3.6	1.9	2.9	3.5	4.2	5.1
		西北	3.6	2.4	3.0	3.6	4.1	5.1
		东北	3.6	2.1	3.1	3.6	4.1	4.8
		西南	3.5	2.3	2.9	3.4	4.1	4.9
3～<6 月		小计	4.7	3.5	4.1	4.7	5.3	6.1
	性别	男	5.0	3.8	4.4	4.9	5.5	6.3
		女	4.4	3.2	3.8	4.3	4.9	5.7
	城乡	城市	4.8	3.6	4.2	4.8	5.4	6.2
		农村	4.6	3.4	3.9	4.5	5.1	6.1
	片区	华北	4.8	3.5	4.2	4.8	5.4	6.1
		华东	5.0	3.7	4.5	4.9	5.4	6.3
		华南	4.4	3.2	3.8	4.1	4.9	6.1
		西北	4.6	3.4	4.0	4.5	5.0	6.1
		东北	4.7	3.4	4.2	4.7	5.3	6.0
		西南	4.6	3.4	4.0	4.5	5.0	6.1
6～<9 月		小计	5.4	4.1	4.8	5.3	6.0	7.0
	性别	男	5.7	4.2	5.1	5.7	6.2	7.4
		女	5.1	4.0	4.6	5.1	5.5	6.4
	城乡	城市	5.6	4.2	5.0	5.5	6.1	7.4
		农村	5.3	4.0	4.7	5.3	5.8	6.7

分类			长期呼吸量/（m³/d）					
			Mean	P5	P25	P50	P75	P95
6～<9 月	片区	华北	5.5	4.3	5.0	5.5	6.1	6.8
		华东	5.7	4.4	5.0	5.6	6.2	7.7
		华南	5.1	4.0	4.6	5.1	5.5	6.3
		西北	5.2	4.1	4.7	5.2	5.7	6.5
		东北	5.6	4.1	5.0	5.5	6.2	7.1
		西南	5.2	3.8	4.7	5.1	5.7	6.7
9 月～<1 岁	小计		5.9	4.5	5.3	5.9	6.4	7.4
	性别	男	6.1	4.8	5.5	6.1	6.7	7.7
		女	5.6	4.4	5.1	5.6	6.1	6.9
	城乡	城市	6.0	4.7	5.4	6.0	6.6	7.5
		农村	5.8	4.5	5.2	5.8	6.3	7.3
	片区	华北	6.1	4.7	5.5	6.1	6.6	7.5
		华东	6.1	4.7	5.6	6.1	6.7	7.7
		华南	5.5	4.4	5.1	5.4	6.0	6.7
		西北	5.7	4.3	5.3	5.7	6.2	7.1
		东北	6.3	5.1	5.7	6.2	6.8	8.1
		西南	5.6	4.1	5.1	5.6	6.1	7.2
1～<2 岁	小计		5.7	4.3	5.0	5.6	6.2	7.3
	性别	男	5.9	4.5	5.2	5.9	6.4	7.5
		女	5.4	4.0	4.9	5.4	5.9	6.9
	城乡	城市	5.8	4.4	5.2	5.8	6.3	7.4
		农村	5.6	4.2	5.0	5.5	6.1	7.1
	片区	华北	5.8	4.5	5.2	5.7	6.4	7.3
		华东	5.9	4.6	5.3	5.9	6.4	7.5
		华南	5.3	4.1	4.7	5.2	5.7	6.5
		西北	5.5	4.3	4.9	5.5	6.1	6.9
		东北	5.9	4.5	5.3	5.9	6.5	7.5
		西南	5.4	3.9	4.7	5.3	6.0	7.1
2～<3 岁	小计		6.3	4.8	5.6	6.2	6.8	7.9
	性别	男	6.5	4.9	5.9	6.5	7.2	8.2
		女	6.0	4.6	5.6	5.9	6.4	7.6
	城乡	城市	6.4	4.9	5.8	6.2	7.1	8.4
		农村	6.2	4.8	5.6	6.1	6.7	7.8
	片区	华北	6.6	5.5	6.0	6.6	7.0	8.5
		华东	6.8	5.6	6.0	6.6	7.4	9.3
		华南	5.8	4.8	5.1	5.8	6.2	7.2
		西北	6.6	5.3	6.0	6.5	7.1	8.6
		东北	6.7	5.0	5.9	6.5	7.6	8.2
		西南	6.0	4.6	5.4	6.1	6.7	7.4

分类			长期呼吸量/（m³/d）					
			Mean	P5	P25	P50	P75	P95
3～<4 岁	小计		8.0	7.2	7.6	7.9	8.3	9.0
	性别	男	8.3	7.5	7.9	8.3	8.6	9.2
		女	7.6	7.0	7.4	7.6	7.9	8.4
	城乡	城市	8.1	7.2	7.6	8.1	8.4	9.1
		农村	7.9	7.1	7.5	7.9	8.3	8.8
	片区	华北	8.0	7.2	7.6	8.0	8.4	8.9
		华东	8.2	7.4	7.7	8.1	8.5	9.1
		华南	7.8	7.0	7.4	7.8	8.1	8.8
		西北	7.9	7.1	7.5	7.9	8.2	8.8
		东北	8.1	7.3	7.7	8.1	8.5	9.2
		西南	7.9	7.1	7.6	7.9	8.2	8.9
4～<5 岁	小计		8.4	7.4	8.0	8.4	8.9	9.6
	性别	男	8.8	7.9	8.3	8.7	9.1	9.9
		女	8.1	7.3	7.7	8.0	8.4	9.0
	城乡	城市	8.6	7.5	8.1	8.5	9.0	9.9
		农村	8.3	7.4	7.9	8.3	8.7	9.4
	片区	华北	8.6	7.6	8.1	8.5	9.0	9.7
		华东	8.6	7.6	8.1	8.5	9.0	9.8
		华南	8.2	7.3	7.8	8.2	8.6	9.2
		西北	8.3	7.5	7.8	8.2	8.6	9.2
		东北	8.6	7.4	8.1	8.5	9.1	10.1
		西南	8.2	7.2	7.8	8.2	8.7	9.3
5～<6 岁	小计		8.8	7.7	8.3	8.8	9.3	10.1
	性别	男	9.2	8.2	8.7	9.1	9.5	10.5
		女	8.4	7.5	8.0	8.4	8.7	9.5
	城乡	城市	9.0	7.9	8.5	8.9	9.4	10.4
		农村	8.7	7.6	8.2	8.7	9.2	10.1
	片区	华北	8.9	7.7	8.3	8.8	9.4	10.2
		华东	9.0	8.0	8.6	9.0	9.4	10.5
		华南	8.5	7.6	8.0	8.5	9.0	9.7
		西北	8.7	7.7	8.3	8.6	9.1	9.8
		东北	9.2	7.9	8.7	9.2	9.7	10.5
		西南	8.7	7.7	8.25	8.6	9.1	9.95
6～<9 岁	小计		10.1	8.6	9.2	9.9	10.6	12.5
	性别	男	10.6	9.2	9.7	10.3	11.2	12.8
		女	9.5	8.4	8.8	9.3	9.9	11.5
	城乡	城市	10.1	8.5	9.2	9.8	10.7	12.5
		农村	10.1	8.6	9.3	9.9	10.6	12.3
	片区	华北	10.1	8.6	9.3	9.9	10.7	12.5

分类			长期呼吸量/（m³/d）					
			Mean	P5	P25	P50	P75	P95
6～<9 岁	片区	华东	10.0	8.6	9.2	9.8	10.5	12.1
		华南	9.8	8.2	9.0	9.6	10.3	12.0
		西北	10.0	8.6	9.2	9.9	10.5	11.8
		东北	10.4	8.6	9.4	10.2	11.4	13.1
		西南	10.1	8.6	9.3	9.9	10.5	12.5
9～<12 岁	小计		13.2	10.7	11.9	12.9	14.1	16.6
	性别	男	13.9	11.6	12.7	13.7	14.9	17.4
		女	12.3	10.4	11.4	12.1	13.0	15.2
	城乡	城市	13.3	10.8	12.0	13.0	14.2	16.7
		农村	13.2	10.7	11.9	12.8	14.1	16.4
	片区	华北	13.5	11.2	12.2	13.1	14.6	16.7
		华东	13.2	11.0	12.0	12.9	14.0	16.5
		华南	12.6	10.4	11.5	12.4	13.5	15.3
		西北	12.9	10.9	11.9	12.8	13.7	15.8
		东北	14.0	11.4	12.5	13.8	15.3	17.7
		西南	12.9	10.7	11.6	12.6	13.9	16.5
12～<15 岁	小计		13.5	10.5	11.6	13.1	15.2	17.8
	性别	男	15.1	12.3	13.7	15.0	16.1	18.8
		女	11.6	10.0	10.9	11.6	12.3	13.5
	城乡	城市	13.7	10.6	11.7	13.2	15.3	18.4
		农村	13.4	10.4	11.6	13.0	15.1	17.5
	片区	华北	13.9	10.5	11.7	13.2	15.7	18.7
		华东	13.5	10.5	11.8	13.0	15.1	17.9
		华南	13.1	10.3	11.4	12.6	14.6	16.9
		西北	13.1	10.1	11.2	13.0	14.8	17.1
		东北	14.5	11.1	12.0	13.9	16.6	19.6
		西南	13.4	10.4	11.7	13.3	15.3	17.1
15～<18 岁	小计		14.0	10.8	11.7	14.0	16.0	18.2
	性别	男	16.2	14.0	15.1	15.8	17.0	19.2
		女	11.7	10.5	11.2	11.6	12.1	13.1
	城乡	城市	14.0	10.7	11.5	13.8	15.9	18.5
		农村	14.0	10.9	11.7	14.1	16.0	18.2
	片区	华北	14.7	11.1	12.0	14.7	16.7	19.7
		华东	14.1	10.8	11.6	13.6	16.4	19.1
		华南	13.5	10.6	11.3	13.0	15.3	17.4
		西北	13.8	10.9	11.7	13.8	15.7	17.2
		东北	13.6	11.0	11.7	12.6	15.4	19.3
		西南	14.1	10.9	11.5	14.8	16.2	17.9

数据来源：中国儿童环境暴露行为模式研究。

表 2-4　中国儿童短期呼吸量（休息）推荐值

分类			短期呼吸量（休息）/（L/min）					
			Mean	P5	P25	P50	P75	P95
0～<3 月	小计		1.4	0.8	1.1	1.3	1.6	1.9
	性别	男	1.4	0.9	1.2	1.5	1.6	2.0
		女	1.2	0.7	1.0	1.2	1.4	1.8
	城乡	城市	1.4	0.9	1.2	1.4	1.6	2.0
		农村	1.3	0.8	1.1	1.3	1.5	1.9
	片区	华北	1.4	0.8	1.1	1.3	1.5	1.9
		华东	1.4	0.9	1.2	1.4	1.7	2.0
		华南	1.3	0.7	1.1	1.3	1.5	1.9
		西北	1.3	0.9	1.1	1.3	1.5	1.9
		东北	1.3	0.8	1.1	1.3	1.5	1.8
		西南	1.3	0.8	1.0	1.3	1.5	1.8
3～<6 月	小计		1.7	1.3	1.5	1.7	1.9	2.2
	性别	男	1.8	1.4	1.6	1.8	2.0	2.3
		女	1.6	1.2	1.4	1.6	1.8	2.1
	城乡	城市	1.8	1.3	1.6	1.7	2.0	2.3
		农村	1.7	1.2	1.4	1.6	1.9	2.2
	片区	华北	1.8	1.3	1.5	1.7	2.0	2.2
		华东	1.8	1.4	1.6	1.8	2.0	2.3
		华南	1.6	1.2	1.4	1.5	1.8	2.2
		西北	1.7	1.2	1.5	1.6	1.8	2.2
		东北	1.7	1.3	1.5	1.7	1.9	2.2
		西南	1.7	1.3	1.5	1.6	1.8	2.2
6～<9 月	小计		2.0	1.5	1.7	2.0	2.2	2.5
	性别	男	2.1	1.5	1.9	2.1	2.3	2.7
		女	1.9	1.5	1.7	1.8	2.0	2.4
	城乡	城市	2.0	1.5	1.8	2.0	2.2	2.7
		农村	1.9	1.5	1.7	1.9	2.1	2.4
	片区	华北	2.0	1.6	1.8	2.0	2.2	2.5
		华东	2.1	1.6	1.8	2.0	2.3	2.8
		华南	1.9	1.5	1.7	1.9	2.0	2.3
		西北	1.9	1.5	1.7	1.9	2.1	2.4
		东北	2.0	1.5	1.8	2.0	2.3	2.6
		西南	1.9	1.4	1.7	1.9	2.1	2.4
9 月～<1 岁	小计		2.1	1.7	1.9	2.2	2.4	2.7
	性别	男	2.2	1.7	2.0	2.2	2.4	2.8
		女	2.1	1.6	1.9	2.1	2.2	2.5
	城乡	城市	2.2	1.7	2.0	2.2	2.4	2.8
		农村	2.1	1.7	1.9	2.1	2.3	2.7

分类			短期呼吸量（休息）/（L/min）					
			Mean	P5	P25	P50	P75	P95
9月～<1岁	片区	华北	2.2	1.7	2.0	2.2	2.4	2.7
		华东	2.2	1.7	2.0	2.2	2.4	2.8
		华南	2.0	1.6	1.8	2.0	2.2	2.4
		西北	2.1	1.6	1.9	2.1	2.3	2.6
		东北	2.3	1.8	2.1	2.2	2.5	2.9
		西南	2.1	1.5	1.9	2.0	2.2	2.6
1～<2岁	小计		2.5	1.9	2.2	2.4	2.7	3.1
	性别	男	2.6	2.0	2.3	2.5	2.8	3.2
		女	2.3	1.8	2.1	2.3	2.6	3.0
	城乡	城市	2.5	1.9	2.3	2.5	2.8	3.2
		农村	2.4	1.8	2.2	2.4	2.7	3.1
	片区	华北	2.5	2.0	2.3	2.5	2.8	3.2
		华东	2.6	2.0	2.3	2.6	2.8	3.2
		华南	2.3	1.8	2.1	2.3	2.5	2.8
		西北	2.4	1.8	2.1	2.4	2.6	3.0
		东北	2.6	1.9	2.3	2.5	2.8	3.3
		西南	2.3	1.7	2.1	2.3	2.6	3.1
2～<3岁	小计		2.7	2.1	2.4	2.7	3.0	3.4
	性别	男	2.8	2.1	2.6	2.8	3.1	3.6
		女	2.6	2.0	2.4	2.6	2.8	3.3
	城乡	城市	2.8	2.1	2.5	2.7	3.1	3.7
		农村	2.7	2.1	2.4	2.7	2.9	3.4
	片区	华北	2.9	2.4	2.6	2.8	3.0	3.7
		华东	2.9	2.4	2.6	2.9	3.2	4.0
		华南	2.5	2.1	2.2	2.5	2.7	3.1
		西北	2.9	2.3	2.6	2.8	3.1	3.8
		东北	2.9	2.2	2.6	2.8	3.3	3.5
		西南	2.6	2.0	2.3	2.6	2.9	3.2
3～<4岁	小计		3.3	2.9	3.1	3.2	3.4	3.7
	性别	男	3.4	3.1	3.2	3.4	3.5	3.7
		女	3.1	2.9	3.0	3.1	3.2	3.4
	城乡	城市	3.3	3.0	3.1	3.3	3.4	3.7
		农村	3.2	2.9	3.1	3.2	3.4	3.6
	片区	华北	3.3	2.9	3.1	3.3	3.4	3.6
		华东	3.3	3.0	3.2	3.3	3.5	3.7
		华南	3.2	2.9	3.0	3.2	3.3	3.6
		西北	3.2	2.9	3.1	3.2	3.4	3.6
		东北	3.3	3.0	3.1	3.3	3.5	3.8
		西南	3.2	2.9	3.1	3.2	3.4	3.6

分类			短期呼吸量（休息）/（L/min）					
			Mean	P5	P25	P50	P75	P95
4～<5 岁	小计		3.4	3.0	3.3	3.4	3.6	3.9
	性别	男	3.6	3.2	3.4	3.6	3.7	4.0
		女	3.3	3.0	3.1	3.3	3.4	3.7
	城乡	城市	3.5	3.1	3.3	3.5	3.7	4.0
		农村	3.4	3.0	3.2	3.4	3.6	3.8
	片区	华北	3.5	3.1	3.3	3.5	3.7	3.9
		华东	3.5	3.1	3.3	3.5	3.7	4.0
		华南	3.4	3.0	3.2	3.3	3.5	3.8
		西北	3.4	3.1	3.2	3.4	3.5	3.8
		东北	3.5	3.0	3.3	3.5	3.7	4.1
		西南	3.4	3.0	3.2	3.3	3.5	3.8
5～<6 岁	小计		3.6	3.2	3.4	3.6	3.8	4.1
	性别	男	3.7	3.3	3.6	3.7	3.9	4.3
		女	3.4	3.1	3.3	3.4	3.6	3.9
	城乡	城市	3.7	3.2	3.5	3.6	3.8	4.3
		农村	3.6	3.1	3.3	3.5	3.8	4.1
	片区	华北	3.6	3.1	3.4	3.6	3.8	4.2
		华东	3.7	3.2	3.5	3.7	3.8	4.3
		华南	3.5	3.1	3.3	3.5	3.7	4.0
		西北	3.6	3.1	3.4	3.5	3.7	4.0
		东北	3.8	3.2	3.5	3.8	4.0	4.3
		西南	3.5	3.1	3.3	3.5	3.7	4.0
6～<9 岁	小计		4.1	3.5	3.8	4.0	4.3	5.1
	性别	男	4.3	3.8	4.0	4.2	4.6	5.2
		女	3.9	3.4	3.6	3.8	4.1	4.7
	城乡	城市	4.1	3.5	3.8	4.0	4.4	5.1
		农村	4.1	3.5	3.8	4.0	4.3	5.0
	片区	华北	4.1	3.5	3.8	4.0	4.4	5.1
		华东	4.1	3.5	3.8	4.0	4.3	4.9
		华南	4.0	3.4	3.7	3.9	4.2	4.9
		西北	4.1	3.5	3.7	4.0	4.3	4.8
		东北	4.3	3.5	3.8	4.2	4.7	5.4
		西南	4.1	3.5	3.8	4.0	4.3	5.1
9～<12 岁	小计		4.8	3.9	4.3	4.7	5.2	6.1
	性别	男	5.1	4.2	4.7	5.0	5.4	6.4
		女	4.5	3.8	4.2	4.4	4.8	5.6
	城乡	城市	4.9	3.9	4.4	4.7	5.2	6.1
		农村	4.8	3.9	4.3	4.7	5.1	6.0
	片区	华北	4.9	4.1	4.5	4.8	5.3	6.1
		华东	4.8	4.0	4.4	4.7	5.1	6.0

分类			短期呼吸量（休息）/（L/min）					
			Mean	P5	P25	P50	P75	P95
9～<12岁	片区	华南	4.6	3.8	4.2	4.5	4.9	5.6
		西北	4.7	4.0	4.3	4.7	5.0	5.8
		东北	5.1	4.2	4.6	5.0	5.6	6.5
		西南	4.7	3.9	4.2	4.6	5.1	6.0
12～<15岁	小计		5.5	4.5	4.9	5.3	5.9	6.9
	性别	男	5.8	4.7	5.3	5.8	6.2	7.3
		女	5.0	4.3	4.7	5.0	5.3	5.9
	城乡	城市	5.6	4.6	5.0	5.4	6.0	7.1
		农村	5.4	4.5	4.9	5.3	5.9	6.7
	片区	华北	5.6	4.6	5.0	5.5	6.1	7.2
		华东	5.5	4.5	4.9	5.3	5.9	6.9
		华南	5.3	4.5	4.8	5.2	5.7	6.6
		西北	5.3	4.3	4.8	5.2	5.8	6.6
		东北	5.9	4.8	5.1	5.8	6.5	7.6
		西南	5.4	4.5	4.9	5.3	5.9	6.6
15～<18岁	小计		6.0	5.0	5.4	5.9	6.5	7.4
	性别	男	6.6	5.7	6.2	6.5	7.0	7.8
		女	5.4	4.9	5.2	5.4	5.6	6.1
	城乡	城市	6.0	4.9	5.3	5.9	6.5	7.6
		农村	6.0	5.0	5.4	5.9	6.5	7.4
	片区	华北	6.3	5.1	5.6	6.2	6.9	8.0
		华东	6.1	5.0	5.4	5.9	6.7	7.8
		华南	5.8	4.9	5.2	5.6	6.3	7.1
		西北	5.9	5.0	5.4	5.9	6.4	7.0
		东北	6.0	5.1	5.4	5.8	6.4	7.9
		西南	6.0	5.0	5.3	6.1	6.6	7.3

数据来源：中国儿童环境暴露行为模式研究。

表2-5　中国儿童短期呼吸量（坐）推荐值

分类			短期呼吸量（坐）/（L/min）					
			Mean	P5	P25	P50	P75	P95
0～<3月	小计		1.6	1.0	1.3	1.6	1.9	2.3
	性别	男	1.7	1.1	1.5	1.8	2.0	2.4
		女	1.5	0.9	1.2	1.5	1.7	2.2
	城乡	城市	1.7	1.1	1.4	1.7	1.9	2.4
		农村	1.6	1.0	1.3	1.5	1.8	2.3
	片区	华北	1.6	1.0	1.4	1.6	1.8	2.3
		华东	1.7	1.0	1.4	1.7	2.0	2.4
		华南	1.6	0.8	1.3	1.5	1.8	2.3
		西北	1.6	1.0	1.3	1.6	1.8	2.2
		东北	1.6	0.9	1.4	1.6	1.8	2.1
		西南	1.6	1.0	1.3	1.5	1.8	2.1

分类			短期呼吸量（坐）/（L/min）					
			Mean	P5	P25	P50	P75	P95
3～<6月	小计		2.1	1.5	1.8	2.0	2.3	2.7
	性别	男	2.2	1.7	1.9	2.1	2.4	2.8
		女	1.9	1.4	1.7	1.9	2.1	2.5
	城乡	城市	2.1	1.6	1.9	2.1	2.4	2.7
		农村	2.0	1.5	1.7	2.0	2.2	2.7
	片区	华北	2.1	1.5	1.8	2.1	2.4	2.7
		华东	2.2	1.6	2.0	2.2	2.4	2.8
		华南	1.9	1.4	1.7	1.8	2.1	2.7
		西北	2.0	1.5	1.8	2.0	2.2	2.7
		东北	2.1	1.5	1.8	2.1	2.3	2.6
		西南	2.0	1.5	1.8	2.0	2.2	2.7
6～<9月	小计		2.4	1.8	2.1	2.3	2.6	3.1
	性别	男	2.5	1.8	2.2	2.5	2.7	3.2
		女	2.2	1.8	2.0	2.2	2.4	2.8
	城乡	城市	2.5	1.8	2.2	2.4	2.7	3.3
		农村	2.3	1.8	2.1	2.3	2.5	2.9
6～<9月	片区	华北	2.4	1.9	2.2	2.4	2.7	3.0
		华东	2.5	1.9	2.2	2.4	2.7	3.4
		华南	2.2	1.8	2.0	2.2	2.4	2.7
		西北	2.3	1.8	2.0	2.3	2.5	2.8
		东北	2.4	1.8	2.2	2.4	2.7	3.1
		西南	2.3	1.7	2.0	2.2	2.5	2.9
9月～<1岁	小计		2.6	2.0	2.3	2.6	2.8	3.2
	性别	男	2.7	2.1	2.4	2.7	2.9	3.4
		女	2.5	1.9	2.2	2.5	2.7	3.0
	城乡	城市	2.6	2.0	2.4	2.6	2.9	3.3
		农村	2.5	2.0	2.3	2.5	2.8	3.2
	片区	华北	2.7	2.1	2.4	2.7	2.9	3.3
		华东	2.7	2.1	2.5	2.7	2.9	3.4
		华南	2.4	1.9	2.2	2.4	2.6	2.9
		西北	2.5	1.9	2.3	2.5	2.7	3.1
		东北	2.8	2.2	2.5	2.7	3.0	3.5
		西南	2.5	1.8	2.2	2.4	2.7	3.1
1～<2岁	小计		3.0	2.2	2.6	2.9	3.2	3.8
	性别	男	3.1	2.4	2.7	3.0	3.4	3.9
		女	2.8	2.1	2.5	2.8	3.1	3.6
	城乡	城市	3.0	2.3	2.7	3.0	3.3	3.8
		农村	2.9	2.2	2.6	2.9	3.2	3.7
	片区	华北	3.0	2.4	2.7	3.0	3.3	3.8
		华东	3.1	2.4	2.8	3.1	3.3	3.9
		华南	2.7	2.2	2.5	2.7	3.0	3.4

分类			短期呼吸量（坐）/（L/min）					
			Mean	P5	P25	P50	P75	P95
1～<2岁	片区	西北	2.9	2.2	2.6	2.9	3.2	3.6
		东北	3.1	2.3	2.7	3.1	3.4	3.9
		西南	2.8	2.0	2.5	2.7	3.1	3.7
2～<3岁		小计	3.3	2.5	2.9	3.2	3.6	4.1
	性别	男	3.4	2.5	3.1	3.4	3.7	4.3
		女	3.1	2.4	2.9	3.1	3.3	4.0
	城乡	城市	3.3	2.6	3.0	3.2	3.7	4.4
		农村	3.2	2.5	2.9	3.2	3.5	4.1
	片区	华北	3.4	2.8	3.1	3.4	3.6	4.4
		华东	3.5	2.9	3.1	3.4	3.9	4.8
		华南	3.0	2.5	2.7	3.0	3.2	3.8
		西北	3.4	2.8	3.1	3.4	3.7	4.5
		东北	3.5	2.6	3.1	3.4	3.9	4.3
		西南	3.1	2.4	2.8	3.2	3.5	3.8
3～<4岁		小计	3.9	3.5	3.7	3.9	4.1	4.4
	性别	男	4.1	3.7	3.9	4.0	4.2	4.5
		女	3.7	3.4	3.6	3.7	3.9	4.1
	城乡	城市	4.0	3.5	3.7	4.0	4.1	4.5
		农村	3.9	3.5	3.7	3.9	4.0	4.3
	片区	华北	3.9	3.5	3.7	3.9	4.1	4.4
		华东	4.0	3.6	3.8	4.0	4.2	4.5
		华南	3.8	3.4	3.6	3.8	4.0	4.3
		西北	3.9	3.5	3.7	3.9	4.0	4.3
		东北	4.0	3.6	3.8	3.9	4.2	4.5
		西南	3.9	3.5	3.7	3.9	4.0	4.4
4～<5岁		小计	4.1	3.6	3.9	4.1	4.3	4.7
	性别	男	4.3	3.9	4.1	4.3	4.5	4.8
		女	3.9	3.6	3.8	3.9	4.1	4.4
	城乡	城市	4.2	3.7	4.0	4.2	4.4	4.8
		农村	4.1	3.6	3.9	4.1	4.3	4.6
	片区	华北	4.2	3.7	4.0	4.2	4.4	4.7
		华东	4.2	3.7	4.0	4.2	4.4	4.8
		华南	4.0	3.6	3.8	4.0	4.2	4.5
		西北	4.1	3.7	3.8	4.0	4.2	4.5
		东北	4.2	3.6	4.0	4.2	4.5	4.9
		西南	4.0	3.5	3.8	4.0	4.2	4.6
5～<6岁		小计	4.3	3.8	4.1	4.3	4.6	5.0
	性别	男	4.5	4.0	4.3	4.5	4.7	5.1
		女	4.1	3.7	3.9	4.1	4.3	4.7
	城乡	城市	4.4	3.9	4.2	4.4	4.6	5.1
		农村	4.3	3.7	4.0	4.2	4.5	4.9
	片区	华北	4.4	3.8	4.1	4.3	4.6	5.0
		华东	4.4	3.9	4.2	4.4	4.6	5.1

分类			短期呼吸量（坐）/（L/min）					
			Mean	P5	P25	P50	P75	P95
5～<6 岁	片区	华南	4.2	3.7	3.9	4.2	4.4	4.8
		西北	4.3	3.8	4.1	4.2	4.5	4.8
		东北	4.5	3.9	4.2	4.5	4.7	5.2
		西南	4.2	3.8	4.0	4.2	4.5	4.8
6～<9 岁	小计		4.9	4.2	4.5	4.8	5.2	6.1
	性别	男	5.2	4.5	4.8	5.0	5.5	6.3
		女	4.7	4.1	4.3	4.6	4.9	5.6
	城乡	城市	4.9	4.2	4.5	4.8	5.3	6.1
		农村	4.9	4.2	4.5	4.8	5.2	6.0
	片区	华北	5.0	4.2	4.6	4.8	5.3	6.1
		华东	4.9	4.2	4.5	4.8	5.2	5.9
		华南	4.8	4.0	4.4	4.7	5.0	5.9
		西北	4.9	4.2	4.5	4.8	5.2	5.8
		东北	5.1	4.2	4.6	5.0	5.6	6.4
		西南	4.9	4.2	4.6	4.8	5.2	6.1
9～<12 岁	小计		5.8	4.7	5.2	5.6	6.2	7.3
	性别	男	6.1	5.1	5.6	6.0	6.5	7.6
		女	5.4	4.6	5.0	5.3	5.7	6.7
	城乡	城市	5.8	4.7	5.2	5.7	6.2	7.3
		农村	5.8	4.7	5.2	5.6	6.2	7.2
	片区	华北	5.9	4.9	5.4	5.8	6.4	7.3
		华东	5.8	4.8	5.3	5.7	6.1	7.2
		华南	5.5	4.6	5.0	5.4	5.9	6.7
		西北	5.7	4.8	5.2	5.6	6.0	6.9
		东北	6.1	5.0	5.5	6.0	6.7	7.8
		西南	5.7	4.7	5.1	5.5	6.1	7.2
12～<15 岁	小计		6.6	5.4	5.9	6.4	7.1	8.3
	性别	男	7.0	5.7	6.3	6.9	7.5	8.7
		女	6.1	5.2	5.7	6.0	6.4	7.0
	城乡	城市	6.7	5.5	6.0	6.4	7.2	8.5
		农村	6.5	5.4	5.8	6.4	7.1	8.1
	片区	华北	6.8	5.5	6.0	6.6	7.4	8.6
		华东	6.6	5.4	5.9	6.4	7.1	8.3
		华南	6.4	5.4	5.8	6.2	6.8	7.9
		西北	6.4	5.2	5.8	6.2	6.9	7.9
		东北	7.1	5.8	6.25	6.90	7.75	9.1
		西南	6.5	5.3	5.9	6.3	7.1	7.9
15～<18 岁	小计		7.2	6.0	6.4	7.1	7.8	8.9
	性别	男	7.9	6.8	7.4	7.8	8.3	9.4
		女	6.5	5.8	6.2	6.4	6.7	7.3
	城乡	城市	7.2	5.9	6.4	7.1	7.8	9.1
		农村	7.2	6.0	6.5	7.1	7.8	8.9
	片区	华北	7.6	6.2	6.7	7.4	8.2	9.6

分类		短期呼吸量（坐）/（L/min）					
		Mean	P5	P25	P50	P75	P95
15～<18 岁	片区 华东	7.3	6.0	6.4	7.1	8.1	9.3
	华南	7.0	5.9	6.3	6.8	7.5	8.5
	西北	7.1	6.0	6.5	7.0	7.7	8.4
	东北	7.2	6.1	6.4	7.0	7.7	9.5
	西南	7.2	6.0	6.4	7.3	7.9	8.8

数据来源：中国儿童环境暴露行为模式研究。

表 2-6　中国儿童短期呼吸量（轻度运动）推荐值

分类			短期呼吸量（轻度运动）/（L/min）					
			Mean	P5	P25	P50	P75	P95
0～<3 月	小计		2.7	1.7	2.2	2.7	3.1	3.9
	性别	男	2.9	1.9	2.5	2.9	3.3	4.0
		女	2.5	1.5	2.1	2.5	2.9	3.7
	城乡	城市	2.8	1.9	2.4	2.8	3.2	4.0
		农村	2.6	1.6	2.1	2.6	3.1	3.8
0～<3 月	片区	华北	2.7	1.7	2.3	2.7	3.1	3.9
		华东	2.9	1.7	2.4	2.9	3.3	4.0
		华南	2.6	1.4	2.1	2.5	3.1	3.8
		西北	2.7	1.7	2.2	2.6	3.0	3.7
		东北	2.7	1.5	2.3	2.7	3.0	3.5
		西南	2.6	1.7	2.1	2.5	3.0	3.6
3～<6 月	小计		3.4	2.5	3.0	3.4	3.9	4.5
	性别	男	3.6	2.8	3.2	3.6	4.0	4.6
		女	3.2	2.4	2.8	3.1	3.6	4.2
	城乡	城市	3.5	2.6	3.1	3.5	3.9	4.5
		农村	3.3	2.5	2.9	3.3	3.7	4.5
	片区	华北	3.5	2.6	3.1	3.5	3.9	4.4
		华东	3.6	2.7	3.3	3.6	4.0	4.6
		华南	3.2	2.4	2.8	3.0	3.6	4.5
		西北	3.4	2.5	2.9	3.3	3.7	4.4
		东北	3.5	2.5	3.0	3.5	3.9	4.4
		西南	3.3	2.5	3.0	3.3	3.6	4.4
6～<9 月	小计		4.0	3.0	3.5	3.9	4.4	5.1
	性别	男	4.2	3.1	3.7	4.1	4.5	5.4
		女	3.7	2.9	3.4	3.7	4.0	4.7
	城乡	城市	4.1	3.1	3.6	4.0	4.5	5.4
		农村	3.9	3.0	3.5	3.9	4.2	4.9
	片区	华北	4.0	3.1	3.6	4.0	4.4	4.9
		华东	4.2	3.2	3.7	4.1	4.6	5.6
		华南	3.7	2.9	3.4	3.7	4.0	4.6
		西北	3.8	3.0	3.4	3.8	4.2	4.7
		东北	4.1	3.0	3.7	4.0	4.6	5.2
		西南	3.8	2.8	3.4	3.7	4.2	4.9

分类			短期呼吸量（轻度运动）/（L/min）					
			Mean	P5	P25	P50	P75	P95
9月～<1岁	小计		4.3	3.3	3.9	4.3	4.7	5.4
	性别	男	4.5	3.5	4.0	4.4	4.9	5.6
		女	4.1	3.2	3.7	4.1	4.5	5.0
	城乡	城市	4.4	3.4	4.0	4.4	4.8	5.5
		农村	4.2	3.3	3.8	4.2	4.6	5.4
	片区	华北	4.4	3.4	4.1	4.4	4.8	5.5
		华东	4.5	3.4	4.1	4.5	4.9	5.6
		华南	4.0	3.2	3.7	4.0	4.4	4.9
		西北	4.2	3.2	3.9	4.2	4.5	5.2
		东北	4.6	3.7	4.1	4.5	4.9	5.9
		西南	4.1	3.0	3.7	4.1	4.5	5.2
1～<2岁	小计		4.9	3.7	4.4	4.9	5.4	6.3
	性别	男	5.1	3.9	4.5	5.1	5.6	6.5
		女	4.7	3.5	4.2	4.7	5.2	6.0
	城乡	城市	5.1	3.8	4.5	5.0	5.5	6.4
		农村	4.8	3.7	4.3	4.8	5.3	6.2
	片区	华北	5.1	3.9	4.5	5.0	5.5	6.3
		华东	5.2	4.0	4.6	5.1	5.6	6.5
		华南	4.6	3.6	4.1	4.5	5.0	5.6
		西北	4.8	3.7	4.3	4.8	5.3	6.0
		东北	5.2	3.9	4.6	5.1	5.7	6.5
		西南	4.7	3.4	4.1	4.6	5.2	6.2
2～<3岁	小计		5.5	4.1	4.9	5.4	5.9	6.8
	性别	男	5.6	4.2	5.1	5.6	6.2	7.1
		女	5.2	4.0	4.8	5.2	5.5	6.6
	城乡	城市	5.6	4.3	5.1	5.4	6.2	7.3
		农村	5.4	4.1	4.9	5.3	5.9	6.8
	片区	华北	5.7	4.7	5.2	5.7	6.1	7.4
		华东	5.9	4.8	5.2	5.7	6.5	8.1
		华南	5.0	4.1	4.4	5.1	5.4	6.3
		西北	5.7	4.6	5.2	5.6	6.2	7.5
		东北	5.8	4.3	5.2	5.6	6.6	7.1
		西南	5.2	4.0	4.7	5.3	5.8	6.4
3～<4岁	小计		6.5	5.9	6.2	6.5	6.8	7.3
	性别	男	6.8	6.1	6.5	6.7	7.0	7.5
		女	6.2	5.7	6.0	6.2	6.4	6.8
	城乡	城市	6.6	5.9	6.2	6.6	6.9	7.4
		农村	6.5	5.8	6.1	6.4	6.7	7.2
	片区	华北	6.6	5.9	6.2	6.5	6.9	7.3
		华东	6.7	6.0	6.3	6.6	7.0	7.5
		华南	6.4	5.7	6.0	6.3	6.7	7.2
		西北	6.5	5.8	6.2	6.5	6.7	7.2
		东北	6.6	5.9	6.3	6.6	6.9	7.5
		西南	6.5	5.8	6.2	6.5	6.7	7.3

分类			短期呼吸量（轻度运动）/（L/min）					
			Mean	P5	P25	P50	P75	P95
4～<5岁	小计		6.9	6.1	6.5	6.8	7.2	7.8
	性别	男	7.2	6.4	6.8	7.1	7.4	8.1
		女	6.6	5.9	6.3	6.5	6.8	7.3
	城乡	城市	7.0	6.2	6.6	7.0	7.3	8.1
		农村	6.8	6.0	6.4	6.8	7.1	7.7
	片区	华北	7.0	6.2	6.6	7.0	7.3	7.9
		华东	7.0	6.2	6.6	7.0	7.3	8.0
		华南	6.7	6.0	6.4	6.7	7.0	7.5
		西北	6.8	6.1	6.4	6.7	7.0	7.5
		东北	7.0	6.0	6.6	7.0	7.4	8.2
		西南	6.7	5.9	6.4	6.7	7.1	7.6
5～<6岁	小计		7.2	6.3	6.8	7.2	7.6	8.3
	性别	男	7.5	6.7	7.1	7.5	7.8	8.6
		女	6.9	6.2	6.5	6.8	7.1	7.8
	城乡	城市	7.3	6.4	6.9	7.3	7.7	8.5
		农村	7.1	6.2	6.7	7.1	7.5	8.2
	片区	华北	7.3	6.3	6.8	7.2	7.7	8.4
		华东	7.4	6.5	7.0	7.4	7.7	8.6
		华南	7.0	6.2	6.5	6.9	7.3	7.9
		西北	7.1	6.3	6.8	7.1	7.4	8.0
		东北	7.5	6.4	7.1	7.5	7.9	8.6
		西南	7.1	6.3	6.7	7.0	7.4	8.1
6～<9岁	小计		8.2	7.0	7.5	8.1	8.7	10.2
	性别	男	8.6	7.5	8.0	8.4	9.1	10.4
		女	7.8	6.8	7.2	7.6	8.1	9.4
	城乡	城市	8.2	6.9	7.5	8.0	8.8	10.2
		农村	8.2	7.0	7.6	8.1	8.6	10.0
	片区	华北	8.3	7.0	7.6	8.1	8.8	10.2
		华东	8.2	7.0	7.5	8.0	8.6	9.9
		华南	8.0	6.7	7.4	7.8	8.4	9.8
		西北	8.2	7.0	7.5	8.1	8.6	9.7
		东北	8.5	7.0	7.7	8.4	9.3	10.7
		西南	8.2	7.0	7.6	8.1	8.6	10.2
9～<12岁	小计		9.7	7.8	8.7	9.4	10.3	12.1
	性别	男	10.2	8.5	9.3	10.0	10.9	12.7
		女	9.0	7.6	8.3	8.9	9.5	11.1
	城乡	城市	9.7	7.9	8.7	9.5	10.4	12.2
		农村	9.6	7.8	8.7	9.4	10.3	12.0
	片区	华北	9.9	8.2	8.9	9.6	10.7	12.2
		华东	9.7	8.0	8.8	9.4	10.2	12.0
		华南	9.2	7.6	8.4	9.1	9.8	11.2
		西北	9.5	8.0	8.7	9.3	10.0	11.5
		东北	10.2	8.4	9.1	10.1	11.2	12.9
		西南	9.5	7.8	8.5	9.2	10.2	12.0

分类			短期呼吸量（轻度运动）/（L/min）					
			Mean	P5	P25	P50	P75	P95
12～<15岁	小计		10.9	9.0	9.8	10.7	11.8	13.8
	性别	男	11.7	9.5	10.6	11.5	12.4	14.5
		女	10.1	8.7	9.5	10.1	10.7	11.7
	城乡	城市	11.1	9.1	10.0	10.7	12.0	14.2
		农村	10.8	8.9	9.7	10.6	11.8	13.5
	片区	华北	11.3	9.1	10.0	10.9	12.3	14.4
		华东	11.0	9.0	9.9	10.7	11.9	13.8
		华南	10.6	8.9	9.6	10.4	11.4	13.1
		西北	10.6	8.6	9.6	10.4	11.5	13.2
		东北	11.8	9.6	10.3	11.5	13.0	15.2
		西南	10.8	8.9	9.8	10.6	11.8	13.2
15～<18岁	小计		12.1	9.9	10.7	11.8	13.1	14.9
	性别	男	13.2	11.4	12.3	12.9	13.9	15.7
		女	10.8	9.7	10.3	10.7	11.2	12.2
	城乡	城市	12.1	9.9	10.7	11.8	13.1	15.2
		农村	12.1	10.1	10.8	11.9	13.1	14.9
	片区	华北	12.6	10.3	11.1	12.4	13.7	16.0
		华东	12.2	10.0	10.7	11.8	13.4	15.6
		华南	11.6	9.8	10.5	11.3	12.5	14.2
		西北	11.9	10.1	10.8	11.7	12.8	14.0
		东北	12.1	10.2	10.7	11.6	12.8	15.8
		西南	12.0	10.1	10.7	12.1	13.2	14.6

数据来源：中国儿童环境暴露行为模式研究。

表 2-7　中国儿童短期呼吸量（中度运动）推荐值

分类			短期呼吸量（中度运动）/（L/min）					
			Mean	P5	P25	P50	P75	P95
0～<3月	小计		5.4	3.3	4.5	5.3	6.2	7.7
	性别	男	5.8	3.7	4.9	5.9	6.5	7.9
		女	5.0	3.0	4.1	5.0	5.7	7.4
	城乡	城市	5.6	3.7	4.8	5.5	6.5	8.0
		农村	5.3	3.2	4.3	5.1	6.1	7.5
	片区	华北	5.4	3.4	4.5	5.3	6.1	7.7
		华东	5.7	3.4	4.8	5.7	6.6	8.0
		华南	5.2	2.8	4.3	5.1	6.1	7.5
		西北	5.3	3.4	4.5	5.2	6.1	7.4
		东北	5.3	3.1	4.6	5.3	6.0	7.0
		西南	5.2	3.4	4.2	5.0	6.0	7.1
3～<6月	小计		6.9	5.0	5.9	6.8	7.7	8.9
	性别	男	7.2	5.6	6.4	7.1	8.0	9.2
		女	6.4	4.7	5.6	6.2	7.2	8.4

分类			短期呼吸量（中度运动）/（L/min）					
			Mean	P5	P25	P50	P75	P95
3～<6月	城乡	城市	7.1	5.3	6.2	7.0	7.9	9.1
		农村	6.7	5.0	5.8	6.5	7.5	8.9
	片区	华北	7.0	5.1	6.2	7.0	7.8	8.9
		华东	7.3	5.5	6.5	7.2	7.9	9.2
		华南	6.4	4.7	5.6	6.0	7.1	8.9
		西北	6.7	5.0	5.9	6.6	7.4	8.9
		东北	6.9	5.0	6.1	6.9	7.7	8.8
		西南	6.7	5.0	5.9	6.5	7.3	8.9
6～<9月	小计		7.9	6.0	7.0	7.8	8.7	10.2
	性别	男	8.3	6.2	7.5	8.3	9.0	10.8
		女	7.4	5.9	6.7	7.4	8.0	9.4
	城乡	城市	8.2	6.1	7.3	8.0	9.0	10.8
		农村	7.7	5.9	6.9	7.7	8.5	9.8
	片区	华北	8.1	6.3	7.3	8.1	8.9	9.9
		华东	8.4	6.4	7.4	8.2	9.1	11.2
		华南	7.4	5.9	6.7	7.4	8.0	9.2
		西北	7.7	6.0	6.8	7.7	8.3	9.5
		东北	8.2	6.1	7.4	8.0	9.1	10.3
		西南	7.6	5.6	6.8	7.5	8.4	9.8
9月～<1岁	小计		8.6	6.6	7.7	8.6	9.4	10.8
	性别	男	8.9	7.0	8.0	8.9	9.8	11.2
		女	8.2	6.5	7.5	8.2	8.9	10.1
	城乡	城市	8.8	6.8	7.9	8.8	9.6	11.0
		农村	8.5	6.6	7.6	8.4	9.2	10.7
	片区	华北	8.9	6.9	8.1	8.9	9.6	10.9
		华东	8.9	6.9	8.2	8.9	9.8	11.2
		华南	8.0	6.4	7.4	8.0	8.8	9.7
		西北	8.4	6.3	7.7	8.3	9.1	10.3
		东北	9.2	7.4	8.3	9.0	9.9	11.8
		西南	8.2	6.1	7.5	8.1	8.9	10.5
1～<2岁	小计		9.9	7.4	8.8	9.8	10.8	12.6
	性别	男	10.2	7.9	9.1	10.2	11.2	13.0
		女	9.4	7.0	8.5	9.3	10.3	12.0
	城乡	城市	10.1	7.6	9.0	10.0	11.0	12.8
		农村	9.7	7.3	8.7	9.6	10.7	12.3
	片区	华北	10.2	7.9	9.1	9.9	11.1	12.6
		华东	10.3	8.0	9.3	10.2	11.1	13.0
		华南	9.1	7.2	8.2	9.0	10.0	11.3
		西北	9.6	7.4	8.6	9.5	10.5	12.1
		东北	10.3	7.8	9.1	10.2	11.3	13.1
		西南	9.4	6.8	8.2	9.1	10.5	12.4

分类			短期呼吸量（中度运动）/（L/min）					
			Mean	P5	P25	P50	P75	P95
2～<3岁	小计		10.9	8.3	9.8	10.7	11.8	13.6
	性别	男	11.3	8.5	10.2	11.2	12.5	14.2
		女	10.4	8.0	9.6	10.3	11.1	13.2
	城乡	城市	11.1	8.5	10.1	10.8	12.3	14.6
		农村	10.8	8.3	9.8	10.6	11.7	13.5
	片区	华北	11.4	9.5	10.4	11.4	12.1	14.8
		华东	11.8	9.7	10.4	11.4	12.9	16.1
		华南	10.1	8.3	8.9	10.1	10.8	12.5
		西北	11.5	9.2	10.4	11.2	12.4	15.0
		东北	11.6	8.7	10.3	11.3	13.2	14.2
		西南	10.4	7.9	9.4	10.6	11.6	12.8
3～<4岁	小计		13.1	11.7	12.4	13.0	13.6	14.7
	性别	男	13.5	12.3	13.0	13.5	14.0	15.0
		女	12.5	11.5	12.0	12.4	12.9	13.6
	城乡	城市	13.2	11.8	12.5	13.2	13.8	14.9
		农村	12.9	11.6	12.3	12.9	13.5	14.4
	片区	华北	13.1	11.8	12.4	13.1	13.7	14.5
		华东	13.3	12.0	12.6	13.3	13.9	14.9
		华南	12.7	11.5	12.0	12.7	13.3	14.4
		西北	12.9	11.6	12.3	12.9	13.4	14.3
		东北	13.3	11.9	12.6	13.2	13.9	15.0
		西南	12.9	11.6	12.3	12.9	13.4	14.5
4～<5岁	小计		13.8	12.1	13.0	13.7	14.5	15.7
	性别	男	14.3	12.9	13.6	14.3	14.9	16.1
		女	13.2	11.9	12.6	13.1	13.7	14.7
	城乡	城市	14.0	12.3	13.2	13.9	14.7	16.1
		农村	13.6	12.1	12.9	13.5	14.3	15.4
	片区	华北	14.0	12.4	13.3	14.0	14.6	15.8
		华东	14.0	12.5	13.2	14.0	14.7	16.0
		华南	13.4	11.9	12.8	13.4	14.1	15.1
		西北	13.5	12.2	12.8	13.5	14.1	15.1
		东北	14.1	12.1	13.2	14.0	14.9	16.5
		西南	13.4	11.8	12.7	13.4	14.1	15.2
5～<6岁	小计		14.4	12.6	13.6	14.3	15.2	16.5
	性别	男	15.0	13.4	14.3	14.9	15.6	17.1
		女	13.7	12.3	13.0	13.7	14.3	15.6
	城乡	城市	14.6	12.9	13.8	14.6	15.4	17.0
		农村	14.3	12.5	13.4	14.2	15.0	16.5
	片区	华北	14.5	12.6	13.6	14.4	15.4	16.7
		华东	14.8	13.0	14.0	14.7	15.4	17.2
		华南	14.0	12.3	13.0	13.9	14.7	15.9
		西北	14.2	12.6	13.5	14.1	14.9	16.1
		东北	15.0	12.9	14.2	15.0	15.8	17.2
		西南	14.2	12.6	13.4	14.0	14.9	16.1

分类			短期呼吸量（中度运动）/（L/min）					
			Mean	P5	P25	P50	P75	P95
6～<9岁		小计	16.5	14.0	15.1	16.1	17.4	20.4
	性别	男	17.3	15.0	15.9	16.8	18.2	20.9
		女	15.5	13.7	14.3	15.3	16.2	18.7
	城乡	城市	16.5	13.8	15.0	16.1	17.5	20.4
		农村	16.5	14.0	15.1	16.1	17.2	20.1
	片区	华北	16.6	14.0	15.2	16.2	17.5	20.4
		华东	16.3	14.0	15.1	16.0	17.2	19.7
		华南	16.0	13.5	14.7	15.7	16.8	19.6
		西北	16.3	14.0	15.0	16.1	17.2	19.3
		东北	17.0	14.0	15.4	16.7	18.6	21.5
		西南	16.5	14.0	15.3	16.1	17.2	20.4
9～<12岁		小计	19.3	15.7	17.4	18.8	20.7	24.2
	性别	男	20.4	17.0	18.6	20.0	21.8	25.5
		女	18.0	15.3	16.6	17.7	19.1	22.3
	城乡	城市	19.5	15.8	17.5	19.0	20.8	24.5
		农村	19.2	15.7	17.4	18.8	20.6	24.0
	片区	华北	19.7	16.3	17.9	19.2	21.3	24.4
		华东	19.3	16.0	17.6	18.9	20.4	24.1
		华南	18.4	15.3	16.8	18.1	19.7	22.4
		西北	18.9	15.9	17.4	18.7	20.0	23.1
		东北	20.5	16.7	18.2	20.2	22.4	25.9
		西南	18.9	15.6	17.0	18.4	20.3	24.1
12～<15岁		小计	21.9	18.0	19.7	21.4	23.6	27.5
	性别	男	23.3	18.9	21.2	23.1	24.8	29.1
		女	20.2	17.4	18.9	20.1	21.3	23.5
	城乡	城市	22.2	18.2	20.0	21.4	23.9	28.4
		农村	21.7	17.9	19.5	21.2	23.6	27.0
	片区	华北	22.6	18.2	20.0	21.9	24.5	28.8
		华东	22.0	18.0	19.7	21.3	23.7	27.7
		华南	21.3	17.9	19.3	20.8	22.8	26.3
		西北	21.2	17.3	19.2	20.7	23.1	26.4
		东北	23.6	19.2	20.6	23.1	26.1	30.3
		西南	21.6	17.8	19.7	21.2	23.6	26.4
15～<18岁		小计	24.1	19.9	21.5	23.7	26.1	29.8
	性别	男	26.4	22.8	24.6	25.9	27.8	31.4
		女	21.6	19.5	20.7	21.4	22.4	24.3
	城乡	城市	24.1	19.8	21.4	23.6	26.1	30.3
		农村	24.1	20.1	21.6	23.8	26.1	29.8
	片区	华北	25.2	20.5	22.2	24.7	27.4	32.0
		华东	24.4	20.0	21.4	23.6	26.8	31.1
		华南	23.3	19.5	20.9	22.6	25.1	28.4
		西北	23.7	20.1	21.6	23.5	25.6	28.1
		东北	24.1	20.3	21.4	23.3	25.6	31.6
		西南	24.1	20.1	21.4	24.2	26.4	29.2

数据来源：中国儿童环境暴露行为模式研究。

表 2-8　中国儿童短期呼吸量（剧烈运动）推荐值

分类			短期呼吸量（剧烈运动）/（L/min）					
			Mean	P5	P25	P50	P75	P95
0～<3 月	小计		13.6	8.3	11.2	13.3	15.5	19.4
	性别	男	14.5	9.3	12.3	14.7	16.3	19.8
		女	12.5	7.5	10.3	12.4	14.3	18.4
	城乡	城市	14.1	9.3	12.0	13.8	16.2	20.0
		农村	13.1	7.9	10.7	12.8	15.3	18.8
	片区	华北	13.6	8.4	11.4	13.3	15.3	19.4
		华东	14.3	8.6	11.9	14.3	16.6	20.1
		华南	13.0	6.9	10.7	12.7	15.3	18.8
		西北	13.3	8.6	11.1	13.0	15.2	18.5
		东北	13.3	7.7	11.4	13.3	15.0	17.5
		西南	12.9	8.4	10.5	12.5	14.9	17.8
3～<6 月	小计		17.2	12.6	14.8	17.1	19.3	22.3
	性别	男	18.1	13.9	16.1	17.8	19.9	23.0
		女	16.0	11.8	13.9	15.6	17.9	21.0
	城乡	城市	17.7	13.2	15.5	17.5	19.6	22.6
		农村	16.7	12.4	14.4	16.3	18.7	22.3
	片区	华北	17.6	12.9	15.4	17.5	19.6	22.2
		华东	18.2	13.7	16.3	18.1	19.8	23.0
		华南	16.0	11.8	13.9	15.0	17.8	22.3
		西北	16.8	12.4	14.7	16.4	18.4	22.2
		东北	17.3	12.5	15.2	17.3	19.4	22.1
		西南	16.7	12.5	14.8	16.3	18.2	22.2
6～<9 月	小计		19.8	15.0	17.5	19.6	21.9	25.4
	性别	男	20.8	15.4	18.7	20.7	22.5	26.9
		女	18.6	14.7	16.8	18.5	19.9	23.5
	城乡	城市	20.5	15.3	18.2	19.9	22.4	27.1
		农村	19.3	14.8	17.3	19.3	21.2	24.5
	片区	华北	20.2	15.7	18.2	20.2	22.2	24.7
		华东	20.9	15.9	18.5	20.4	22.8	28.0
		华南	18.5	14.6	16.8	18.5	20.0	22.9
		西北	19.2	15.1	17.1	19.1	20.9	23.7
		东北	20.4	15.2	18.4	20.1	22.8	25.8
		西南	18.9	14.0	17.1	18.7	21.0	24.5
9 月～<1 岁	小计		21.5	16.6	19.4	21.6	23.5	26.9
	性别	男	22.3	17.4	20.1	22.2	24.5	28.0
		女	20.6	16.2	18.7	20.5	22.3	25.2
	城乡	城市	21.9	17.1	19.9	21.9	24.0	27.5
		农村	21.2	16.6	19.0	21.1	23.0	26.8
	片区	华北	22.1	17.1	20.3	22.2	23.9	27.3
		华东	22.4	17.2	20.4	22.3	24.5	28.0

分类			短期呼吸量（剧烈运动）/（L/min）					
			Mean	P5	P25	P50	P75	P95
9月～<1岁	片区	华南	20.1	15.9	18.5	19.9	21.9	24.4
		西北	20.9	15.8	19.3	20.8	22.6	25.8
		东北	23.0	18.5	20.7	22.5	24.7	29.5
		西南	20.6	15.2	18.7	20.3	22.3	26.2
1～<2岁	小计		24.7	18.6	21.9	24.5	27.0	31.5
	性别	男	25.6	19.7	22.6	25.4	27.9	32.4
		女	23.5	17.5	21.2	23.3	25.8	29.9
	城乡	城市	25.3	19.0	22.5	25.1	27.5	32.0
		农村	24.1	18.3	21.7	23.9	26.7	30.8
	片区	华北	25.4	19.6	22.6	24.8	27.7	31.6
		华东	25.8	19.9	23.2	25.5	27.8	32.4
		华南	22.8	18.0	20.5	22.5	24.9	28.2
		西北	23.9	18.5	21.5	23.9	26.4	30.1
		东北	25.8	19.5	22.8	25.5	28.3	32.7
		西南	23.4	17.1	20.5	22.9	26.2	31.0
2～<3岁	小计		27.3	20.7	24.5	26.8	29.6	34.1
	性别	男	28.2	21.1	25.5	28.1	31.2	35.6
		女	26.1	20.1	24.1	25.8	27.7	33.1
	城乡	城市	27.9	21.3	25.3	26.9	30.8	36.5
		农村	26.9	20.6	24.4	26.6	29.3	33.8
	片区	华北	28.6	23.7	26.1	28.5	30.3	36.9
		华东	29.4	24.1	26.0	28.5	32.3	40.3
		华南	25.2	20.6	22.2	25.4	26.9	31.3
		西北	28.7	23.1	26.1	28.1	31.0	37.5
		东北	28.9	21.7	25.8	28.2	32.9	35.5
		西南	26.0	19.8	23.5	26.5	28.9	32.1
3～<4岁	小计		32.6	29.3	31.0	32.5	34.1	36.7
	性别	男	33.9	30.6	32.4	33.7	35.0	37.5
		女	31.2	28.6	30.1	31.0	32.2	34.1
	城乡	城市	33.0	29.5	31.2	32.9	34.5	37.1
		农村	32.3	29.0	30.7	32.2	33.7	36.1
	片区	华北	32.8	29.4	31.1	32.7	34.3	36.3
		华东	33.3	30.1	31.5	33.2	34.8	37.3
		华南	31.9	28.7	30.1	31.7	33.3	36.1
		西北	32.3	28.9	30.8	32.3	33.6	35.8
		东北	33.2	29.7	31.4	32.9	34.7	37.6
		西南	32.3	29.0	30.9	32.3	33.6	36.3
4～<5岁	小计		34.4	30.3	32.6	34.2	36.2	39.2
	性别	男	35.8	32.2	34.0	35.6	37.1	40.3
		女	32.9	29.7	31.5	32.7	34.2	36.6
	城乡	城市	34.9	30.8	32.9	34.8	36.7	40.3
		农村	34.0	30.2	32.2	33.8	35.7	38.5

分类			短期呼吸量（剧烈运动）/（L/min）					
			Mean	P5	P25	P50	P75	P95
4～<5 岁	片区	华北	34.9	31.0	33.1	34.9	36.6	39.5
		华东	35.1	31.2	33.0	34.9	36.7	40.0
		华南	33.6	29.8	31.9	33.4	35.2	37.7
		西北	33.8	30.5	32.0	33.6	35.2	37.7
		东北	35.1	30.2	33.0	34.9	37.1	41.2
		西南	33.6	29.5	31.8	33.4	35.4	38.0
5～<6 岁	小计		36.1	31.5	33.9	35.9	38.0	41.4
	性别	男	37.5	33.4	35.6	37.3	38.9	42.8
		女	34.3	30.8	32.6	34.2	35.7	39.0
	城乡	城市	36.6	32.2	34.6	36.4	38.5	42.5
		农村	35.7	31.2	33.5	35.4	37.6	41.2
	片区	华北	36.3	31.3	34.0	36.0	38.4	41.8
		华东	36.9	32.5	35.0	36.8	38.5	42.9
		华南	34.9	30.9	32.6	34.7	36.7	39.7
		西北	35.5	31.4	33.8	35.3	37.1	40.2
		东北	37.6	32.2	35.4	37.6	39.6	43.0
		西南	35.4	31.4	33.4	35.1	37.1	40.3
6～<9 岁	小计		41.1	35.0	37.7	40.3	43.4	50.9
	性别	男	43.1	37.6	39.8	42.0	45.6	52.2
		女	38.8	34.2	35.8	38.2	40.6	46.9
	城乡	城市	41.1	34.6	37.6	40.2	43.8	51.0
		农村	41.1	35.0	37.9	40.3	43.1	50.2
	片区	华北	41.4	35.1	38.0	40.4	43.8	51.0
		华东	40.8	35.0	37.7	40.0	43.0	49.4
		华南	39.9	33.6	36.8	39.2	42.0	49.1
		西北	40.8	35.0	37.4	40.3	43.0	48.3
		东北	42.6	35.0	38.5	41.8	46.5	53.6
		西南	41.2	35.0	38.2	40.3	43.0	51.0
9～<12 岁	小计		48.3	39.2	43.5	47.1	51.7	60.5
	性别	男	51.0	42.5	46.5	50.0	54.4	63.7
		女	45.1	38.2	41.6	44.3	47.6	55.7
	城乡	城市	48.6	39.5	43.7	47.4	52.0	61.2
		农村	48.1	39.1	43.4	46.9	51.5	60.0
	片区	华北	49.3	40.9	44.7	47.9	53.4	61.0
		华东	48.3	40.1	44.0	47.2	51.0	60.2
		华南	45.9	38.2	42.0	45.3	49.2	56.0
		西北	47.3	39.8	43.4	46.6	50.1	57.7
		东北	51.2	41.8	45.5	50.4	56.0	64.7
		西南	47.3	39.0	42.4	46.1	50.8	60.2
12～<15 岁	小计		54.7	45.0	49.2	53.4	59.1	68.8
	性别	男	58.4	47.3	52.9	57.7	62.1	72.6
		女	50.5	43.4	47.3	50.3	53.3	58.7

分类			短期呼吸量（剧烈运动）/（L/min）					
			Mean	P5	P25	P50	P75	P95
12～<15 岁	城乡	城市	55.6	45.5	49.9	53.6	59.8	70.9
		农村	54.2	44.7	48.7	53.0	59.1	67.4
	片区	华北	56.4	45.5	50.1	54.7	61.3	72.0
		华东	54.9	45.1	49.3	53.4	59.3	69.2
		华南	53.2	44.7	48.2	51.9	57.0	65.6
		西北	53.1	43.2	48.0	51.8	57.7	66.1
		东北	58.9	48.0	51.5	57.7	65.2	75.8
		西南	54.0	44.6	49.2	52.9	59.1	66.1
15～<18 岁	小计		60.3	49.7	53.6	59.2	65.4	74.4
	性别	男	66.1	57.0	61.5	64.7	69.5	78.4
		女	54.1	48.7	51.6	53.5	56.0	60.8
	城乡	城市	60.4	49.4	53.4	59.1	65.3	75.8
		农村	60.3	50.3	53.9	59.5	65.4	74.4
	片区	华北	63.0	51.3	55.5	61.8	68.5	80.0
		华东	61.0	50.0	53.6	59.0	67.1	77.9
		华南	58.1	48.9	52.4	56.5	62.7	70.9
		西北	59.3	50.3	53.9	58.6	64.0	70.2
		东北	60.3	50.8	53.6	58.1	64.0	79.0
		西南	60.2	50.3	53.4	60.5	66.1	73.0

数据来源：中国儿童环境暴露行为模式研究。

表 2-9　中国儿童分省的长期呼吸量推荐值

省（区、市）	长期呼吸量/（m³/d）												
	0～<3月	3～<6月	6～<9月	9月～<1岁	1～<2岁	2～<3岁	3～<4岁	4～<5岁	5～<6岁	6～<9岁	9～<12岁	12～<15岁	15～<18岁
合计	3.7	4.7	5.4	5.9	5.7	6.3	8.0	8.4	8.8	10.1	13.2	13.5	14.0
北京	3.9	5.0	5.4	6.1	5.9	7.2	8.3	8.7	9.3	10.4	13.7	14.5	12.9
天津	3.7	4.8	5.5	6.1	5.9	6.4	8.1	8.6	9.1	10.5	14.2	14.4	14.7
河北	3.9	5.0	5.7	6.2	6.1	7.1	8.1	8.7	9.2	10.2	13.5	13.8	14.4
山西	3.3	4.3	5.6	6.1	6.1	7.5	8.1	8.7	9.1	10.3	13.5	13.5	14.6
内蒙古	3.4	4.5	5.2	5.9	5.9	6.4	8.1	8.5	9.1	9.9	13.5	13.4	14.8
辽宁	3.7	4.7	5.9	6.5	6.2	7.3	8.2	8.9	9.4	10.4	14.0	14.5	12.9
吉林	3.7	4.8	5.5	6.0	5.7	6.0	8.1	8.5	9.2	10.4	13.9	14.9	15.1
黑龙江	3.5	4.7	5.3	6.2	5.6	6.4	7.9	8.3	9.0	11.4	14.3	13.6	13.7
上海	4.4	5.1	6.4	6.5	6.2	6.7	8.2	8.5	9.0	10.4	13.9	13.8	14.5
江苏	4.3	5.1	5.9	6.2	6.1	7.7	8.3	8.7	9.0	10.1	13.6	14.0	14.3
浙江	3.3	4.6	5.3	5.8	5.5	6.3	7.9	8.4	8.7	10.2	12.8	13.1	14.0
安徽	3.8	4.9	5.6	6.2	6.0	6.9	8.2	8.6	9.2	9.9	13.4	13.6	14.3
福建	3.3	4.6	5.1	5.6	5.4	5.7	7.9	8.3	8.7	9.9	12.9	12.8	13.8
江西	3.5	4.5	5.2	5.9	5.6	6.6	7.9	8.4	8.7	9.9	13.0	13.0	13.3

省（区、市）	长期呼吸量/（m³/d）												
	0～<3月	3～<6月	6～<9月	9月～<1岁	1～<2岁	2～<3岁	3～<4岁	4～<5岁	5～<6岁	6～<9岁	9～<12岁	12～<15岁	15～<18岁
山东	3.8	4.9	5.8	6.0	6.0	6.5	8.2	8.8	9.3	10.5	13.5	14.1	14.3
河南	3.8	4.9	5.5	6.0	5.8	6.4	8.0	8.5	8.7	10.1	13.4	13.9	14.7
湖北	3.7	4.7	5.4	5.9	5.6	6.6	8.0	8.4	8.8	10.0	12.6	13.2	13.8
湖南	3.6	4.5	5.3	5.6	5.5	5.9	7.9	8.3	8.7	9.8	12.4	13.3	14.2
广东	3.5	4.3	5.0	5.1	5.2	5.8	7.7	8.0	8.3	9.4	12.6	12.9	13.6
广西	3.6	4.4	5.0	5.6	5.2	5.7	7.8	8.2	8.6	9.8	12.6	12.9	12.9
海南	3.4	4.2	5.0	5.2	5.1	5.6	7.7	8.3	8.5	9.8	12.5	13.4	13.5
重庆	3.6	4.7	5.5	5.9	5.9	6.5	7.9	8.3	8.7	10.1	12.5	13.6	13.7
四川	3.2	4.5	5.0	5.5	5.4	6.0	8.0	8.3	8.7	10.0	13.0	12.8	14.4
贵州	3.8	4.5	5.1	5.7	5.3	5.9	7.9	8.2	8.8	10.1	13.2	13.3	13.7
云南	3.6	4.6	5.0	5.3	5.2	5.9	7.8	8.0	8.3	9.9	13.2	13.7	13.9
陕西	3.9	4.9	5.5	5.9	5.6	6.7	8.0	8.4	8.8	10.0	13.1	13.0	14.1
甘肃	3.2	4.4	5.1	5.5	5.4	6.5	7.9	8.2	8.6	10.5	13.3	13.9	13.6
青海	3.3	4.5	5.3	5.6	5.3	6.4	7.7	8.2	8.6	9.1	11.7	12.0	13.4
宁夏	3.8	4.5	5.4	6.1	5.8	6.6	7.9	8.2	8.7	9.6	12.6	13.1	14.4
新疆	3.7	4.5	5.0	5.6	5.4	—	7.9	8.3	8.7	9.6	12.5	12.4	14.2

数据来源：中国儿童环境暴露行为模式研究。

表 2-10　中国儿童分省的短期呼吸量（休息）推荐值

省（区、市）	短期呼吸量（休息）/（L/min）												
	0～<3月	3～<6月	6～<9月	9月～<1岁	1～<2岁	2～<3岁	3～<4岁	4～<5岁	5～<6岁	6～<9岁	9～<12岁	12～<15岁	15～<18岁
合计	1.4	1.7	2.0	2.1	2.5	2.7	3.3	3.4	3.6	4.1	4.8	5.5	6.0
北京	1.4	1.8	2.0	2.2	2.6	3.1	3.4	3.5	3.8	4.3	5.0	5.8	5.8
天津	1.3	1.7	2.0	2.2	2.6	2.8	3.3	3.5	3.7	4.3	5.2	5.8	6.4
河北	1.4	1.8	2.1	2.3	2.7	3.1	3.3	3.5	3.8	4.2	4.9	5.7	6.2
山西	1.2	1.6	2.0	2.2	2.7	3.3	3.3	3.5	3.7	4.2	4.9	5.5	6.2
内蒙古	1.2	1.6	1.9	2.2	2.5	2.8	3.3	3.5	3.7	4.1	4.9	5.4	6.4
辽宁	1.4	1.7	2.1	2.4	2.7	3.1	3.4	3.6	3.8	4.2	5.1	5.9	5.8
吉林	1.3	1.7	2.0	2.2	2.5	2.6	3.3	3.5	3.7	4.3	5.1	6.0	6.4
黑龙江	1.3	1.7	1.9	2.3	2.4	2.8	3.2	3.4	3.7	4.7	5.2	5.6	6.0
上海	1.6	1.9	2.3	2.4	2.7	2.9	3.3	3.5	3.7	4.2	5.1	5.7	6.3
江苏	1.6	1.9	2.1	2.3	2.6	3.3	3.3	3.5	3.7	4.1	5.0	5.7	6.2
浙江	1.2	1.7	1.9	2.1	2.4	2.7	3.2	3.4	3.6	4.2	4.7	5.3	6.0
安徽	1.4	1.8	2.1	2.3	2.6	3.0	3.3	3.5	3.8	4.1	4.9	5.5	6.1
福建	1.2	1.7	1.9	2.1	2.3	2.5	3.2	3.4	3.5	4.0	4.7	5.2	5.9
江西	1.3	1.7	1.9	2.2	2.4	2.8	3.2	3.4	3.6	4.1	4.7	5.3	5.8
山东	1.4	1.8	2.1	2.2	2.6	2.8	3.3	3.6	3.8	4.3	4.9	5.8	6.2
河南	1.4	1.8	2.0	2.2	2.5	2.8	3.3	3.5	3.5	4.1	4.9	5.6	6.3

省（区、市）	短期呼吸量（休息）/（L/min）												
	0~<3月	3~<6月	6~<9月	9月~<1岁	1~<2岁	2~<3岁	3~<4岁	4~<5岁	5~<6岁	6~<9岁	9~<12岁	12~<15岁	15~<18岁
湖北	1.4	1.7	2.0	2.2	2.4	2.9	3.3	3.4	3.6	4.1	4.6	5.4	6.0
湖南	1.3	1.6	1.9	2.1	2.4	2.6	3.2	3.4	3.5	4.0	4.5	5.4	6.1
广东	1.3	1.6	1.8	1.9	2.2	2.5	3.1	3.3	3.4	3.8	4.6	5.2	5.8
广西	1.3	1.6	1.8	2.1	2.3	2.5	3.2	3.4	3.5	4.0	4.6	5.2	5.6
海南	1.2	1.5	1.8	1.9	2.2	2.4	3.1	3.4	3.5	4.0	4.6	5.4	5.8
重庆	1.3	1.7	2.0	2.2	2.6	2.8	3.2	3.4	3.6	4.1	4.6	5.4	5.9
四川	1.2	1.6	1.8	2.0	2.3	2.6	3.3	3.4	3.6	4.1	4.8	5.3	6.1
贵州	1.4	1.6	1.9	2.1	2.3	2.6	3.2	3.4	3.6	4.1	4.8	5.4	5.9
云南	1.3	1.7	1.8	1.9	2.3	2.6	3.2	3.3	3.4	4.1	4.8	5.6	6.0
陕西	1.4	1.8	2.0	2.1	2.4	2.9	3.2	3.4	3.6	4.1	4.8	5.3	6.1
甘肃	1.2	1.6	1.8	2.0	2.4	2.8	3.2	3.3	3.5	4.3	4.9	5.6	5.9
青海	1.2	1.6	1.9	2.0	2.3	2.8	3.2	3.4	3.5	3.7	4.3	4.9	5.8
宁夏	1.4	1.7	2.0	2.2	2.5	2.9	3.2	3.4	3.5	3.9	4.6	5.3	6.2
新疆	1.4	1.6	1.8	2.0	2.3	—	3.2	3.4	3.6	3.9	4.6	5.0	6.1

数据来源：中国儿童环境暴露行为模式研究。

表 2-11　中国儿童分省的短期呼吸量（坐）推荐值

省（区、市）	短期呼吸量（坐）（L/min）												
	0~<3月	3~<6月	6~<9月	9月~<1岁	1~<2岁	2~<3岁	3~<4岁	4~<5岁	5~<6岁	6~<9岁	9~<12岁	12~<15岁	15~<18岁
合计	1.6	2.1	2.4	2.6	3.0	3.3	3.9	4.1	4.3	4.9	5.8	6.6	7.2
北京	1.7	2.2	2.4	2.7	3.1	3.7	4.1	4.3	4.5	5.1	6.0	7.0	6.9
天津	1.6	2.1	2.4	2.7	3.1	3.4	3.9	4.2	4.5	5.2	6.2	7.0	7.6
河北	1.7	2.2	2.5	2.7	3.2	3.7	4.0	4.2	4.5	5.0	5.9	6.8	7.4
山西	1.5	1.9	2.5	2.7	3.2	3.9	4.0	4.3	4.5	5.0	5.9	6.6	7.5
内蒙古	1.5	2.0	2.3	2.6	3.1	3.3	4.0	4.2	4.4	4.9	5.9	6.5	7.6
辽宁	1.6	2.1	2.6	2.9	3.2	3.8	4.3	4.3	4.6	5.1	6.2	7.1	7.0
吉林	1.6	2.1	2.4	2.6	3.0	3.1	4.0	4.1	4.5	5.1	6.1	7.2	7.7
黑龙江	1.5	2.1	2.3	2.7	2.9	3.4	3.9	4.1	4.4	5.6	6.3	6.8	7.2
上海	1.9	2.3	2.8	2.8	3.3	3.5	4.0	4.2	4.4	5.1	6.1	6.8	7.5
江苏	1.9	2.3	2.6	2.7	3.2	4.0	4.1	4.3	4.4	5.0	5.9	6.8	7.4
浙江	1.5	2.0	2.3	2.5	2.9	3.3	3.9	4.1	4.3	5.0	5.6	6.4	7.2
安徽	1.7	2.1	2.5	2.7	3.1	3.6	4.0	4.2	4.5	4.9	5.9	6.6	7.4
福建	1.4	2.0	2.2	2.5	2.8	3.0	3.9	4.1	4.3	4.9	5.7	6.3	7.1
江西	1.5	2.0	2.3	2.6	2.9	3.4	3.9	4.1	4.3	4.9	5.7	6.3	6.9
山东	1.6	2.2	2.5	2.6	3.1	3.4	4.0	4.3	4.6	5.1	5.9	6.9	7.5
河南	1.7	2.2	2.4	2.6	3.0	3.3	3.9	4.2	4.3	4.9	5.9	6.8	7.5
湖北	1.6	2.1	2.4	2.6	2.9	3.4	3.9	4.1	4.4	4.9	5.5	6.4	7.1
湖南	1.6	2.0	2.3	2.5	2.8	3.1	3.9	4.1	4.3	4.8	5.5	6.5	7.3

省（区、市）	短期呼吸量（坐）（L/min）												
	0~<3月	3~<6月	6~<9月	9月~<1岁	1~<2岁	2~<3岁	3~<4岁	4~<5岁	5~<6岁	6~<9岁	9~<12岁	12~<15岁	15~<18岁
广东	1.5	1.9	2.2	2.2	2.7	3.0	3.8	3.9	4.1	4.6	5.5	6.3	7.0
广西	1.6	1.9	2.2	2.5	2.7	3.0	3.8	4.0	4.2	4.8	5.5	6.3	6.7
海南	1.5	1.9	2.2	2.3	2.7	2.9	3.8	4.1	4.2	4.8	5.5	6.5	7.0
重庆	1.6	2.1	2.4	2.6	3.1	3.4	3.9	4.1	4.3	5.0	5.5	6.5	7.1
四川	1.4	2.0	2.2	2.4	2.8	3.1	3.9	4.1	4.3	4.9	5.7	6.3	7.4
贵州	1.6	2.0	2.2	2.5	2.8	3.1	3.9	4.0	4.3	5.0	5.8	6.5	7.0
云南	1.6	2.0	2.2	2.3	2.7	3.1	3.8	3.9	4.1	4.9	5.8	6.7	7.2
陕西	1.7	2.2	2.4	2.6	2.9	3.5	3.9	4.1	4.3	4.9	5.7	6.3	7.3
甘肃	1.4	1.9	2.2	2.4	2.8	3.4	3.9	4.0	4.2	5.1	5.8	6.7	7.0
青海	1.5	2.0	2.3	2.4	2.8	3.3	3.8	4.0	4.2	4.5	5.1	5.9	6.9
宁夏	1.7	2.0	2.4	2.7	3.0	3.4	3.9	4.0	4.2	4.7	5.5	6.4	7.4
新疆	1.6	2.0	2.2	2.5	2.8	—	3.9	4.1	4.3	4.7	5.5	6.0	7.3

数据来源：中国儿童环境暴露行为模式研究。

表 2-12　中国儿童分省的短期呼吸量（轻度运动）推荐值

省（区、市）	短期呼吸量（轻度运动）/（L/min）												
	0~<3月	3~<6月	6~<9月	9月~<1岁	1~<2岁	2~<3岁	3~<4岁	4~<5岁	5~<6岁	6~<9岁	9~<12岁	12~<15岁	15~<18岁
合计	2.7	3.4	4.0	4.3	4.9	5.5	6.5	6.9	7.2	8.2	9.7	10.9	12.1
北京	2.8	3.6	4.0	4.4	5.1	6.2	6.8	7.1	7.6	8.5	10.0	11.7	11.6
天津	2.7	3.5	4.0	4.5	5.1	5.6	6.6	7.0	7.4	8.6	10.4	11.7	12.7
河北	2.9	3.7	4.1	4.6	5.3	6.2	6.7	7.1	7.5	8.4	9.9	11.3	12.3
山西	2.4	3.2	4.1	4.5	5.3	6.5	6.6	7.1	7.4	8.4	9.9	11.0	12.5
内蒙古	2.5	3.3	3.8	4.3	5.1	5.6	6.6	7.0	7.4	8.1	9.9	10.8	12.7
辽宁	2.7	3.5	4.3	4.8	5.3	6.3	6.7	7.2	7.7	8.5	10.3	11.8	11.7
吉林	2.7	3.5	4.0	4.4	4.9	5.2	6.6	6.9	7.5	8.5	10.2	12.0	12.9
黑龙江	2.6	3.4	3.9	4.4	4.9	5.6	6.5	6.8	7.4	9.4	10.5	11.3	12.0
上海	3.2	3.8	4.7	4.7	5.4	5.8	6.7	7.0	7.4	8.5	10.1	11.3	12.5
江苏	3.1	3.8	4.3	4.5	5.3	6.7	6.8	7.1	7.4	8.3	9.9	11.4	12.3
浙江	2.4	3.4	3.8	4.2	4.8	5.4	6.4	6.9	7.1	8.3	9.3	10.6	12.0
安徽	2.8	3.5	4.1	4.5	5.2	6.0	6.7	7.0	7.5	8.1	9.8	10.9	12.3
福建	2.4	3.3	3.7	4.1	4.6	5.0	6.4	6.8	7.1	8.1	9.4	10.5	11.9
江西	2.6	3.3	4.3	4.3	4.9	5.7	6.4	6.9	7.2	8.1	9.5	10.5	11.6
山东	2.7	3.6	4.2	4.4	5.2	5.7	6.7	7.2	7.6	8.6	9.9	11.5	12.4
河南	2.8	3.6	4.1	4.4	5.0	5.6	6.5	7.0	7.1	8.2	9.8	11.3	12.6
湖北	2.7	3.5	3.9	4.3	4.9	5.7	6.5	6.8	7.2	8.2	9.2	10.7	11.9
湖南	2.6	3.3	3.9	4.1	4.7	5.1	6.4	6.8	7.1	8.0	9.1	10.9	12.1
广东	2.6	3.1	3.7	3.7	4.5	5.0	6.3	6.5	6.8	7.7	9.2	10.5	11.7
广西	2.6	3.2	3.7	4.1	4.5	5.0	6.4	6.7	7.0	8.0	9.2	10.5	11.2

省（区、市）	短期呼吸量（轻度运动）/（L/min）												
	0～<3月	3～<6月	6～<9月	9月～<1岁	1～<2岁	2～<3岁	3～<4岁	4～<5岁	5～<6岁	6～<9岁	9～<12岁	12～<15岁	15～<18岁
海南	2.5	3.1	3.6	3.8	4.4	4.8	6.3	6.8	6.9	8.0	9.1	10.9	11.6
重庆	2.6	3.5	4.0	4.3	5.1	5.7	6.5	6.8	7.1	8.3	9.1	10.8	11.9
四川	2.4	3.3	3.7	4.0	4.7	5.2	6.5	6.8	7.1	8.2	9.5	10.6	12.3
贵州	2.7	3.3	3.7	4.1	4.6	5.1	6.4	6.7	7.2	8.3	9.6	10.8	11.7
云南	2.6	3.3	3.7	3.9	4.5	5.1	6.4	6.6	6.8	8.1	9.7	11.1	11.9
陕西	2.8	3.6	4.0	4.3	4.9	5.8	6.5	6.8	7.2	8.1	9.6	10.5	12.1
甘肃	2.4	3.2	3.7	4.0	4.7	5.7	6.4	6.7	7.0	8.6	9.7	11.2	11.7
青海	2.4	3.3	3.8	4.1	4.6	5.5	6.3	6.7	7.0	7.4	8.6	9.8	11.5
宁夏	2.8	3.3	4.0	4.5	5.0	5.7	6.5	6.7	7.1	7.8	9.2	10.6	12.4
新疆	2.7	3.3	3.7	4.1	4.7	—	6.5	6.8	7.1	7.8	9.1	10.1	12.2

数据来源：中国儿童环境暴露行为模式研究。

表 2-13　中国儿童分省的短期呼吸量（中度运动）推荐值

省（区、市）	短期呼吸量（中度运动）/（L/min）												
	0～<3月	3～<6月	6～<9月	9月～<1岁	1～<2岁	2～<3岁	3～<4岁	4～<5岁	5～<6岁	6～<9岁	9～<12岁	12～<15岁	15～<18岁
合计	5.4	6.9	7.9	8.6	9.9	10.9	13.1	13.8	14.4	16.5	19.3	21.9	24.1
北京	5.7	7.3	7.9	8.9	10.2	12.4	13.5	14.2	15.1	17.0	20.0	23.3	23.2
天津	5.4	6.9	8.1	8.9	10.3	11.2	13.2	14.0	14.9	17.2	20.8	23.3	25.4
河北	5.7	7.4	8.3	9.1	10.7	12.4	13.3	14.1	15.0	16.7	19.7	22.7	24.7
山西	4.9	6.3	8.2	9.0	10.6	13.1	13.3	14.2	14.9	16.8	19.8	21.9	24.9
内蒙古	5.0	6.6	7.6	8.7	10.2	11.1	13.2	13.9	14.8	16.2	19.7	21.7	25.5
辽宁	5.5	6.9	8.6	9.5	10.7	12.6	13.5	14.5	15.3	16.9	20.5	23.6	23.4
吉林	5.4	7.0	8.0	8.8	9.9	10.4	13.2	13.8	15.0	17.0	20.4	24.1	25.8
黑龙江	5.1	6.9	7.7	9.0	9.8	11.2	13.0	13.5	14.7	18.7	20.9	22.5	24.0
上海	6.5	7.5	9.3	9.5	10.8	11.6	13.3	14.0	14.8	17.0	20.3	22.6	25.1
江苏	6.3	7.5	8.6	9.0	10.5	13.3	13.6	14.2	14.8	16.5	19.8	22.7	24.7
浙江	4.9	6.8	7.7	8.5	9.5	10.9	12.9	13.8	14.2	16.7	18.7	21.3	24.1
安徽	5.6	7.1	8.2	9.0	10.5	11.9	13.3	14.0	15.0	16.2	19.6	21.9	24.5
福建	4.8	6.7	7.4	8.2	9.3	10.0	12.9	13.6	14.2	16.2	18.9	21.0	23.8
江西	5.1	6.6	7.6	8.7	9.7	11.4	12.9	13.7	14.5	16.2	18.9	21.0	23.1
山东	5.5	7.2	8.5	8.8	10.4	11.3	13.4	14.3	15.3	17.1	19.7	23.1	24.9
河南	5.6	7.2	8.1	8.8	10.0	11.1	13.0	13.9	14.2	16.5	19.6	22.6	25.2
湖北	5.5	6.9	7.9	8.6	9.8	11.3	13.0	13.7	14.4	16.4	18.4	21.4	23.8
湖南	5.2	6.6	7.7	8.2	9.5	10.2	12.9	13.5	14.2	16.0	18.2	21.8	24.2
广东	5.1	6.3	7.3	7.5	9.0	10.0	12.5	13.1	13.6	15.4	18.4	20.9	23.4
广西	5.2	6.4	7.4	8.2	9.0	9.9	12.8	13.5	14.0	16.1	18.4	20.9	22.5
海南	5.0	6.2	7.3	7.6	8.9	9.7	12.6	13.6	13.8	16.1	18.3	21.7	23.2
重庆	5.3	6.9	8.1	8.7	10.2	11.3	13.0	13.5	14.2	16.6	18.3	21.6	23.7

省（区、市）	短期呼吸量（中度运动）/（L/min）												
	0~<3月	3~<6月	6~<9月	9月~<1岁	1~<2岁	2~<3岁	3~<4岁	4~<5岁	5~<6岁	6~<9岁	9~<12岁	12~<15岁	15~<18岁
四川	4.7	6.5	7.4	8.1	9.4	10.4	13.1	13.5	14.2	16.3	19.0	21.2	24.5
贵州	5.5	6.6	7.5	8.3	9.2	10.2	12.9	13.5	14.4	16.6	19.3	21.5	23.4
云南	5.2	6.7	7.3	7.8	9.0	10.2	12.7	13.2	13.6	16.2	19.3	22.2	23.9
陕西	5.7	7.2	8.1	8.6	9.8	11.7	13.0	13.7	14.4	16.3	19.2	21.0	24.2
甘肃	4.7	6.5	7.4	8.0	9.4	11.4	12.8	13.4	14.0	17.2	19.4	22.4	23.4
青海	4.9	6.6	7.7	8.1	9.3	11.1	12.6	13.4	14.0	14.9	17.1	19.6	23.1
宁夏	5.6	6.6	7.9	9.0	10.0	11.5	12.9	13.5	14.1	15.7	18.4	21.2	24.8
新疆	5.5	6.5	7.3	8.2	9.4	—	13.0	13.5	14.3	15.7	18.3	20.1	24.4

数据来源：中国儿童环境暴露行为模式研究。

表 2-14　中国儿童分省的短期呼吸量（剧烈运动）推荐值

省（区、市）	短期呼吸量（剧烈运动）/（L/min）												
	0~<3月	3~<6月	6~<9月	9月~<1岁	1~<2岁	2~<3岁	3~<4岁	4~<5岁	5~<6岁	6~<9岁	9~<12岁	12~<15岁	15~<18岁
合计	13.6	17.2	19.8	21.5	24.7	27.3	32.6	34.4	36.1	41.1	48.3	54.7	60.3
北京	14.2	18.2	19.8	22.2	25.5	31.1	33.9	35.5	37.8	42.6	50.0	58.3	57.9
天津	13.4	17.4	20.2	22.3	25.7	27.9	32.9	35.1	37.2	43.0	51.9	58.3	63.6
河北	14.4	18.4	20.7	22.8	26.7	30.9	33.3	35.3	37.6	41.8	49.3	56.7	61.7
山西	12.1	15.8	20.5	22.4	26.6	32.7	33.2	35.4	37.2	42.1	49.4	54.8	62.3
内蒙古	12.4	16.4	19.1	21.7	25.4	27.8	33.1	34.9	37.0	40.6	49.3	54.2	63.7
辽宁	13.7	17.3	21.5	23.8	26.7	31.5	33.7	36.2	38.3	42.3	51.3	59.0	58.4
吉林	13.4	17.4	20.0	22.0	24.7	26.0	33.1	34.5	37.5	42.6	51.0	60.2	64.4
黑龙江	12.8	17.2	19.3	22.6	24.4	28.0	32.4	33.8	36.8	46.7	52.3	56.3	59.9
上海	16.2	18.8	23.3	23.6	27.1	29.0	33.4	34.8	36.9	42.5	50.7	56.5	62.6
江苏	15.7	18.8	21.4	22.5	26.3	33.4	33.9	35.6	36.9	41.3	49.5	56.8	61.7
浙江	12.2	17.0	19.2	21.2	23.9	27.2	32.2	34.5	35.5	41.7	46.7	53.2	60.2
安徽	14.0	17.7	20.6	22.5	26.2	29.8	33.3	35.0	37.5	40.6	49.0	54.6	61.3
福建	12.0	16.7	18.6	20.5	23.2	24.9	32.1	33.9	35.5	40.5	47.2	52.4	59.4
江西	12.8	16.5	19.1	21.7	24.3	28.5	32.2	34.3	36.2	40.5	47.3	52.5	57.8
山东	13.7	18.0	21.2	22.0	26.0	28.3	33.5	35.8	38.1	42.8	49.3	57.7	62.2
河南	14.0	18.1	20.3	21.9	25.1	27.8	32.6	34.8	35.5	41.2	49.1	56.4	62.9
湖北	13.7	17.3	19.7	21.5	24.5	28.7	32.6	34.2	35.9	41.0	46.1	53.5	59.6
湖南	13.1	16.5	19.3	20.6	23.7	25.6	32.2	33.8	35.5	40.0	45.4	54.4	60.6
广东	12.8	15.7	18.3	18.7	22.4	25.0	31.3	32.7	34.1	38.4	46.1	52.3	58.5
广西	13.1	16.0	18.4	20.5	22.6	24.8	31.9	33.6	35.0	40.2	46.0	52.3	56.2
海南	12.5	15.5	18.1	19.0	22.2	24.2	31.5	34.0	34.6	40.2	45.6	54.3	58.0
重庆	13.2	17.3	20.1	21.7	25.6	28.4	32.5	33.8	35.6	41.5	45.7	54.0	59.3
四川	11.8	16.3	18.4	20.2	23.4	25.9	32.7	33.9	35.6	40.8	47.5	52.9	61.3
贵州	13.7	16.4	18.7	20.7	23.1	25.6	32.2	33.7	35.9	41.4	48.2	53.8	58.5

省（区、市）	短期呼吸量（剧烈运动）/（L/min）												
	0~<3月	3~<6月	6~<9月	9月~<1岁	1~<2岁	2~<3岁	3~<4岁	4~<5岁	5~<6岁	6~<9岁	9~<12岁	12~<15岁	15~<18岁
云南	13.0	16.7	18.3	19.5	22.6	25.5	31.8	32.9	34.0	40.6	48.3	55.6	59.7
陕西	14.2	18.0	20.2	21.4	24.4	29.2	32.5	34.2	36.1	40.7	47.9	52.6	60.6
甘肃	11.8	16.2	18.5	20.2	23.5	28.4	32.1	33.4	35.1	42.9	48.6	55.9	58.6
青海	12.1	16.4	19.2	20.4	23.2	27.7	31.6	33.6	35.1	37.2	42.8	49.0	57.7
宁夏	13.9	16.5	19.8	22.5	25.0	28.6	32.3	33.7	35.3	39.2	46.0	53.0	62.0
新疆	13.7	16.4	18.3	20.5	23.5	—	32.4	33.8	35.6	39.2	45.7	50.3	60.9

数据来源：中国儿童环境暴露行为模式研究。

参考文献

朱广瑾. 2006. 中国人群生理常数与心理状况[M]. 北京：中国协和医科大学出版社.

USEPA. 2008. Child-specific exposure factors handbook[S]. EPA/600/R-06/096F.Washington DC.

USEPA. 2011. Exposure Factors Handbook Revised[S]. EPA/600/R-09/052A. Washington DC.

3 饮水摄入量

3.1 参数说明

饮水摄入量（Water Ingestion Rates）指人每天摄入水的体积（ml/d），可分为直接饮水摄入量（以白水形式饮用的水，如开水、生水、桶/瓶装水等，以及以配方奶、钙片等形式冲调的水）、间接饮水摄入量（指通过粥和汤摄入水的量）和总饮水摄入量（直接饮水摄入量和间接饮水摄入量之和）。《概要》中所指的水不包括商品性牛奶、饮料以及食品材料等。

儿童的饮水量主要与儿童年龄有关，并受季节、气候、地域等地理气象学条件和家庭饮食习惯等因素的影响。哺乳期的婴幼儿饮水种类相对单一，主要通过配方奶、钙片等冲调形式直接摄入水，随着年龄的增长，儿童饮水种类越来越丰富，间接饮水量逐渐增加。

儿童饮水摄入量的获得方法包括测量法和问卷调查法，其中问卷调查法可采用问卷访谈或日志记录的方式开展。

饮水中污染物暴露剂量的计算见公式（3-1）。

$$ADD = \frac{C \times IR \times EF \times ED}{BW \times AT} \tag{3-1}$$

式中：ADD ——污染物的日平均暴露量，mg/（kg·d）；

C —— 水中污染物的浓度，mg/ml；

IR——饮水摄入量，ml/d；

EF—— 暴露频率，d/a；

ED—— 暴露持续时间，a；

BW——体重，kg；

AT——平均暴露时间，d。

3.2　资料与数据来源

　　关于我国儿童饮水量的调查有中国儿童环境暴露行为模式研究，以及针对局部地区城市人口的饮水量调查（段小丽，2010；郑婵娟，2013）。《概要》的数据来源于中国儿童环境暴露行为模式研究，我国儿童总饮水摄入量、直接饮水摄入量和间接饮水摄入量推荐值见表 3-1～表 3-6。

3.3　参数推荐值

表 3-1　中国儿童总饮水摄入量推荐值

<table>
<tr><th colspan="3">分类</th><th colspan="6">总饮水摄入量/（ml/d）</th></tr>
<tr><th colspan="3"></th><th>Mean</th><th>P5</th><th>P25</th><th>P50</th><th>P75</th><th>P95</th></tr>
<tr><td rowspan="11">0～＜3 月</td><td colspan="2">小计</td><td>182</td><td>0</td><td>25</td><td>125</td><td>250</td><td>600</td></tr>
<tr><td rowspan="2">性别</td><td>男</td><td>193</td><td>0</td><td>25</td><td>125</td><td>250</td><td>575</td></tr>
<tr><td>女</td><td>170</td><td>0</td><td>25</td><td>125</td><td>250</td><td>643</td></tr>
<tr><td rowspan="2">城乡</td><td>城市</td><td>185</td><td>0</td><td>25</td><td>111</td><td>250</td><td>750</td></tr>
<tr><td>农村</td><td>180</td><td>0</td><td>25</td><td>125</td><td>250</td><td>500</td></tr>
<tr><td rowspan="6">片区</td><td>华北</td><td>159</td><td>0</td><td>25</td><td>125</td><td>250</td><td>500</td></tr>
<tr><td>华东</td><td>188</td><td>0</td><td>25</td><td>100</td><td>250</td><td>725</td></tr>
<tr><td>华南</td><td>237</td><td>0</td><td>28</td><td>196</td><td>500</td><td>525</td></tr>
<tr><td>西北</td><td>111</td><td>0</td><td>5</td><td>50</td><td>125</td><td>450</td></tr>
<tr><td>东北</td><td>129</td><td>0</td><td>0</td><td>50</td><td>150</td><td>500</td></tr>
<tr><td>西南</td><td>177</td><td>0</td><td>10</td><td>125</td><td>250</td><td>550</td></tr>
<tr><td rowspan="11">3～＜6 月</td><td colspan="2">小计</td><td>345</td><td>0</td><td>75</td><td>250</td><td>500</td><td>1 200</td></tr>
<tr><td rowspan="2">性别</td><td>男</td><td>372</td><td>0</td><td>75</td><td>250</td><td>500</td><td>1 250</td></tr>
<tr><td>女</td><td>312</td><td>0</td><td>50</td><td>150</td><td>500</td><td>1 054</td></tr>
<tr><td rowspan="2">城乡</td><td>城市</td><td>394</td><td>0</td><td>75</td><td>250</td><td>625</td><td>1 200</td></tr>
<tr><td>农村</td><td>298</td><td>0</td><td>50</td><td>175</td><td>500</td><td>1 120</td></tr>
<tr><td rowspan="6">片区</td><td>华北</td><td>269</td><td>0</td><td>50</td><td>125</td><td>350</td><td>950</td></tr>
<tr><td>华东</td><td>431</td><td>0</td><td>100</td><td>250</td><td>688</td><td>1 250</td></tr>
<tr><td>华南</td><td>350</td><td>10</td><td>83</td><td>250</td><td>500</td><td>1 250</td></tr>
<tr><td>西北</td><td>209</td><td>0</td><td>20</td><td>125</td><td>250</td><td>850</td></tr>
<tr><td>东北</td><td>233</td><td>0</td><td>13</td><td>125</td><td>275</td><td>1 000</td></tr>
<tr><td>西南</td><td>279</td><td>0</td><td>50</td><td>250</td><td>450</td><td>875</td></tr>
</table>

分类			总饮水摄入量/（ml/d）					
			Mean	P5	P25	P50	P75	P95
6～<9 月	小计		592	75	245	413	850	1 625
	性别	男	595	75	210	400	857	1 650
		女	588	71	250	425	850	1 625
	城乡	城市	680	83	250	500	982	1 950
		农村	511	59	193	375	700	1 486
	片区	华北	495	71	200	375	625	1 400
		华东	741	100	257	530	1 025	1 950
		华南	609	71	250	500	1 000	1 550
		西北	421	25	125	286	500	1 350
		东北	350	50	126	250	393	1 000
		西南	520	50	175	364	750	1 486
9 月～<1 岁	小计		813	125	325	668	1 125	2 250
	性别	男	840	125	300	675	1 125	2 525
		女	784	125	350	650	1 125	1 750
	城乡	城市	886	175	438	750	1 125	2 125
		农村	761	125	250	550	1 000	2 500
	片区	华北	681	125	300	500	1 000	1 625
		华东	930	190	500	786	1 161	2 250
		华南	839	188	436	725	1 250	1 750
		西北	481	64	150	350	600	1 330
		东北	429	75	250	271	500	1 000
		西南	884	79	250	550	1 000	3 000
1～<2 岁	小计		911	161	500	775	1 200	2 125
	性别	男	936	179	500	800	1 250	2 250
		女	882	161	500	750	1 143	2 000
	城乡	城市	979	250	568	925	1 250	2 017
		农村	854	125	400	750	1 125	2 250
	片区	华北	916	200	500	753	1 250	2 000
		华东	1 003	250	625	1 000	1 250	2 000
		华南	939	188	500	900	1 232	2 000
		西北	601	125	250	500	800	1 500
		东北	544	129	275	475	643	1 304
		西南	924	125	375	750	1 036	2 875
2～<3 岁	小计		809	229	500	750	1 000	1 675
	性别	男	800	238	500	750	1 000	1 643
		女	819	225	500	750	1 125	1 740
	城乡	城市	897	250	550	786	1 196	1 750
		农村	734	125	411	661	1 000	1 500
	片区	华北	857	150	500	750	1 125	1 750
		华东	931	350	625	875	1 188	1 750
		华南	847	250	464	750	1 179	1 750

分类			总饮水摄入量/（ml/d）					
			Mean	P5	P25	P50	P75	P95
2～<3 岁	片区	西北	624	150	321	525	750	1 357
		东北	534	196	300	500	643	1 250
		西南	647	125	375	575	857	1 393
3～<4 岁	小计		863	250	500	750	1 107	1 750
	性别	男	862	250	500	750	1 107	1 750
		女	865	250	500	750	1 100	1 750
	城乡	城市	887	263	525	768	1 125	1 750
		农村	843	200	500	750	1 050	1 750
	片区	华北	910	75	500	750	1 250	2 000
		华东	935	350	625	857	1 250	1 750
		华南	953	250	500	786	1 357	1 850
		西北	689	250	371	607	900	1 500
		东北	577	250	357	500	750	1 250
		西南	690	125	375	643	875	1 500
4～<5 岁	小计		851	250	500	750	1 100	1 750
	性别	男	864	267	500	750	1 107	1 750
		女	836	250	500	750	1 054	1 750
	城乡	城市	905	300	504	750	1 125	1 875
		农村	807	250	500	750	1 000	1 500
	片区	华北	975	329	625	1 000	1 250	1 786
		华东	939	375	625	875	1 179	1 750
		华南	796	250	500	700	1 000	1 750
		西北	640	250	375	538	786	1 250
		东北	588	250	375	500	750	1 250
		西南	748	200	500	750	1 000	1 500
5～<6 岁	小计		861	254	500	750	1 008	1 750
	性别	男	870	268	500	750	1 025	1 750
		女	848	250	500	750	1 000	1 750
	城乡	城市	924	357	575	821	1 143	1 750
		农村	803	250	500	750	1 000	1 750
	片区	华北	930	250	500	775	1 250	2 000
		华东	963	375	679	893	1 250	1 750
		华南	771	286	500	625	950	1 586
		西北	707	250	393	607	893	1 500
		东北	607	250	375	500	750	1 200
		西南	806	125	500	750	1 000	1 750
6～<9 岁	小计		1 186	527	818	1 082	1 414	2 150
	性别	男	1 206	567	846	1 100	1 438	2 150
		女	1 162	510	800	1 066	1 400	2 150
	城乡	城市	1 125	500	800	1 068	1 363	2 000
		农村	1 210	546	825	1 088	1 454	2 250

分类			总饮水摄入量/（ml/d）					
			Mean	P5	P25	P50	P75	P95
6～<9 岁	片区	华北	1 225	586	903	1 100	1 450	2 200
		华东	1 135	518	800	1 085	1 400	1 755
		华南	1 168	528	810	1 039	1 425	2 068
		西北	1 060	393	693	1 000	1 364	2 025
		东北	789	409	575	725	948	1 425
		西南	1 395	628	950	1 250	1 618	3 075
9～<12 岁	小计		1 280	582	913	1 210	1 529	2 300
	性别	男	1 299	593	936	1 230	1 550	2 300
		女	1 258	573	888	1 183	1 525	2 275
	城乡	城市	1 233	543	875	1 125	1 475	2 275
		农村	1 301	600	938	1 245	1 561	2 300
	片区	华北	1 432	725	1 050	1 350	1 707	2 513
		华东	1 230	647	925	1 227	1 380	2 095
		华南	1 254	525	875	1 163	1 545	2 375
		西北	1 358	525	836	1 225	1 754	2 750
		东北	946	436	684	878	1 129	1 625
		西南	1 258	602	963	1 191	1 500	2 100
12～<15 岁	小计		1 383	596	912	1 261	1 700	2 700
	性别	男	1 408	600	943	1 298	1 725	2 700
		女	1 353	575	889	1 210	1 660	2 689
	城乡	城市	1 318	575	935	1 230	1 593	2 422
		农村	1 424	600	904	1 278	1 750	2 901
	片区	华北	1 588	688	1 157	1 500	1 954	2 750
		华东	1 289	630	904	1 225	1 512	2 300
		华南	1 287	496	835	1 185	1 586	2 450
		西北	1 084	450	682	971	1 253	2 043
		东北	1 028	461	725	964	1 225	1 875
		西南	1 560	688	1 025	1 400	1 850	3 254
15～<18 岁	小计		1 414	561	900	1 186	1 700	3 254
	性别	男	1 524	600	950	1 260	1 831	3 404
		女	1 291	535	840	1 100	1 550	3 089
	城乡	城市	1 318	525	900	1 200	1 625	2 480
		农村	1 473	588	900	1 175	1 750	3 264
	片区	华北	1 586	646	1 100	1 479	1 966	2 903
		华东	1 408	650	1 000	1 280	1 700	2 530
		华南	1 173	489	768	1 061	1 454	2 204
		西北	1 010	475	754	943	1 154	1 725
		东北	1 056	500	668	932	1 290	2 086
		西南	1 837	591	1 007	1 352	3 089	3 698

数据来源：中国儿童环境暴露行为模式研究。

表 3-2　中国儿童直接饮水摄入量推荐值

分类		直接饮水摄入量/（ml/d）					
		Mean	P5	P25	P50	P75	P95
0～＜3 月	小计	182	0	25	125	250	550
	性别 男	193	0	25	125	250	525
	性别 女	170	0	25	125	250	625
	城乡 城市	182	0	25	125	250	725
	城乡 农村	182	0	25	125	250	500
	片区 华北	155	0	25	125	250	500
	片区 华东	183	0	25	100	250	693
	片区 华南	236	0	26	200	500	525
	片区 西北	99	0	5	50	125	350
	片区 东北	127	0	0	50	150	500
	片区 西南	196	0	25	125	250	500
3～＜6 月	小计	302	0	50	175	500	1 000
	性别 男	332	0	75	250	500	1 250
	性别 女	265	0	50	125	375	900
	城乡 城市	333	0	63	200	550	1 013
	城乡 农村	275	0	50	125	500	1 000
	片区 华北	244	0	50	125	250	925
	片区 华东	360	0	63	250	563	1 200
	片区 华南	318	3	75	250	500	1 028
	片区 西北	173	0	15	125	150	750
	片区 东北	194	0	3	125	250	750
	片区 西南	270	0	50	250	375	788
6～＜9 月	小计	407	15	125	250	550	1 250
	性别 男	400	25	125	250	500	1 250
	性别 女	416	5	125	250	600	1 250
	城乡 城市	472	25	125	250	750	1 325
	城乡 农村	351	0	125	250	500	1 000
	片区 华北	352	15	125	250	450	1 250
	片区 华东	514	50	129	375	750	1 500
	片区 华南	370	0	125	250	500	1 000
	片区 西北	313	0	75	125	393	1 250
	片区 东北	253	13	125	200	250	750
	片区 西南	391	25	125	250	500	1 000
9 月～＜1 岁	小计	506	75	250	375	725	1 250
	性别 男	521	50	250	500	750	1 286
	性别 女	489	100	250	375	650	1 250
	城乡 城市	598	90	250	500	875	1 400
	城乡 农村	443	50	250	275	600	1 200

分类			直接饮水摄入量/（ml/d）					
			Mean	P5	P25	P50	P75	P95
9月～<1岁	片区	华北	458	75	250	250	550	1 250
		华东	618	125	250	500	875	1 400
		华南	525	125	250	500	650	1 400
		西北	347	8	125	186	500	1 200
		东北	290	25	125	250	325	750
		西南	421	50	150	375	500	1 250
1～<2岁	小计		600	125	250	500	750	1 500
	性别	男	621	125	250	500	850	1 500
		女	576	125	250	500	750	1 313
	城乡	城市	688	125	375	625	929	1 500
		农村	528	75	250	500	750	1 250
	片区	华北	598	125	250	500	750	1 400
		华东	690	250	375	625	925	1 500
		华南	637	125	250	500	870	1 500
		西北	469	75	125	250	750	1 250
		东北	387	125	250	250	500	1 000
		西南	508	0	250	500	750	1 250
2～<3岁	小计		556	125	250	500	750	1 250
	性别	男	556	125	250	500	750	1 250
		女	557	125	250	500	750	1 250
	城乡	城市	649	250	375	500	875	1 300
		农村	481	125	250	500	634	1 000
	片区	华北	543	100	250	500	750	1 250
		华东	645	250	500	500	750	1 250
		华南	585	200	250	500	750	1 250
		西北	486	125	250	500	625	1 200
		东北	405	125	250	250	500	1 000
		西南	468	125	250	429	750	1 000
3～<4岁	小计		567	125	250	500	750	1 250
	性别	男	569	175	250	500	750	1 250
		女	565	125	250	500	750	1 250
	城乡	城市	621	250	375	500	750	1 250
		农村	522	125	250	500	750	1 000
	片区	华北	564	50	250	500	750	1 250
		华东	605	250	400	500	750	1 250
		华南	605	200	375	500	750	1 250
		西北	530	250	250	500	750	1 250
		东北	425	196	250	286	500	1 000
		西南	509	125	250	500	750	1 000

分类		直接饮水摄入量/（ml/d）					
		Mean	P5	P25	P50	P75	P95
4~<5 岁	小计	574	200	250	500	750	1 250
	性别 男	579	250	250	500	750	1 250
	女	568	200	250	500	750	1 250
	城乡 城市	642	250	425	500	800	1 250
	农村	520	188	250	500	750	1 000
	华北	592	250	250	500	750	1 250
	华东	630	250	500	500	750	1 250
	片区 华南	565	200	250	500	750	1 250
	西北	487	250	250	500	625	1 000
	东北	444	175	250	321	500	1 000
	西南	536	125	250	500	750	1 250
5~<6 岁	小计	575	200	250	500	750	1 250
	性别 男	576	200	300	500	750	1 250
	女	573	200	250	500	750	1 250
	城乡 城市	655	250	500	500	813	1 250
	农村	505	125	250	500	750	1 000
	华北	578	125	250	500	750	1 250
	华东	643	250	500	500	758	1 250
	片区 华南	550	200	250	500	750	1 250
	西北	515	250	250	500	750	1 125
	东北	450	225	250	357	500	1 000
	西南	527	125	277	500	750	1 000
6~<9 岁	小计	867	340	573	750	1 109	1 800
	性别 男	881	364	595	750	1 125	1 800
	女	850	320	563	739	1 071	1 763
	城乡 城市	871	338	600	825	1 068	1 598
	农村	865	343	563	713	1 125	1 800
	华北	848	375	595	691	1 050	1 800
	华东	845	310	493	750	1 125	1 500
	片区 华南	836	328	563	745	1 004	1 725
	西北	900	338	600	825	1 169	1 725
	东北	605	300	375	525	707	1 175
	西南	1 078	439	680	988	1 275	2 250
9~<12 岁	小计	938	375	613	889	1 125	1 830
	性别 男	958	385	643	900	1 135	1 868
	女	915	375	600	825	1 088	1 811
	城乡 城市	972	375	659	900	1 200	1 894
	农村	923	375	600	857	1 082	1 800
	片区 华北	1 011	429	680	911	1 200	1 950
	华东	904	375	610	900	1 050	1 650

分类			直接饮水摄入量/（ml/d）					
			Mean	P5	P25	P50	P75	P95
9~<12岁	片区	华南	917	308	600	825	1 189	1 875
		西北	1 165	453	695	1 050	1 463	2 250
		东北	733	311	504	675	900	1 350
		西南	938	461	643	900	1 093	1 768
12~<15岁	小计		1 062	378	675	921	1 275	2 250
	性别	男	1 087	413	675	970	1 275	2 279
		女	1 033	375	643	900	1 275	2 250
	城乡	城市	1 046	380	675	975	1 275	2 025
		农村	1 073	378	675	900	1 275	2 400
	片区	华北	1 166	490	750	1 029	1 479	2 288
		华东	950	375	638	884	1 146	1 875
		华南	991	375	610	875	1 200	2 100
		西北	978	386	600	900	1 200	1 800
		东北	817	375	546	695	975	1 511
		西南	1 230	488	750	1 093	1 377	3 032
15~<18岁	小计		1 153	410	675	938	1 318	3 000
	性别	男	1 245	439	750	975	1 445	3 043
		女	1 049	375	675	900	1 200	2 550
	城乡	城市	1 053	375	675	932	1 291	2 063
		农村	1 213	413	675	943	1 350	3 043
	片区	华北	1 201	450	763	1 069	1 500	2 400
		华东	1 081	423	708	938	1 350	2 100
		华南	941	375	600	825	1 200	1 875
		西北	946	450	675	900	1 125	1 500
		东北	817	338	514	739	990	1 575
		西南	1 566	450	750	1 050	2 818	3 375

数据来源：中国儿童环境暴露行为模式研究。

表3-3　中国儿童间接饮水摄入量推荐值

分类			间接饮水摄入量/（ml/d）					
			Mean	P5	P25	P50	P75	P95
0~<3月	小计		209	7	71	125	250	1 000
	性别	男	262	18	75	125	278	1 000
		女	152	5	36	125	188	500
	城乡	城市	183	7	71	75	143	750
		农村	242	14	50	200	250	1 000
	片区	华北	216	1	200	250	250	278
		华东	193	18	75	75	125	1 000
		华南	195	2	18	75	250	1 000
		西北	289	7	36	188	375	1 500

分类			间接饮水摄入量/（ml/d）					
			Mean	P5	P25	P50	P75	P95
0～<3 月	片区	东北	99	4	54	54	86	143
		西南	238	50	50	71	500	500
3～<6 月	小计		136	8	36	100	250	500
	性别	男	151	8	50	125	250	500
		女	116	7	36	100	125	300
	城乡	城市	131	7	36	100	210	375
		农村	148	13	50	125	250	500
	片区	华北	135	13	25	125	250	375
		华东	142	11	54	125	225	375
		华南	135	3	21	50	250	500
		西北	99	8	18	36	125	357
		东北	155	2	71	125	250	500
		西南	121	11	43	71	150	500
6～<9 月	小计		195	18	63	125	250	500
	性别	男	198	17	63	125	250	500
		女	191	21	71	125	250	500
	城乡	城市	186	18	71	125	250	500
		农村	206	18	54	125	250	500
	片区	华北	177	18	75	125	250	500
		华东	205	23	75	125	250	600
		华南	264	18	75	250	500	500
		西北	133	4	21	71	250	375
		东北	132	10	50	125	150	375
		西南	140	18	50	100	200	500
9 月～<1 岁	小计		264	25	100	250	375	750
	性别	男	274	36	100	250	375	750
		女	253	21	100	250	375	750
	城乡	城市	269	29	100	250	375	750
		农村	260	25	100	250	375	750
	片区	华北	263	40	125	250	375	750
		华东	293	36	125	250	375	1 000
		华南	312	18	100	250	500	750
		西北	143	10	36	71	250	375
		东北	174	18	71	125	250	500
		西南	176	25	50	125	250	500
1～<2 岁	小计		292	29	125	250	450	750
	性别	男	291	32	125	250	400	750
		女	294	25	125	250	500	750
	城乡	城市	284	32	125	250	400	750
		农村	301	27	125	250	500	750
	片区	华北	327	32	150	250	500	750
		华东	323	71	125	250	500	750
		华南	334	18	100	250	500	1 000
		西北	159	17	36	107	250	500
		东北	184	25	71	125	250	500
		西南	187	18	71	125	250	500

分类			间接饮水摄入量/（ml/d）					
			Mean	P5	P25	P50	P75	P95
2～<3 岁	小计		290	36	125	250	400	750
	性别	男	283	36	125	250	400	750
		女	298	33	125	250	400	750
	城乡	城市	266	36	125	250	350	750
		农村	313	29	125	250	500	750
	片区	华北	341	25	200	250	500	750
		华东	300	71	125	250	500	750
		华南	331	33	107	250	500	1 000
		西北	169	18	71	107	250	500
		东北	174	36	71	125	250	400
		西南	218	32	100	143	250	750
3～<4 岁	小计		322	32	125	250	500	1 000
	性别	男	326	36	125	250	500	1 000
		女	318	25	125	250	500	1 000
	城乡	城市	289	36	125	250	375	750
		农村	352	25	125	250	500	1 000
	片区	华北	362	25	225	250	500	750
		华东	362	71	250	250	500	1 000
		华南	355	29	125	250	500	1 000
		西北	213	18	71	125	250	750
		东北	170	36	71	125	250	400
		西南	210	25	75	143	250	500
4～<5 岁	小计		305	36	125	250	500	750
	性别	男	315	36	125	250	500	1 000
		女	293	36	125	250	500	750
	城乡	城市	277	36	125	250	268	750
		农村	329	29	143	250	500	750
	片区	华北	405	50	250	250	500	1 000
		华东	326	71	250	250	500	750
		华南	255	18	71	200	250	1 000
		西北	202	17	71	125	250	750
		东北	175	36	75	143	250	500
		西南	245	36	100	250	250	500
5～<6 岁	小计		293	36	125	250	500	750
	性别	男	298	36	125	250	500	750
		女	287	36	125	250	400	750
	城乡	城市	280	36	107	250	357	750
		农村	306	25	125	250	500	750
	片区	华北	357	25	214	250	500	750
		华东	340	71	200	250	500	750
		华南	222	18	100	200	250	500
		西北	226	17	54	125	250	750
		东北	166	18	71	125	250	375
		西南	251	21	89	200	250	714

分类			间接饮水摄入量/（ml/d）					
			Mean	P5	P25	P50	P75	P95
6～<9岁		小计	319	50	200	250	400	760
	性别	男	325	50	200	250	400	800
		女	311	55	200	250	400	750
	城乡	城市	254	40	114	200	350	600
		农村	345	57	200	286	400	800
	片区	华北	378	57	200	400	450	800
		华东	290	80	200	214	400	600
		华南	331	57	143	250	450	900
		西北	159	20	57	115	221	400
		东北	186	29	100	200	200	400
		西南	313	50	136	200	400	1 050
9～<12岁		小计	344	29	179	250	471	825
	性别	男	343	29	182	250	480	800
		女	344	29	171	250	450	850
	城乡	城市	267	35	100	200	364	800
		农村	378	29	200	350	550	900
	片区	华北	423	7	225	400	600	800
		华东	330	86	200	250	420	700
		华南	344	36	125	225	500	1 000
		西北	196	13	43	129	286	650
		东北	212	29	93	200	250	550
		西南	320	41	107	200	436	900
12～<15岁		小计	321	18	114	225	450	900
	性别	男	323	16	107	225	450	900
		女	319	21	114	225	428	900
	城乡	城市	273	29	107	200	400	800
		农村	351	12	114	271	500	950
	片区	华北	422	24	200	400	600	900
		华东	342	50	200	275	480	800
		华南	303	14	86	200	400	1 100
		西北	105	0	29	43	129	400
		东北	211	20	64	196	300	600
		西南	330	32	143	250	450	900
15～<18岁		小计	262	0	71	200	350	800
	性别	男	276	0	80	221	400	800
		女	247	0	64	200	350	700
	城乡	城市	269	0	93	200	400	800
		农村	258	0	57	221	350	750
		华北	393	29	200	350	600	900
		华东	331	36	171	250	400	800
15～<18岁	片区	华南	240	0	64	186	360	700
		西北	69	0	15	29	57	286
		东北	241	25	150	200	300	600
		西南	270	27	200	250	350	550

数据来源：中国儿童环境暴露行为模式研究。

表 3-4　中国儿童分省的总饮水摄入量推荐值

省（区、市）	总饮水摄入量/（ml/d）												
	0~<3月	3~<6月	6~<9月	9月~<1岁	1~<2岁	2~<3岁	3~<4岁	4~<5岁	5~<6岁	6~<9岁	9~<12岁	12~<15岁	15~<18岁
合计	182	345	592	813	911	809	863	851	861	1 186	1 280	1 383	1 414
北京	160	372	498	760	1 075	1 041	1 403	1 355	1 328	1 240	1 390	1 919	1 414
天津	175	263	596	802	992	1 022	1 183	1 250	1 131	1 356	1 649	1 567	1 603
河北	78	194	405	723	974	908	874	1 012	1 050	1 638	1 911	1 757	1 657
山西	120	248	598	700	831	776	924	948	990	1 187	1 478	1 851	1 683
内蒙古	107	150	305	387	616	545	562	541	545	865	791	809	997
辽宁	182	313	376	463	498	451	509	493	522	803	868	956	1 028
吉林	143	225	378	520	705	594	517	564	561	742	1 017	1 081	952
黑龙江	63	152	296	327	555	632	721	760	730	1 022	1 023	1 109	1 216
上海	169	408	572	968	1 081	957	812	703	832	1 196	1 316	1 264	1 287
江苏	195	534	886	1 037	1 053	974	928	962	925	1 173	1 307	1 388	1 788
浙江	187	369	751	867	1 006	899	773	755	822	904	952	981	1 094
安徽	184	316	623	858	926	936	903	972	982	994	1 205	1 259	1 313
福建	149	425	933	983	1 228	899	1 369	1 158	1 291	1 238	1 431	1 365	1 354
江西	211	269	638	725	823	846	847	894	934	1 228	1 134	1 245	1 244
山东	240	418	650	550	812	852	920	916	949	1 161	1 282	1 367	1 325
河南	175	313	464	638	913	823	862	916	861	1 226	1 450	1 623	1 685
湖北	101	121	291	481	699	728	634	682	700	1 704	1 885	1 361	1 228
湖南	92	206	326	621	489	537	494	527	543	1 121	1 110	1 134	1 130
广东	237	138	516	784	861	772	698	776	747	1 137	1 267	1 086	1 109
广西	297	406	661	900	1 030	899	1 115	797	791	1 125	1 210	1 383	1 150
海南	142	409	814	914	1 208	934	930	1 022	910	1 205	1 257	1 283	1 265
重庆	207	270	510	575	985	739	731	740	826	1 711	1 365	1 585	1 592
四川	232	360	678	2 015	1 829	780	759	710	1 001	1 439	1 482	2 010	2 528
贵州	194	332	628	603	777	618	656	781	690	1 053	1 028	1 297	1 046
云南	53	172	287	342	482	534	624	754	730	1 269	1 319	1 370	1 449
陕西	135	250	515	590	725	657	692	637	696	1 106	1 536	1 254	1 426
甘肃	53	262	432	474	631	652	785	685	757	1 278	1 301	1 024	946
青海	59	103	471	432	655	738	745	797	917	689	1 009	1 772	1 202
宁夏	102	151	262	447	514	471	635	600	645	1 084	1 266	1 482	1 078
新疆	175	174	325	385	409	586	582	544	624	467	709	753	796

数据来源：中国儿童环境暴露行为模式研究。

表 3-5　中国儿童分省的直接饮水摄入量推荐值

省（区、市）	直接饮水摄入量/（ml/d）												
	0~<3月	3~<6月	6~<9月	9月~<1岁	1~<2岁	2~<3岁	3~<4岁	4~<5岁	5~<6岁	6~<9岁	9~<12岁	12~<15岁	15~<18岁
合计	182	302	407	506	600	556	567	574	575	867	938	1 062	1 153
北京	160	312	368	569	842	737	982	1 010	1 033	1 010	1 179	1 596	1 228
天津	175	246	439	541	661	717	791	848	759	933	1 250	1 127	1 245
河北	78	164	260	414	600	565	576	649	616	1 266	1 451	1 395	1 166
山西	124	223	405	471	605	529	667	718	685	1 019	1 247	1 552	1 430
内蒙古	107	149	237	311	497	487	510	503	505	820	781	780	887
辽宁	179	252	257	338	334	325	344	347	357	601	623	734	750
吉林	143	214	266	267	491	384	360	415	384	584	837	927	780
黑龙江	60	121	237	242	438	537	592	624	596	824	810	830	989
上海	170	378	416	701	796	661	570	566	617	962	1 083	1 037	1 052
江苏	188	446	627	684	776	703	600	661	664	925	1 012	1 064	1 459
浙江	187	287	547	519	695	622	496	488	549	679	709	775	899
安徽	179	266	463	580	591	615	584	584	585	659	836	849	919
福建	148	329	467	514	625	492	681	710	700	787	987	966	962
江西	199	240	469	556	656	711	687	705	725	1 024	870	912	973
山东	237	273	418	420	546	563	618	616	657	840	935	1 063	1 024
河南	166	280	326	437	582	480	489	478	480	823	979	1 108	1 192
湖北	101	94	207	363	514	522	438	476	486	1 262	1 216	1 006	962
湖南	91	193	273	538	374	411	381	388	401	947	954	975	994
广东	238	123	334	572	700	653	598	652	642	979	1 111	943	974
广西	295	381	423	524	671	519	619	516	528	744	806	958	835
海南	140	324	366	541	704	761	736	777	639	891	1 012	1 058	1 051
重庆	196	249	409	418	700	458	462	459	462	1 289	876	1 111	1 229
四川	290	358	431	492	468	516	511	433	507	1 156	1 192	1 726	2 235
贵州	193	317	526	510	644	528	561	682	588	859	884	1 128	832
云南	52	135	158	222	315	377	496	604	589	981	1 037	1 087	1 216
陕西	135	210	468	520	587	510	514	460	464	930	1 290	1 042	1 173
甘肃	55	248	292	360	534	577	685	604	656	1 113	1 191	979	918
青海	56	93	348	368	569	652	669	707	767	648	927	1 618	1 088
宁夏	101	132	157	290	379	386	519	460	508	963	1 165	1 363	988
新疆	100	105	167	154	218	334	318	299	334	409	660	681	742

数据来源：中国儿童环境暴露行为模式研究。

表 3-6　中国儿童分省的间接饮水摄入量推荐值

省（区、市）	间接饮水摄入量/（ml/d）												
	0～<3月	3～<6月	6～<9月	9月～<1岁	1～<2岁	2～<3岁	3～<4岁	4～<5岁	5～<6岁	6～<9岁	9～<12岁	12～<15岁	15～<18岁
合计	209	136	195	264	292	290	322	305	293	319	344	321	262
北京	—	115	157	234	255	321	332	295	281	243	253	333	194
天津	—	84	181	260	323	328	379	400	365	424	414	440	376
河北	278	131	206	330	333	341	322	361	429	371	458	360	493
山西	250	312	189	202	238	241	269	275	274	169	241	298	258
内蒙古	—	45	103	106	163	92	108	93	83	39	14	29	110
辽宁	62	175	165	210	187	164	178	181	169	208	244	224	282
吉林	—	67	112	190	214	230	165	161	179	157	179	150	173
黑龙江	137	208	94	115	155	152	162	172	152	198	214	281	229
上海	374	80	118	188	278	300	270	270	219	235	260	238	229
江苏	96	161	206	322	281	269	357	298	291	256	293	330	339
浙江	41	184	214	342	318	285	301	277	301	233	241	208	195
安徽	446	120	188	266	368	313	345	358	395	336	373	410	393
福建	136	136	438	487	569	479	693	450	595	452	445	397	401
江西	199	111	183	181	208	216	212	259	250	200	262	333	260
山东	60	227	201	207	278	280	300	303	297	321	346	306	310
河南	205	144	177	267	345	374	383	446	374	405	471	514	494
湖北	—	103	95	153	214	234	214	228	236	428	659	363	286
湖南	11	55	75	103	133	147	126	134	161	177	155	178	144
广东	69	40	223	184	131	126	106	120	103	153	166	149	141
广西	273	200	324	392	446	470	466	306	266	396	406	431	313
海南	112	161	297	363	517	290	261	319	261	289	258	229	207
重庆	500	318	146	204	262	292	252	294	350	414	493	477	367
四川	318	141	196	273	248	259	261	314	300	283	286	286	287
贵州	213	70	141	149	128	155	132	142	121	189	139	168	213
云南	57	115	107	130	168	192	189	212	216	287	282	283	232
陕西	—	33	94	110	151	162	193	192	221	174	250	214	265
甘肃	1 053	118	118	123	139	153	181	159	195	165	143	44	36
青海	35	52	184	53	95	113	123	166	156	42	99	154	117
宁夏	23	84	90	175	172	114	154	177	149	121	103	121	90
新疆	218	107	176	180	194	246	311	265	304	58	46	70	54

数据来源：中国儿童环境暴露行为模式研究。

参考文献

段小丽，王宗爽，王贝贝，等. 2010. 我国北方某地区居民饮水暴露参数研究[J]. 环境科学研究，9：1216-1220.

郑婵娟，段小丽，王宗爽，等. 2013. 泌阳地区居民冬季饮水暴露参数研究[J]. 环境与健康杂志，30（3）：226-229.

4 饮食摄入量

4.1 参数说明

饮食摄入量（Food Intake）指人每天摄入食物的总量（g/d）。根据食物种类，可分为母乳（2岁以下儿童）、主食类、蔬菜类、豆类、水果类、乳类、肉类、水产类和蛋类等。

哺乳期儿童主要以母乳和配方奶粉为主，随着儿童年龄的增长，摄入的食物种类越来越丰富，各种主食、蔬菜、水果、肉类、蛋类等均摄入，食物的摄入量也逐渐增加。

饮食摄入量的调查方法包括居民膳食调查法和问卷调查法。

在健康风险评价中，人体经口对食物中污染物的日均外暴露剂量计算方法见公式（4-1）。

$$ADD = \frac{C \times IR \times EF \times ED}{BW \times AT} \tag{4-1}$$

式中：ADD——污染物的日平均暴露量，mg/（kg·d）；

C ——饮食中污染物的浓度，mg/kg；

IR——饮食摄入量，kg/d；

EF——暴露频率，d/a；

ED——暴露持续时间，a；

BW——体重，kg；

AT——平均暴露时间，d。

4.2 资料与数据来源

关于我国儿童饮食摄入量的调查有：中国儿童环境暴露行为模式研究、中国居民营养与健康状况调查（卫生部分别于 1959 年、1982 年、1988 年、1991 年、1992 年、1993 年、2000 年、2002 年和 2004 年组织开展了 9 次全国性的营养调查）（杨晓光，2006；荫士安，2008）以及针对局部地区儿童饮食量的调查（翟凤英，2005；马冠生，2006；马冠生，2008；彭喜春，2008；崔朝辉，2008；江初，2009；刘爱玲，2009；张芯，2010；徐春燕，2012）。《概要》的数据来源于中国儿童环境暴露行为模式研究，我国儿童的主食、蔬菜、水果、豆类、乳类、肉类、水产类和蛋类等食物的摄入量结果见表 4-1～表 4-16。

4.3 参数推荐值

表 4-1 中国儿童主食摄入量推荐值

分类			食用率/%	主食摄入量/（g/d）					
				Mean	P5	P25	P50	P75	P95
2～<3 岁		小计	99.9	139.4	28.2	65.0	104.8	161.9	328.6
	性别	男	100.0	138.9	29.5	66.7	104.8	161.0	327.5
		女	99.9	140.0	26.9	63.3	104.5	161.9	333.3
	城乡	城市	99.9	139.3	40.4	72.4	111.4	166.7	316.2
		农村	100.0	139.4	21.9	58.3	100.0	159.5	350.0
	片区	华北	100.0	117.7	20.7	55.5	94.3	148.3	271.9
		华东	100.0	118.3	41.4	68.3	97.4	150.0	253.8
		华南	99.9	227.1	54.8	103.6	159.1	240.5	749.5
		西北	99.8	93.9	5.5	43.3	73.8	123.6	258.3
		东北	100.0	113.4	24.1	50.0	102.4	149.8	272.6
		西南	99.8	116.1	30.0	60.0	86.7	133.3	300.0
3～<4 岁		小计	100.0	148.8	34.6	78.6	122.4	183.3	333.3
	性别	男	100.0	154.3	38.3	79.3	125.0	188.6	352.4
		女	100.0	142.3	32.4	77.1	119.1	178.3	322.6

分类			食用率/%	主食摄入量/（g/d)					
				Mean	P5	P25	P50	P75	P95
3～<4 岁	城乡	城市	100.0	151.6	50.0	84.5	119.5	184.8	325.2
		农村	100.0	146.3	27.6	71.4	125.0	182.4	338.1
	片区	华北	100.0	136.1	25.2	68.6	116.7	167.6	293.6
		华东	100.0	134.8	49.1	76.0	111.0	164.3	283.3
		华南	100.0	194.6	66.7	110.0	178.1	233.3	369.1
		西北	100.0	109.1	10.7	56.7	91.4	142.4	263.6
		东北	100.0	116.4	26.8	56.7	107.9	145.7	250.0
		西南	100.0	152.8	45.0	75.0	120.0	151.7	378.6
4～<5 岁	小计		100.0	153.4	36.4	79.3	130.0	188.3	350.0
	性别	男	100.0	157.8	36.2	80.5	133.3	193.8	366.7
		女	100.0	148.3	37.1	77.9	126.2	181.0	327.9
	城乡	城市	100.0	152.7	50.0	83.3	128.3	190.5	333.3
		农村	100.0	154.0	30.0	76.1	132.1	186.9	366.7
	片区	华北	99.9	144.0	26.2	72.4	121.4	178.3	333.3
		华东	100.0	137.4	50.0	78.6	126.7	175.0	258.3
		华南	100.0	197.1	56.4	116.7	166.7	236.7	425.5
		西北	100.0	120.0	14.1	60.7	102.4	158.1	280.0
		东北	100.0	120.6	33.3	64.3	106.2	161.4	261.7
		西南	100.0	170.2	50.0	84.5	126.2	186.7	400.0
5～<6 岁	小计		100.0	162.1	37.1	83.3	133.3	200.2	373.1
	性别	男	100.0	166.2	40.0	87.6	139.5	207.1	375.0
		女	100.0	157.2	33.3	79.8	127.4	191.7	366.7
	城乡	城市	100.0	166.2	48.8	89.5	135.0	202.4	362.4
		农村	100.0	158.5	29.5	75.7	130.5	197.1	376.2
	片区	华北	100.0	144.1	26.2	66.7	127.6	189.3	326.2
		华东	100.0	146.9	56.7	86.4	123.1	172.9	300.0
		华南	100.0	205.6	59.5	120.0	170.0	251.0	422.6
		西北	100.0	132.6	16.1	62.6	114.3	169.1	309.5
		东北	100.0	126.2	27.4	54.8	109.8	174.3	301.2
		西南	100.0	190.7	45.0	89.8	144.3	227.4	426.7
6～<9 岁	小计		96.5	243.8	64.3	150.0	200.0	300.0	480.0
	性别	男	96.3	252.7	90.0	150.0	240.0	300.0	480.0
		女	96.6	233.2	60.0	150.0	200.0	300.0	450.0
	城乡	城市	95.5	241.6	60.0	150.0	200.0	300.0	500.0
		农村	97.6	244.7	90.0	150.0	220.0	300.0	480.0
	片区	华北	97.5	238.6	60.0	100.0	200.0	300.0	450.0
		华东	96.8	248.3	100.0	180.0	240.0	300.0	450.0
		华南	92.3	289.5	100.0	160.0	300.0	400.0	600.0
		西北	97.4	262.4	100.0	200.0	210.0	300.0	500.0

分类			食用率/%	主食摄入量/（g/d）					
				Mean	P5	P25	P50	P75	P95
6～<9 岁	片区	东北	97.6	147.0	40.0	90.0	150.0	150.0	300.0
		西南	97.5	258.3	100.0	200.0	200.0	300.0	600.0
9～<12 岁	小计		95.7	284.2	50.0	160.0	260.0	360.0	600.0
	性别	男	96.3	296.4	57.1	180.0	300.0	390.0	600.0
		女	95.2	269.6	50.0	150.0	240.0	300.0	600.0
	城乡	城市	94.1	282.3	68.6	170.0	280.0	375.0	600.0
		农村	97.5	285.0	40.0	160.0	250.0	360.0	600.0
	片区	华北	95.1	285.5	40.0	180.0	300.0	400.0	600.0
		华东	96.8	291.6	100.0	200.0	250.0	360.0	600.0
		华南	90.8	302.3	90.0	180.0	240.0	400.0	750.0
		西北	97.2	346.2	85.7	200.0	330.0	450.0	600.0
		东北	98.3	182.0	60.0	100.0	150.0	240.0	400.0
		西南	97.9	302.6	100.0	200.0	300.0	360.0	600.0
12～<15 岁	小计		96.4	352.3	80.0	200.0	300.0	450.0	780.0
	性别	男	95.9	376.8	85.7	200.0	300.0	450.0	900.0
		女	96.9	324.2	71.4	180.0	300.0	450.0	600.0
	城乡	城市	95.3	359.9	70.0	200.0	300.0	480.0	900.0
		农村	97.6	347.7	85.7	200.0	300.0	450.0	720.0
	片区	华北	96.9	339.4	60.0	200.0	300.0	450.0	750.0
		华东	97.1	392.9	100.0	240.0	360.0	540.0	900.0
		华南	92.1	370.3	85.7	200.0	300.0	500.0	900.0
		西北	98.1	435.1	64.3	300.0	450.0	600.0	750.0
		东北	97.3	194.5	50.0	120.0	150.0	300.0	420.0
		西南	97.8	327.2	100.0	200.0	300.0	400.0	600.0
15～<18 岁	小计		97.0	389.2	89.3	200.0	320.0	600.0	900.0
	性别	男	97.6	432.9	100.0	200.0	400.0	600.0	900.0
		女	96.5	341.0	70.0	150.0	300.0	450.0	750.0
	城乡	城市	96.2	383.4	60.0	200.0	300.0	600.0	900.0
		农村	97.8	392.5	100.0	200.0	360.0	600.0	900.0
	片区	华北	97.8	382.5	60.0	200.0	320.0	600.0	900.0
		华东	97.0	396.5	100.0	200.0	330.0	600.0	900.0
		华南	95.4	423.3	100.0	210.0	400.0	600.0	900.0
		西北	97.5	464.5	75.0	200.0	450.0	600.0	900.0
		东北	97.7	213.9	50.0	120.0	150.0	300.0	450.0
		西南	97.4	347.1	100.0	200.0	300.0	400.0	800.0

数据来源：中国人群环境暴露行为模式研究。

表 4-2　中国儿童蔬菜摄入量推荐值

分类			食用率/%	蔬菜摄入量/（g/d）					
				Mean	P5	P25	P50	P75	P95
2～<3 岁	小计		96.7	124.6	11.4	38.6	80.0	162.9	380.0
	性别	男	96.9	124.1	11.4	38.6	80.0	157.1	370.0
		女	96.6	125.2	11.4	37.1	80.0	167.1	400.0
	城乡	城市	98.8	136.6	15.7	47.1	94.3	170.0	408.6
		农村	94.8	114.4	10.0	31.4	70.0	152.9	350.0
	片区	华北	96.6	127.1	8.6	32.9	85.7	194.3	368.6
		华东	97.1	109.2	10.7	37.9	71.4	140.0	320.0
		华南	98.3	158.1	20.0	51.4	107.1	208.6	514.3
		西北	95.9	102.5	10.7	27.1	67.1	135.7	300.0
		东北	93.3	123.0	7.1	31.4	58.6	121.4	550.0
		西南	97.6	111.0	12.9	40.0	74.3	128.6	320.0
3～<4 岁	小计		97.5	133.4	14.3	44.3	92.9	178.6	385.7
	性别	男	97.1	130.4	13.6	42.9	90.0	172.9	365.7
		女	98.0	136.9	14.3	47.1	98.6	184.3	400.0
	城乡	城市	99.1	140.7	19.4	52.9	101.4	181.4	400.0
		农村	96.1	126.9	11.4	37.1	82.9	171.4	365.7
	片区	华北	95.6	135.9	8.6	34.3	100.0	200.0	390.0
		华东	99.1	147.2	20.0	53.6	100.0	200.0	400.0
		华南	98.5	139.8	15.7	50.0	100.0	200.0	380.7
		西北	97.7	105.9	10.7	31.4	70.0	140.0	328.6
		东北	94.2	108.1	10.0	25.7	64.3	128.6	328.6
		西南	98.1	119.3	20.0	50.0	85.7	130.0	314.3
4～<5 岁	小计		97.6	135.5	12.9	45.7	95.7	180.0	370.0
	性别	男	97.6	133.7	12.9	45.7	94.3	180.0	380.0
		女	97.6	137.5	12.9	45.7	96.4	185.7	357.1
	城乡	城市	99.1	147.3	20.0	58.6	108.6	200.0	380.0
		农村	96.1	125.5	10.0	38.6	80.0	170.0	360.0
	片区	华北	95.0	136.3	10.0	37.1	88.6	200.0	377.1
		华东	97.9	141.2	17.1	58.6	110.0	200.0	345.7
		华南	99.2	156.6	17.1	55.0	107.1	208.6	390.0
		西北	98.5	116.4	13.6	32.9	83.6	170.0	330.0
		东北	95.9	108.7	10.0	28.6	56.0	130.0	364.3
		西南	98.8	116.8	15.7	50.0	84.3	135.0	317.1
5～<6 岁	小计		97.5	133.1	15.0	45.7	92.9	172.9	385.0
	性别	男	97.5	136.2	14.3	47.1	94.3	177.1	400.0
		女	97.5	129.4	15.0	45.0	91.4	171.4	371.4

分类			食用率/%	蔬菜摄入量/（g/d）					
				Mean	P5	P25	P50	P75	P95
5～<6岁	城乡	城市	99.2	151.2	19.3	60.0	110.0	192.9	415.7
		农村	95.7	117.0	11.4	38.6	80.0	160.0	361.4
	片区	华北	96.6	156.8	12.9	42.9	105.7	218.6	457.1
		华东	98.6	134.6	17.1	57.1	97.1	170.0	380.0
		华南	98.5	128.6	17.1	44.3	100.0	171.4	380.0
		西北	97.2	118.5	18.6	34.3	74.3	160.0	356.4
		东北	95.5	111.4	11.4	32.9	67.9	131.4	364.3
		西南	97.0	117.6	14.3	48.6	90.0	142.9	328.6
6～<9岁	小计		94.6	151.5	20.0	60.0	100.0	200.0	400.0
	性别	男	94.6	158.0	20.0	60.0	100.0	200.0	400.0
		女	94.6	143.8	20.0	60.0	100.0	200.0	300.0
	城乡	城市	95.5	141.3	14.3	57.1	100.0	200.0	400.0
		农村	93.5	155.9	21.4	60.0	110.0	200.0	400.0
	片区	华北	95.1	179.2	28.6	60.0	160.0	300.0	400.0
		华东	95.9	134.4	14.3	75.0	100.0	200.0	300.0
		华南	89.7	157.8	14.3	80.0	140.0	200.0	400.0
		西北	95.9	121.8	8.6	50.0	100.0	200.0	300.0
		东北	95.7	113.9	14.3	40.0	90.0	150.0	300.0
		西南	94.8	131.4	12.9	50.0	100.0	200.0	300.0
9～<12岁	小计		93.5	175.8	21.4	71.4	150.0	240.0	450.0
	性别	男	92.8	171.9	21.4	60.0	150.0	240.0	428.6
		女	94.1	180.3	21.4	80.0	150.0	240.0	450.0
	城乡	城市	93.6	189.9	28.6	100.0	160.0	250.0	500.0
		农村	93.3	169.1	21.4	60.0	140.0	240.0	450.0
	片区	华北	92.3	186.5	28.6	60.0	150.0	240.0	600.0
		华东	94.5	164.7	14.3	60.0	120.0	240.0	450.0
		华南	89.1	175.7	21.4	60.0	150.0	255.0	400.0
		西北	95.2	168.5	20.0	57.1	100.0	240.0	450.0
		东北	96.1	158.9	17.1	60.0	140.0	210.0	330.0
		西南	95.2	180.0	30.0	100.0	160.0	240.0	400.0
12～<15岁	小计		93.3	204.9	20.0	100.0	200.0	300.0	600.0
	性别	男	92.6	202.7	17.1	100.0	200.0	300.0	600.0
		女	94.0	207.3	20.0	90.0	200.0	300.0	600.0
	城乡	城市	93.1	224.8	21.4	100.0	200.0	300.0	600.0
		农村	93.6	192.4	14.3	85.7	160.0	300.0	480.0
	片区	华北	93.6	227.5	30.0	100.0	200.0	300.0	600.0
		华东	94.1	224.4	21.4	100.0	200.0	300.0	600.0
		华南	90.1	195.5	14.3	68.6	200.0	300.0	600.0
		西北	94.5	140.5	11.4	38.6	100.0	200.0	400.0

分类			食用率/%	蔬菜摄入量/（g/d）					
				Mean	P5	P25	P50	P75	P95
12～<15 岁	片区	东北	94.7	246.9	20.0	100.0	200.0	300.0	600.0
		西南	93.8	187.0	25.7	100.0	200.0	240.0	400.0
15～<18 岁	小计		91.9	197.8	21.4	85.7	200.0	300.0	500.0
	性别	男	92.0	206.2	25.7	92.9	200.0	300.0	600.0
		女	91.8	188.6	21.4	80.0	160.0	270.0	500.0
	城乡	城市	91.5	223.3	28.6	100.0	200.0	300.0	600.0
		农村	92.2	183.5	21.4	80.0	160.0	250.0	450.0
	片区	华北	92.3	234.3	34.3	100.0	200.0	300.0	600.0
		华东	93.8	233.7	21.4	100.0	200.0	300.0	600.0
		华南	88.8	190.5	20.0	80.0	160.0	300.0	500.0
		西北	93.5	135.6	12.9	60.0	100.0	160.0	400.0
		东北	88.5	219.3	28.6	100.0	200.0	300.0	600.0
		西南	92.1	192.0	30.0	100.0	200.0	250.0	400.0

数据来源：中国人群环境暴露行为模式研究。

表 4-3　中国儿童水果摄入量推荐值

分类			食用率/%	水果摄入量/（g/d）					
				Mean	P5	P25	P50	P75	P95
2～<3 岁	小计		94.2	110.0	10.7	32.9	68.6	128.6	328.6
	性别	男	94.0	110.1	11.4	34.3	65.7	128.6	330.0
		女	94.5	110.0	10.0	30.0	70.0	130.0	321.4
	城乡	城市	97.7	129.8	14.3	42.9	82.9	160.0	360.0
		农村	90.9	92.8	8.6	25.7	57.1	102.9	300.0
	片区	华北	89.1	135.8	8.6	30.0	92.9	200.0	390.0
		华东	96.5	99.7	8.6	34.3	66.4	114.3	285.7
		华南	95.6	123.6	17.1	42.9	74.3	137.1	400.0
		西北	94.4	105.5	12.9	31.4	70.0	120.0	340.0
		东北	99.3	112.4	21.4	40.0	71.4	120.0	400.0
		西南	91.7	76.0	8.6	21.4	42.9	85.7	250.0
3～<4 岁	小计		94.9	121.2	14.3	41.4	80.0	150.0	350.0
	性别	男	95.1	123.7	14.3	40.0	80.0	150.0	360.0
		女	94.7	118.4	14.3	42.9	80.0	148.6	350.0
	城乡	城市	98.1	130.9	21.4	50.0	95.7	162.9	380.0
		农村	91.9	112.5	10.0	34.3	71.4	128.6	342.9
	片区	华北	90.1	151.7	8.6	42.9	114.3	210.0	400.0
		华东	97.6	111.5	14.3	42.9	77.1	128.6	302.9
		华南	96.2	128.4	17.1	50.0	85.7	150.0	400.0
		西北	95.7	127.6	14.3	42.9	71.4	148.6	400.0

分类			食用率/%	水果摄入量/（g/d）					
				Mean	P5	P25	P50	P75	P95
3～<4岁	片区	东北	97.7	107.3	20.7	47.1	71.4	114.3	360.0
		西南	92.2	87.4	12.9	30.0	51.4	100.0	270.0
4～<5岁	小计		94.7	117.5	14.3	42.9	80.0	150.0	330.0
	性别	男	94.6	117.3	14.3	42.9	82.9	150.0	340.0
		女	94.7	117.6	14.3	42.9	80.0	150.0	328.6
	城乡	城市	97.5	128.5	20.0	50.0	100.0	178.6	342.9
		农村	91.9	108.2	11.4	34.3	65.7	125.7	320.0
	片区	华北	91.5	134.3	12.9	45.7	91.4	190.0	400.0
		华东	95.3	110.8	17.1	42.9	82.9	150.0	300.0
		华南	96.1	131.3	14.3	48.6	100.0	170.0	360.0
		西北	95.1	136.1	14.3	42.9	80.0	157.1	450.0
		东北	99.5	103.1	14.3	38.6	71.4	111.4	300.0
		西南	92.5	84.1	12.9	31.4	54.3	100.0	260.0
5～<6岁	小计		94.9	117.4	14.0	42.9	81.4	150.0	350.0
	性别	男	94.3	119.9	14.3	42.9	84.3	150.0	350.0
		女	95.6	114.6	11.4	42.9	80.0	142.9	350.0
	城乡	城市	98.2	128.7	20.0	50.0	100.0	160.0	374.3
		农村	91.7	107.2	11.4	34.3	68.6	127.1	320.0
	片区	华北	89.6	149.6	12.9	50.0	100.0	214.3	390.0
		华东	97.4	107.9	14.3	42.9	80.0	130.0	300.0
		华南	95.9	121.0	14.3	48.6	85.7	160.0	400.0
		西北	96.8	137.1	14.3	42.9	85.7	148.6	540.0
		东北	99.2	114.0	20.0	40.0	80.0	140.7	321.4
		西南	91.5	75.9	8.6	28.6	50.0	100.0	228.6
6～<9岁	小计		89.8	95.8	14.3	42.9	77.1	120.0	240.0
	性别	男	89.7	94.8	14.3	40.0	75.0	120.0	214.3
		女	89.8	97.1	14.3	42.9	80.0	128.6	250.0
	城乡	城市	93.7	116.9	20.0	51.4	100.0	150.0	300.0
		农村	85.3	86.6	14.3	34.3	64.3	100.0	228.6
	片区	华北	88.3	81.6	14.3	30.0	57.1	100.0	200.0
		华东	94.6	87.0	17.1	42.9	75.0	100.0	200.0
		华南	82.7	102.0	14.3	42.9	85.7	120.0	300.0
		西北	90.3	98.2	14.3	50.0	85.7	150.0	200.0
		东北	94.7	143.6	22.9	85.7	130.0	200.0	320.0
		西南	87.1	105.2	20.0	50.0	100.0	150.0	200.0
9～<12岁	小计		90.2	124.8	17.1	50.0	100.0	160.0	370.0
	性别	男	89.4	123.0	14.3	50.0	100.0	150.0	300.0
		女	91.0	126.8	21.4	50.0	100.0	171.4	400.0
	城乡	城市	92.8	155.6	22.9	77.1	114.3	200.0	400.0
		农村	87.3	109.4	14.3	45.7	77.1	142.9	300.0

分类			食用率/%	水果摄入量/（g/d）					
				Mean	P5	P25	P50	P75	P95
9～<12 岁	片区	华北	89.5	109.8	21.4	50.0	85.7	130.0	300.0
		华东	93.7	105.6	14.3	50.0	77.1	142.9	300.0
		华南	86.0	124.4	14.3	46.4	100.0	192.9	300.0
		西北	92.1	123.7	21.4	51.4	100.0	150.0	360.0
		东北	94.4	192.7	28.6	100.0	150.0	300.0	480.0
		西南	85.6	131.2	25.7	57.1	100.0	200.0	400.0
12～<15 岁	小计		87.6	137.8	14.3	50.0	100.0	200.0	400.0
	性别	男	86.4	132.6	17.1	50.0	100.0	200.0	400.0
		女	88.7	143.7	14.3	51.4	100.0	200.0	400.0
	城乡	城市	91.7	163.1	21.4	71.4	120.0	200.0	400.0
		农村	83.2	119.8	14.3	45.7	85.7	160.0	400.0
	片区	华北	85.6	140.1	14.3	45.7	100.0	200.0	400.0
		华东	92.0	145.1	21.4	60.0	100.0	200.0	400.0
		华南	84.9	132.4	14.3	50.0	100.0	200.0	400.0
		西北	88.3	107.8	14.3	42.9	64.3	150.0	400.0
		东北	92.1	182.2	28.6	100.0	150.0	225.0	500.0
		西南	81.9	131.5	21.4	50.0	100.0	200.0	400.0
15～<18 岁	小计		86.1	148.3	20.0	57.1	100.0	200.0	400.0
	性别	男	84.0	146.3	17.1	50.0	100.0	200.0	400.0
		女	88.0	150.3	20.0	57.1	107.1	200.0	400.0
	城乡	城市	89.8	157.8	20.0	71.4	114.3	200.0	400.0
		农村	82.7	142.5	18.6	45.7	100.0	200.0	400.0
	片区	华北	83.8	156.4	20.0	60.0	114.3	200.0	400.0
		华东	90.7	150.2	17.1	57.1	100.0	200.0	400.0
		华南	82.9	121.1	14.3	42.9	85.7	171.4	400.0
		西北	86.7	89.8	14.3	34.3	64.3	100.0	260.0
		东北	90.2	187.8	21.4	85.7	150.0	250.0	600.0
		西南	82.5	190.7	28.6	100.0	171.4	300.0	400.0

数据来源：中国人群环境暴露行为模式研究。

表 4-4 中国儿童乳类摄入量推荐值

分类			食用率/%	乳类摄入量/（g/d）					
				Mean	P5	P25	P50	P75	P95
2～<3 岁	小计		56.6	229.4	17.1	72.9	180.0	300.0	630.0
	性别	男	55.9	236.0	16.7	83.3	183.3	300.0	700.0
		女	57.2	221.7	17.5	66.7	150.0	300.0	600.0
	城乡	城市	78.2	261.4	28.0	100.0	200.0	359.5	660.0
		农村	36.2	173.1	11.9	47.6	100.0	208.3	570.0

分类			食用率/%	乳类摄入量/（g/d）					
				Mean	P5	P25	P50	P75	P95
2～<3 岁	片区	华北	50.1	200.9	10.0	44.8	140.0	285.7	561.2
		华东	70.9	244.1	28.6	100.0	200.0	310.7	607.1
		华南	51.9	211.8	28.6	60.0	142.9	250.0	660.0
		西北	57.2	312.7	30.0	104.2	211.8	400.0	948.3
		东北	49.8	168.3	4.3	35.0	100.0	240.0	533.3
		西南	50.1	227.7	16.7	66.7	180.0	300.0	628.6
3～<4 岁	小计		50.4	187.9	16.0	71.4	150.0	250.0	500.0
	性别	男	49.7	200.3	17.9	77.1	156.2	250.0	511.9
		女	51.1	174.1	14.3	64.3	140.0	240.0	450.0
	城乡	城市	73.6	205.5	20.0	83.3	180.0	257.1	500.0
		农村	28.3	151.3	12.9	57.1	100.0	200.0	500.0
	片区	华北	45.1	188.3	14.3	59.8	150.0	250.0	500.0
		华东	63.7	197.1	23.8	97.0	160.0	250.0	500.0
		华南	46.7	176.7	15.0	64.3	120.0	250.0	459.8
		西北	44.8	223.2	16.1	79.8	180.0	304.2	600.6
		东北	51.1	145.3	7.0	29.8	100.0	200.0	400.0
		西南	43.7	166.3	11.9	50.0	109.5	250.0	450.0
4～<5 岁	小计		48.4	178.4	18.3	70.0	144.6	247.6	458.3
	性别	男	48.6	191.0	21.4	71.4	150.0	250.0	500.0
		女	48.1	163.6	16.7	64.3	125.0	226.2	400.0
	城乡	城市	71.2	194.5	20.0	83.3	160.0	250.0	493.3
		农村	25.9	141.8	16.7	42.9	89.3	200.0	400.0
	片区	华北	41.6	176.7	12.9	47.6	120.0	240.0	440.4
		华东	66.5	181.8	25.0	83.3	150.0	250.0	416.7
		华南	38.4	195.3	11.9	85.7	157.1	250.0	500.0
		西北	37.5	170.9	18.3	68.6	150.0	200.0	440.0
		东北	49.4	148.2	11.9	42.9	90.0	197.6	420.0
		西南	44.0	167.8	19.1	50.0	120.0	235.7	500.0
5～<6 岁	小计		47.4	161.4	14.3	53.8	128.6	211.9	400.0
	性别	男	48.3	167.4	14.3	57.1	138.6	235.7	400.0
		女	46.4	154.0	14.3	53.6	120.0	200.0	400.0
	城乡	城市	69.7	179.5	16.1	71.4	150.0	250.0	440.0
		农村	24.8	119.9	11.9	35.7	85.7	166.7	300.0
	片区	华北	47.6	141.5	17.1	50.0	100.0	200.0	400.0
		华东	57.8	169.9	14.3	77.1	150.0	214.3	400.0
		华南	42.4	171.2	13.3	62.5	133.3	250.0	416.7
		西北	30.5	176.3	14.5	50.0	100.0	208.3	500.0
		东北	49.5	125.5	11.9	35.7	90.5	183.3	383.3
		西南	47.6	162.9	14.9	33.3	104.2	238.1	440.0

分类			食用率/%	乳类摄入量/（g/d）					
				Mean	P5	P25	P50	P75	P95
6～<9岁	小计		71.6	128.1	14.3	57.1	114.3	200.0	250.0
	性别	男	71.6	127.5	14.3	57.1	107.1	200.0	250.0
		女	71.6	128.9	14.3	57.1	114.3	200.0	250.0
	城乡	城市	85.2	144.8	20.0	71.4	125.0	200.0	300.0
		农村	56.2	117.9	14.3	50.0	107.1	171.4	220.0
	片区	华北	68.1	124.3	14.3	64.3	120.0	171.4	200.0
		华东	72.0	144.0	14.3	57.1	142.9	200.0	300.0
		华南	66.5	139.4	14.3	57.1	107.1	200.0	300.0
		西北	70.2	122.6	28.6	57.1	100.0	200.0	250.0
		东北	83.1	87.3	14.3	35.0	50.0	120.0	200.0
		西南	75.4	140.9	20.0	71.4	114.3	200.0	300.0
9～<12岁	小计		70.4	136.0	14.3	57.1	107.1	200.0	300.0
	性别	男	69.1	142.4	14.3	57.1	120.0	200.0	300.0
		女	71.7	128.4	14.3	57.1	100.0	200.0	300.0
	城乡	城市	81.5	163.7	21.4	85.7	150.0	200.0	400.0
		农村	58.0	115.6	12.9	50.0	85.7	178.6	250.0
	片区	华北	64.6	127.9	21.4	57.1	100.0	200.0	300.0
		华东	74.6	155.9	20.0	85.7	142.9	200.0	350.0
		华南	63.4	135.3	14.3	50.0	100.0	200.0	400.0
		西北	69.1	131.6	14.3	80.0	125.7	150.0	300.0
		东北	82.5	107.6	14.3	40.0	70.0	180.0	261.0
		西南	72.4	152.4	20.0	85.7	150.0	200.0	300.0
12～<15岁	小计		70.5	150.3	14.3	57.1	114.3	200.0	400.0
	性别	男	69.1	148.5	14.3	57.1	107.1	200.0	400.0
		女	71.8	152.1	14.3	60.0	120.0	200.0	400.0
	城乡	城市	80.2	176.5	14.3	85.7	171.4	250.0	500.0
		农村	60.0	128.2	11.4	50.0	90.0	200.0	300.0
	片区	华北	64.6	144.2	25.7	64.3	114.3	200.0	400.0
		华东	76.8	169.4	20.0	85.7	142.9	214.3	500.0
		华南	63.7	143.0	7.1	42.9	100.0	200.0	400.0
		西北	66.6	108.0	11.4	57.1	85.7	142.9	280.0
		东北	83.1	138.4	8.6	40.0	98.0	200.0	450.0
		西南	70.0	164.4	21.4	57.1	150.0	250.0	400.0
15～<18岁	小计		63.8	150.5	14.3	57.1	128.6	200.0	400.0
	性别	男	61.1	156.8	20.0	71.4	128.6	200.0	400.0
		女	66.3	144.4	14.3	57.1	107.1	200.0	400.0
	城乡	城市	74.0	160.1	20.0	64.3	142.9	200.0	400.0
		农村	54.5	144.5	14.3	57.1	128.6	200.0	300.0
	片区	华北	59.4	164.7	21.4	57.1	142.9	214.3	400.0

分类		食用率/%	乳类摄入量/（g/d）					
			Mean	P5	P25	P50	P75	P95
15～<18 岁	片区 华东	72.5	167.4	14.3	60.0	150.0	250.0	500.0
	华南	60.6	145.8	14.3	50.0	107.1	200.0	357.1
	西北	62.7	88.5	7.1	28.6	85.7	85.7	250.0
	东北	69.5	130.9	10.0	42.9	100.0	200.0	400.0
	西南	57.2	174.0	40.0	125.0	192.9	200.0	285.0

数据来源：中国人群环境暴露行为模式研究。

表 4-5　中国儿童肉类摄入量推荐值

分类			食用率/%	肉类摄入量/（g/d）					
				Mean	P5	P25	P50	P75	P95
2～<3 岁	小计		93.1	53.7	5.7	17.1	35.7	68.6	160.0
	性别	男	93.2	53.7	6.4	17.1	35.7	67.1	164.3
		女	92.9	53.7	5.7	17.1	35.7	70.0	150.0
	城乡	城市	96.7	61.4	5.7	20.7	42.9	78.6	200.0
		农村	89.6	47.1	5.7	15.0	31.4	60.0	135.7
	片区	华北	85.5	41.6	5.7	14.3	28.6	50.9	127.9
		华东	95.3	51.9	5.7	17.9	34.3	64.3	160.0
		华南	96.7	75.3	7.1	32.9	60.0	100.0	200.0
		西北	89.0	31.3	2.9	8.6	15.0	35.7	105.7
		东北	96.2	39.0	4.3	12.9	21.4	45.7	114.3
		西南	96.2	57.5	8.6	21.4	40.0	64.3	187.1
3～<4 岁	小计		94.8	59.8	7.1	20.0	41.4	77.1	172.9
	性别	男	95.1	59.3	7.1	20.0	40.7	75.7	171.4
		女	94.6	60.4	7.0	20.0	41.4	80.0	175.7
	城乡	城市	97.5	60.1	7.9	21.4	44.3	71.4	175.7
		农村	92.3	59.6	6.4	17.1	37.1	80.0	171.4
	片区	华北	87.6	49.7	5.7	14.3	28.6	71.4	152.9
		华东	97.0	59.7	8.6	21.4	40.0	67.1	200.0
		华南	97.4	77.0	8.6	31.4	60.7	107.1	189.3
		西北	93.0	33.9	4.3	11.4	20.0	40.7	103.6
		东北	98.2	34.9	5.7	12.9	21.4	42.9	105.7
		西南	96.9	68.5	11.4	28.6	54.3	85.7	200.0
4～<5 岁	小计		95.1	58.5	7.1	20.0	40.0	77.1	164.3
	性别	男	94.9	59.7	7.1	21.4	41.4	75.7	164.3
		女	95.3	57.0	7.1	18.6	40.0	77.1	160.0
	城乡	城市	97.3	64.4	8.6	22.9	45.7	82.1	195.7
		农村	93.0	53.5	5.7	17.1	34.3	68.6	157.1

分类			食用率/%	肉类摄入量/（g/d）					
				Mean	P5	P25	P50	P75	P95
4～<5 岁	片区	华北	91.3	44.4	5.7	14.3	28.6	57.1	134.3
		华东	97.5	57.6	8.6	25.7	42.9	75.7	157.1
		华南	96.6	80.4	8.6	28.6	61.4	112.9	200.0
		西北	92.9	35.1	5.7	12.9	20.0	40.0	120.0
		东北	97.6	42.2	5.0	14.3	25.0	48.6	128.6
		西南	94.3	70.1	12.9	28.6	50.0	90.0	221.4
5～<6 岁	小计		95.6	59.1	7.1	20.0	40.0	75.0	180.0
	性别	男	95.7	61.6	7.1	21.4	42.9	78.6	192.9
		女	95.5	56.0	7.1	20.0	37.1	71.4	164.3
	城乡	城市	98.3	68.4	8.6	24.3	50.0	91.4	200.0
		农村	92.9	50.8	7.1	17.1	34.3	64.3	154.3
	片区	华北	91.1	49.9	7.1	14.3	32.9	68.6	137.1
		华东	97.3	56.1	7.1	21.4	40.0	71.4	150.0
		华南	97.8	76.6	8.6	28.6	57.1	107.1	214.3
		西北	93.4	37.4	4.3	11.4	20.7	41.4	132.9
		东北	98.7	43.3	5.0	12.9	27.1	50.0	130.0
		西南	95.9	73.0	10.0	30.0	50.0	90.0	221.4
6～<9 岁	小计		89.4	68.1	7.1	20.0	50.0	100.0	200.0
	性别	男	89.2	68.3	7.1	20.0	50.0	100.0	200.0
		女	89.6	67.9	7.1	20.0	50.0	100.0	200.0
	城乡	城市	91.7	89.9	10.0	35.7	80.0	100.0	220.0
		农村	86.8	58.4	7.1	14.3	34.3	90.0	200.0
	片区	华北	86.7	37.5	7.1	11.4	21.4	42.9	107.1
		华东	93.5	82.5	10.0	30.0	80.0	100.0	200.0
		华南	86.3	117.3	20.0	50.0	100.0	170.0	300.0
		西北	83.1	50.7	5.7	17.1	42.9	71.4	102.9
		东北	94.6	48.9	5.7	17.1	30.0	60.0	150.0
		西南	90.7	89.7	20.0	45.0	80.0	100.0	200.0
9～<12 岁	小计		86.6	88.9	8.6	25.7	60.0	120.0	250.0
	性别	男	88.1	95.2	8.6	28.6	60.0	128.6	300.0
		女	85.2	81.3	7.1	21.4	60.0	100.0	200.0
	城乡	城市	88.3	123.2	12.9	50.0	100.0	200.0	300.0
		农村	84.7	72.3	7.1	20.0	50.0	100.0	200.0
	片区	华北	81.8	43.8	7.1	12.9	25.7	50.0	150.0
		华东	92.3	95.7	10.0	34.3	100.0	107.1	260.0
		华南	81.1	130.8	17.1	50.0	100.0	200.0	300.0
		西北	83.0	67.9	8.6	25.0	42.9	100.0	200.0
		东北	90.7	71.6	8.6	22.9	50.0	100.0	210.0
		西南	90.0	129.5	25.0	60.0	100.0	200.0	300.0

分类			食用率/%	肉类摄入量/（g/d）					
				Mean	P5	P25	P50	P75	P95
12～<15岁	小计		86.7	116.4	10.0	34.3	80.0	171.4	390.0
	性别	男	87.9	125.3	14.3	40.0	85.7	200.0	400.0
		女	85.6	105.8	8.6	30.0	80.0	150.0	300.0
	城乡	城市	89.6	147.9	14.3	50.0	100.0	200.0	400.0
		农村	83.6	95.0	8.6	28.6	57.1	120.0	300.0
	片区	华北	80.9	72.0	7.1	20.0	40.0	90.0	230.0
		华东	91.3	138.2	14.3	50.0	100.0	200.0	400.0
		华南	84.4	149.9	14.3	50.0	100.0	200.0	428.6
		西北	83.8	55.4	8.6	14.3	28.6	50.0	205.7
		东北	90.9	114.8	7.1	40.0	90.0	150.0	300.0
		西南	88.4	122.7	28.6	51.4	100.0	200.0	300.0
15～<18岁	小计		85.6	102.4	10.7	28.6	64.3	150.0	300.0
	性别	男	88.1	117.2	14.3	30.0	68.6	171.4	400.0
		女	83.4	85.3	8.6	28.6	57.1	100.0	250.0
	城乡	城市	88.7	137.8	14.3	50.0	100.0	200.0	400.0
		农村	82.8	81.6	10.0	28.6	50.0	100.0	250.0
	片区	华北	78.7	89.1	8.6	25.7	57.1	100.0	300.0
		华东	91.5	132.0	10.0	42.9	100.0	200.0	400.0
		华南	83.6	143.5	14.3	50.0	100.0	200.0	400.0
		西北	84.0	40.3	7.1	14.3	22.9	42.9	140.0
		东北	85.5	105.1	8.6	35.7	80.0	114.3	300.0
		西南	88.8	106.2	28.6	50.0	68.0	150.0	300.0

数据来源：中国人群环境暴露行为模式研究。

表4-6　中国儿童水产类摄入量推荐值

分类			食用率/%	水产摄入量/（g/d）					
				Mean	P5	P25	P50	P75	P95
2～<3岁	小计		62.0	28.7	2.9	7.1	14.3	34.3	90.0
	性别	男	60.4	30.1	2.9	7.1	15.7	35.7	90.0
		女	63.6	27.3	2.9	7.1	14.3	30.0	90.0
	城乡	城市	82.8	31.5	2.9	7.1	17.1	38.6	100.0
		农村	42.4	24.8	2.9	7.1	14.3	28.6	85.7
	片区	华北	54.0	22.2	2.9	7.1	14.3	25.7	57.1
		华东	83.1	31.0	2.9	8.6	17.1	42.9	90.0
		华南	72.1	39.1	2.9	8.6	21.4	47.1	120.0
		西北	24.4	16.3	1.4	3.6	7.1	18.6	49.3
		东北	76.1	16.7	2.1	4.3	8.6	18.6	51.4
		西南	47.1	18.0	2.9	7.1	11.4	21.4	60.0

分类			食用率/%	水产摄入量/（g/d）					
				Mean	P5	P25	P50	P75	P95
3～<4岁	小计		62.4	30.9	2.9	7.1	15.7	31.4	100.0
	性别	男	61.0	29.5	2.9	8.6	16.4	30.0	100.0
		女	63.8	32.6	2.9	7.1	14.3	32.9	107.1
	城乡	城市	81.7	29.3	2.9	8.6	17.1	35.7	100.0
		农村	44.0	33.2	2.9	7.1	14.3	28.6	107.1
	片区	华北	52.3	22.6	2.9	7.1	14.3	25.7	70.0
		华东	84.5	42.2	2.9	10.0	20.0	42.9	128.6
		华南	67.8	31.5	2.9	8.6	17.1	42.9	107.1
		西北	27.7	14.4	2.9	5.0	8.6	17.1	47.1
		东北	78.6	15.4	1.4	4.3	8.6	15.7	51.4
		西南	53.6	21.9	2.9	7.1	14.3	30.0	57.1
4～<5岁	小计		62.2	30.0	2.9	8.6	15.7	32.9	87.1
	性别	男	62.2	29.4	2.9	8.6	17.1	34.3	85.7
		女	62.1	30.7	2.9	8.6	14.3	32.1	90.0
	城乡	城市	82.9	30.3	2.9	8.6	20.0	35.7	100.0
		农村	41.8	29.5	2.9	7.1	14.3	28.6	85.7
	片区	华北	49.4	22.9	2.9	8.6	14.3	28.6	57.1
		华东	84.9	32.0	4.3	10.7	20.0	35.7	85.7
		华南	68.7	42.7	2.6	8.6	21.4	50.0	120.0
		西北	26.4	16.3	2.9	7.1	11.4	21.4	47.1
		东北	78.4	15.2	1.4	4.3	10.0	15.7	50.0
		西南	51.2	21.6	2.9	7.1	14.3	21.4	60.0
5～<6岁	小计		61.4	29.0	2.9	8.6	17.1	34.3	100.0
	性别	男	61.3	29.9	2.9	8.6	17.1	34.3	100.0
		女	61.5	28.0	2.9	8.6	14.3	30.0	89.3
	城乡	城市	81.4	31.8	2.9	10.0	21.4	38.6	100.0
		农村	41.3	24.6	2.9	7.1	14.3	28.6	90.0
	片区	华北	49.0	22.3	2.9	8.6	14.3	28.6	70.0
		华东	82.3	31.8	4.3	10.7	21.4	40.0	90.0
		华南	70.2	39.8	2.9	8.6	21.4	50.0	150.0
		西北	24.4	19.9	2.9	4.3	8.6	17.9	57.1
		东北	76.3	16.2	2.9	5.7	11.4	17.1	57.1
		西南	53.1	17.4	2.9	8.6	14.3	21.4	42.9
6～<9岁	小计		67.2	30.8	4.3	12.9	21.4	40.0	100.0
	性别	男	66.2	30.8	4.3	12.9	21.4	40.0	100.0
		女	68.1	30.8	4.3	11.4	21.4	40.0	100.0
	城乡	城市	82.5	35.7	4.3	14.3	28.6	50.0	100.0
		农村	49.7	27.8	4.3	11.4	17.9	28.6	100.0
	片区	华北	57.1	25.8	2.9	12.9	14.3	28.6	85.7
		华东	84.3	31.4	5.7	14.3	21.4	40.0	100.0

分类			食用率/%	水产摄入量/（g/d）					
				Mean	P5	P25	P50	P75	P95
6～<9 岁	片区	华南	67.2	49.9	5.7	17.1	40.0	71.4	142.9
		西北	33.9	21.0	2.9	7.1	14.3	28.6	57.1
		东北	84.9	18.6	2.9	7.1	10.0	21.4	64.3
		西南	64.8	30.9	5.7	14.3	21.4	42.9	85.7
9～<12 岁	小计		60.8	39.2	7.1	14.3	25.7	50.0	120.0
	性别	男	60.4	41.0	7.1	14.3	28.6	50.0	128.6
		女	61.2	37.1	5.7	14.3	21.4	50.0	100.0
	城乡	城市	74.5	47.3	7.1	14.3	28.6	64.3	128.6
		农村	45.6	33.7	5.7	11.4	21.4	42.9	120.0
	片区	华北	45.2	27.2	7.1	11.4	14.3	28.6	90.0
		华东	80.3	35.4	7.1	14.3	21.4	42.9	100.0
		华南	62.0	59.4	8.6	21.4	50.0	85.7	150.0
		西北	32.0	45.7	4.3	11.4	22.9	64.3	150.0
		东北	76.9	29.1	4.3	8.6	14.3	30.0	100.0
		西南	57.8	42.4	7.1	14.3	28.6	57.1	114.3
12～<15 岁	小计		60.8	58.5	7.1	14.3	34.3	85.7	200.0
	性别	男	59.7	58.6	7.1	14.3	34.3	85.7	200.0
		女	61.9	58.4	7.1	14.3	30.0	80.0	200.0
	城乡	城市	75.4	70.4	7.1	21.4	42.9	100.0	200.0
		农村	45.3	45.9	5.7	11.4	28.6	57.1	150.0
	片区	华北	48.2	43.1	5.7	14.3	28.6	50.0	142.9
		华东	78.2	60.6	7.1	14.3	30.0	100.0	200.0
		华南	66.2	77.6	7.1	28.6	57.1	100.0	204.0
		西北	33.3	45.4	7.1	14.3	21.4	50.0	200.0
		东北	71.8	56.1	7.1	14.3	28.6	60.0	220.0
		西南	54.4	41.8	7.1	11.4	28.6	50.0	142.9
15～<18 岁	小计		54.1	55.8	7.1	14.3	35.7	85.7	200.0
	性别	男	54.0	61.9	7.1	15.0	42.9	85.7	200.0
		女	54.2	49.5	7.1	14.3	28.6	68.6	150.0
	城乡	城市	67.9	66.9	7.1	22.9	50.0	100.0	200.0
		农村	41.5	44.0	7.1	14.3	28.6	57.1	142.9
	片区	华北	44.6	46.4	7.1	14.3	28.6	57.1	128.6
		华东	74.0	60.0	7.1	18.6	42.9	85.7	200.0
		华南	55.4	69.4	7.1	22.9	50.0	100.0	200.0
		西北	31.6	36.9	7.1	14.3	25.7	50.0	100.0
		东北	60.6	56.7	5.7	14.3	42.9	100.0	171.4
		西南	48.8	51.9	10.0	12.9	28.6	71.4	200.0

数据来源：中国人群环境暴露行为模式研究。

表 4-7　中国儿童蛋类摄入量推荐值

分类			食用率/%	蛋类摄入量/（g/d）					
				Mean	P5	P25	P50	P75	P95
2～<3 岁	小计		84.0	37.6	6.0	17.1	34.3	50.0	80.0
	性别	男	82.5	37.8	7.1	17.1	34.3	50.0	80.0
		女	85.6	37.3	5.7	17.1	34.3	50.0	75.0
	城乡	城市	87.6	38.0	5.7	17.9	35.7	50.0	70.0
		农村	80.6	37.2	7.1	17.1	30.0	50.0	80.0
	片区	华北	90.1	46.2	8.6	22.9	42.9	60.0	100.0
		华东	89.5	40.8	7.1	21.4	45.0	50.0	70.0
		华南	79.8	33.1	7.1	14.3	25.7	50.0	70.0
		西北	79.8	29.1	5.7	8.6	21.4	50.0	60.0
		东北	82.3	30.8	4.3	11.4	21.4	42.9	80.0
		西南	76.2	30.8	4.3	14.3	21.4	50.0	60.0
3～<4 岁	小计		85.1	38.5	7.1	17.1	30.0	50.0	80.0
	性别	男	86.4	39.2	7.1	17.1	34.3	50.0	92.9
		女	83.6	37.5	7.1	19.3	30.0	50.0	75.0
	城乡	城市	88.9	37.9	7.1	17.1	34.3	50.0	80.0
		农村	81.4	39.0	7.1	20.0	30.0	50.0	80.0
	片区	华北	92.4	49.5	8.6	25.7	45.0	60.0	120.0
		华东	88.1	41.3	8.6	21.4	40.0	50.0	80.0
		华南	80.2	31.5	7.1	14.3	22.9	50.0	70.0
		西北	82.2	31.6	4.3	14.3	22.9	50.0	60.0
		东北	89.7	28.7	4.3	10.0	21.4	35.7	80.0
		西南	76.2	33.0	7.1	17.1	25.7	50.0	60.0
4～<5 岁	小计		86.1	37.8	7.1	17.1	30.0	50.0	80.0
	性别	男	85.7	38.3	7.1	17.1	34.3	50.0	80.0
		女	86.5	37.3	7.1	17.1	30.0	50.0	80.0
	城乡	城市	90.1	37.4	5.7	17.1	34.3	50.0	70.0
		农村	82.0	38.2	7.1	17.1	30.0	50.0	80.0
	片区	华北	90.0	45.3	8.6	24.3	40.0	60.0	100.0
		华东	92.0	40.6	7.1	21.4	40.0	50.0	80.0
		华南	79.6	31.3	7.1	14.3	25.7	50.0	65.0
		西北	83.7	32.4	7.1	14.3	21.4	47.1	60.0
		东北	89.9	30.2	2.9	11.4	21.4	42.9	80.0
		西南	76.9	33.8	7.1	17.1	28.6	50.0	60.0
5～<6 岁	小计		85.0	37.9	7.1	17.1	30.0	50.0	80.0
	性别	男	85.5	38.4	7.1	20.0	34.3	50.0	80.0
		女	84.5	37.3	7.1	17.1	28.6	50.0	80.0
	城乡	城市	88.3	38.0	7.1	17.1	30.0	50.0	80.0
		农村	81.7	37.9	7.1	17.1	30.0	50.0	80.0

分类			食用率/%	蛋类摄入量/（g/d）					
				Mean	P5	P25	P50	P75	P95
5～<6 岁	片区	华北	88.1	47.1	8.6	25.7	40.0	60.0	120.0
		华东	89.0	41.4	7.1	21.4	40.0	50.0	80.0
		华南	82.1	31.6	7.1	14.3	21.4	45.7	75.0
		西北	85.9	33.4	7.1	12.9	21.4	47.1	94.3
		东北	81.9	26.6	4.3	10.0	21.4	34.3	70.0
		西南	77.4	29.6	7.1	14.3	21.4	40.0	60.0
6～<9 岁	小计		83.8	38.4	7.1	17.1	35.0	50.0	80.0
	性别	男	84.0	38.2	7.1	17.1	35.7	50.0	80.0
		女	83.6	38.7	7.1	17.1	34.3	50.0	100.0
	城乡	城市	87.7	39.7	8.6	21.4	40.0	50.0	100.0
		农村	79.3	37.9	7.1	17.1	34.3	60.0	75.0
	片区	华北	84.3	46.2	8.6	25.7	50.0	60.0	70.0
		华东	90.0	30.9	7.1	8.6	25.0	50.0	70.0
		华南	76.9	35.4	6.4	14.3	28.6	50.0	100.0
		西北	77.1	35.8	7.1	21.4	34.3	50.0	60.0
		东北	91.0	37.0	8.6	17.1	30.0	50.0	100.0
		西南	79.6	36.7	7.1	17.1	34.3	50.0	100.0
9～<12 岁	小计		80.1	41.4	7.1	20.0	40.0	57.1	100.0
	性别	男	80.9	41.7	7.1	21.4	40.0	51.4	100.0
		女	79.4	40.9	7.1	20.0	35.7	57.1	100.0
	城乡	城市	82.1	43.8	7.1	21.4	42.9	50.0	100.0
		农村	77.9	40.1	7.1	17.1	34.3	60.0	100.0
	片区	华北	76.9	46.9	14.3	25.7	50.0	60.0	100.0
		华东	88.4	35.6	7.1	14.3	30.0	50.0	100.0
		华南	72.5	39.7	7.1	17.1	32.5	50.0	100.0
		西北	79.4	43.6	7.1	21.4	42.9	50.0	100.0
		东北	84.4	42.3	7.1	20.0	35.7	60.0	102.9
		西南	76.5	39.8	7.1	21.4	40.0	50.0	100.0
12～<15 岁	小计		78.6	45.8	8.6	21.4	40.0	57.1	100.0
	性别	男	77.5	44.7	8.6	21.4	40.0	50.0	100.0
		女	79.6	47.0	8.6	21.4	42.9	60.0	120.0
	城乡	城市	81.2	45.9	7.1	21.4	42.9	55.7	100.0
		农村	75.7	45.8	8.6	21.4	35.7	60.0	120.0
	片区	华北	79.9	52.8	9.0	25.7	50.0	70.0	120.0
		华东	84.5	45.7	8.6	25.7	50.0	50.0	100.0
		华南	74.1	43.1	7.1	20.0	35.0	50.0	120.0
		西北	78.0	33.1	9.0	20.0	25.7	42.9	100.0
		东北	78.7	47.9	7.1	21.4	50.0	60.0	120.0
		西南	71.7	46.1	8.6	21.4	40.0	50.0	100.0

分类		食用率/%	蛋类摄入量/（g/d）					
			Mean	P5	P25	P50	P75	P95
15～<18 岁	小计	75.9	48.2	7.1	21.4	40.0	60.0	130.0
	性别 男	76.0	51.5	7.1	22.9	42.9	60.0	150.0
	女	75.8	44.6	7.1	17.1	34.3	60.0	110.0
	城乡 城市	77.8	49.7	7.1	21.4	50.0	60.0	120.0
	农村	74.2	47.4	7.1	21.4	34.3	60.0	150.0
	片区 华北	79.6	60.4	9.3	28.6	60.0	80.0	130.0
	华东	84.2	49.1	8.6	22.9	50.0	57.1	100.0
	华南	71.8	40.4	7.1	17.1	34.3	50.0	100.0
	西北	72.9	28.1	7.1	14.3	21.4	30.0	71.4
	东北	78.4	51.6	7.1	25.7	50.0	60.0	100.0
	西南	64.2	57.1	11.4	30.0	34.3	70.0	160.0

数据来源：中国人群环境暴露行为模式研究。

表 4-8　中国儿童豆类摄入量推荐值

分类		食用率/%	豆类摄入量/（g/d）					
			Mean	P5	P25	P50	P75	P95
2～<3 岁	小计	74.3	6.5	0.3	1.3	3.3	6.9	21.4
	性别 男	73.5	6.4	0.3	1.3	3.2	6.9	21.4
	女	75.1	6.6	0.3	1.3	3.3	6.9	21.3
	城乡 城市	84.0	8.0	0.4	1.7	4.0	8.9	26.4
	农村	65.1	4.9	0.3	1.0	2.6	5.3	17.1
	片区 华北	72.7	3.9	0.2	0.9	2.0	4.3	11.6
	华东	78.0	7.4	0.4	1.7	4.3	8.8	24.9
	华南	77.0	8.2	0.5	1.8	4.4	8.8	24.2
	西北	56.6	4.6	0.3	1.2	2.3	5.0	13.4
	东北	80.1	7.6	0.3	1.3	3.2	8.1	31.2
	西南	77.7	6.1	0.3	1.2	3.0	5.3	19.8
3～<4 岁	小计	76.6	6.9	0.5	1.7	3.4	7.5	21.9
	性别 男	76.7	7.2	0.6	1.7	3.3	7.7	22.0
	女	76.4	6.5	0.5	1.7	3.5	7.1	21.9
	城乡 城市	85.2	7.2	0.7	1.7	3.7	8.5	23.1
	农村	68.3	6.5	0.4	1.3	3.3	6.9	21.0
	片区 华北	73.2	6.2	0.3	1.0	2.2	6.5	20.0
	华东	81.7	7.9	0.7	1.8	4.0	9.3	23.2
	华南	81.0	6.5	0.7	2.0	4.4	7.9	17.5
	西北	60.4	6.0	0.7	1.3	2.3	5.2	19.8
	东北	83.4	6.1	0.3	1.3	2.7	6.6	24.8
	西南	77.5	7.1	0.7	2.0	4.3	7.2	25.0

分类			食用率/%	豆类摄入量/（g/d）					
				Mean	P5	P25	P50	P75	P95
4～<5岁	小计		76.9	7.6	0.7	1.7	3.5	7.9	26.0
	性别	男	76.9	7.5	0.7	1.7	3.3	7.7	24.8
		女	76.9	7.6	0.7	1.7	3.6	8.1	27.5
	城乡	城市	85.6	8.1	0.7	1.7	3.9	8.2	27.8
		农村	68.4	7.1	0.7	1.6	3.3	7.1	21.0
	片区	华北	72.3	5.9	0.3	1.2	2.2	5.6	23.0
		华东	83.5	8.4	0.7	2.0	4.5	10.3	25.3
		华南	80.7	7.4	0.4	1.7	3.6	7.7	25.2
		西北	60.3	7.4	0.7	1.5	3.3	6.0	18.2
		东北	83.9	6.8	0.6	1.3	3.3	7.6	23.2
		西南	77.1	8.7	0.7	2.0	4.0	6.9	34.3
5～<6岁	小计		78.5	7.2	0.7	1.7	3.8	7.9	23.2
	性别	男	78.1	7.8	0.7	1.8	4.0	8.8	26.3
		女	78.8	6.6	0.5	1.7	3.5	7.3	20.6
	城乡	城市	88.7	8.0	0.7	1.9	4.0	8.8	26.3
		农村	68.2	6.4	0.7	1.7	3.5	6.9	20.0
	片区	华北	74.0	5.8	0.3	1.2	2.9	5.0	19.1
		华东	83.5	7.7	0.8	2.1	4.4	9.3	24.1
		华南	83.1	7.8	0.5	2.0	4.0	8.6	27.6
		西北	60.3	5.2	0.7	1.7	3.0	5.4	13.2
		东北	86.4	5.3	0.5	1.3	2.7	6.0	19.6
		西南	81.6	9.0	0.7	2.0	5.0	11.6	24.6
6～<9岁	小计		73.8	22.4	2.9	7.1	14.3	28.6	71.4
	性别	男	73.7	22.4	2.9	7.1	14.3	28.6	70.0
		女	73.9	22.3	2.9	5.7	14.3	28.6	80.0
	城乡	城市	81.7	24.9	2.9	7.1	14.3	34.3	85.7
		农村	64.8	21.1	2.9	7.1	14.3	25.0	64.3
	片区	华北	70.2	18.1	2.9	5.7	11.4	20.0	60.0
		华东	80.4	19.5	1.4	7.1	14.3	25.7	57.1
		华南	72.4	26.4	2.9	7.1	14.3	35.7	100.0
		西北	56.1	30.2	4.3	10.0	20.0	42.9	100.0
		东北	83.3	16.9	1.4	5.0	10.0	21.4	57.1
		西南	76.3	31.3	2.9	14.3	21.4	50.0	100.0
9～<12岁	小计		71.6	29.9	2.9	8.6	20.0	42.9	100.0
	性别	男	72.0	30.2	2.9	8.6	20.0	42.9	100.0
		女	71.2	29.5	2.9	8.6	20.0	42.9	100.0
	城乡	城市	74.8	33.7	2.9	10.0	21.4	50.0	100.0
		农村	68.0	28.0	2.9	8.6	17.1	40.0	100.0
	片区	华北	70.3	24.8	2.9	7.1	15.0	28.6	100.0

分类			食用率/%	豆类摄入量/（g/d）					
				Mean	P5	P25	P50	P75	P95
9～<12 岁	片区	华东	78.3	24.8	2.1	8.6	14.3	28.6	100.0
		华南	70.3	39.3	2.9	12.9	25.0	50.0	142.9
		西北	50.5	36.6	4.3	12.9	25.7	50.0	100.0
		东北	78.5	25.2	2.9	7.1	14.3	34.3	80.0
		西南	74.7	37.3	4.3	14.3	28.6	50.0	100.0
12～<15 岁	小计		69.1	36.4	2.9	11.4	21.4	50.0	100.0
	性别	男	68.6	39.7	2.9	12.9	25.7	50.0	110.0
		女	69.7	32.5	2.9	10.3	21.4	42.9	100.0
	城乡	城市	74.5	39.3	3.6	12.9	28.6	50.0	107.1
		农村	63.4	34.3	2.9	10.7	21.4	50.0	100.0
	片区	华北	68.7	29.4	2.9	8.6	20.0	34.3	100.0
		华东	73.8	38.5	2.9	8.6	21.4	51.4	120.0
		华南	69.0	35.9	4.3	11.4	21.4	50.0	100.0
		西北	53.0	32.7	4.3	11.4	20.0	38.6	114.3
		东北	76.1	29.4	3.6	10.7	20.0	45.0	100.0
		西南	70.4	44.9	7.9	21.4	35.7	60.0	100.0
15～<18 岁	小计		68.3	37.4	4.3	14.3	28.6	50.0	100.0
	性别	男	67.5	38.7	4.3	14.3	28.6	50.0	100.0
		女	69.1	36.0	4.3	14.3	25.0	50.0	100.0
	城乡	城市	71.5	42.7	5.7	14.3	34.3	57.1	100.0
		农村	65.4	33.9	3.6	12.9	21.4	42.9	100.0
	片区	华北	67.6	36.0	2.9	8.6	20.0	50.0	100.0
		华东	72.0	38.3	2.9	11.4	28.6	50.0	100.0
		华南	73.2	39.9	5.7	14.3	28.6	50.0	100.0
		西北	55.0	29.9	4.3	11.4	20.0	30.0	100.0
		东北	67.8	32.9	5.7	12.9	21.4	42.9	100.0
		西南	69.6	41.5	7.1	18.6	34.3	50.0	100.0

数据来源：中国人群环境暴露行为模式研究。

表 4-9　中国儿童分省的主食摄入量推荐值

省（区、市）	主食摄入量/（g/d）							
	2～<3 岁	3～<4 岁	4～<5 岁	5～<6 岁	6～<9 岁	9～<12 岁	12～<15 岁	15～<18 岁
合计	139.4	148.8	153.4	162.1	243.8	284.2	352.3	389.2
北京	88.6	77.6	103.0	82.6	221.8	273.1	357.7	281.0
天津	122.3	135.7	161.9	138.4	263.0	274.4	336.4	450.9
河北	125.1	135.3	141.9	182.6	134.0	205.4	223.0	214.2
山西	48.4	65.7	111.3	99.4	151.0	204.5	355.1	397.6
内蒙古	182.1	215.6	237.5	231.4	407.7	303.5	335.3	300.9

省（区、市）	主食摄入量/（g/d）							
	2～<3 岁	3～<4 岁	4～<5 岁	5～<6 岁	6～<9 岁	9～<12 岁	12～<15 岁	15～<18 岁
辽宁	107.5	94.2	95.4	90.5	120.4	164.0	157.3	156.2
吉林	183.7	198.4	194.7	211.9	170.4	184.5	221.9	263.2
黑龙江	88.6	103.5	117.2	111.4	220.2	320.2	236.8	278.4
上海	85.7	94.5	78.6	95.4	230.8	303.7	357.0	351.4
江苏	122.4	137.8	154.5	178.0	269.0	281.5	439.3	443.4
浙江	117.0	126.6	139.8	144.2	253.6	289.6	214.8	213.2
安徽	130.3	140.0	150.0	153.0	272.7	359.4	491.5	502.3
福建	116.1	222.6	161.0	130.6	273.7	303.3	341.2	372.2
江西	122.7	128.3	146.5	158.4	228.8	250.8	331.5	257.2
山东	118.7	133.6	133.7	162.4	148.9	181.9	184.9	213.9
河南	118.6	139.5	133.1	137.1	237.4	294.0	348.9	381.8
湖北	227.7	249.1	245.0	276.9	311.0	379.5	370.4	357.9
湖南	137.6	151.9	175.2	169.9	380.7	387.0	362.7	433.5
广东	143.6	156.4	166.1	171.4	340.6	401.2	483.0	506.0
广西	299.0	165.4	165.8	148.6	306.6	315.2	364.5	459.9
海南	185.4	199.0	188.7	191.5	204.9	221.5	328.4	338.7
重庆	78.0	120.8	102.5	115.9	278.6	298.7	333.4	360.5
四川	217.8	256.1	285.2	313.6	184.3	269.2	310.2	284.7
贵州	110.7	119.7	131.3	163.2	248.2	277.2	291.7	451.5
云南	87.8	104.2	138.9	126.2	249.9	336.2	391.0	407.5
陕西	71.9	79.9	97.8	116.8	279.5	375.0	393.4	507.4
甘肃	139.8	144.5	167.2	178.2	245.9	339.4	537.0	500.2
青海	169.7	188.5	204.1	202.6	93.8	189.1	333.4	351.3
宁夏	98.5	120.8	126.5	140.5	195.6	185.9	208.2	225.9
新疆	32.4	43.6	46.8	62.8	199.7	308.6	326.3	466.1

数据来源：中国人群环境暴露行为模式研究。

表 4-10　中国儿童分省的蔬菜摄入量推荐值

省（区、市）	蔬菜摄入量/（g/d）							
	2～<3 岁	3～<4 岁	4～<5 岁	5～<6 岁	6～<9 岁	9～<12 岁	12～<15 岁	15～<18 岁
合计	124.6	133.4	135.5	133.1	151.5	175.8	204.9	197.8
北京	188.1	191.0	163.6	174.1	171.3	234.1	293.0	267.8
天津	137.1	156.6	169.0	200.3	210.1	217.8	251.6	284.0
河北	141.8	139.2	128.0	188.6	111.8	182.4	202.2	242.7
山西	59.8	77.6	84.3	95.3	79.8	102.0	214.8	156.8
内蒙古	32.9	52.5	62.6	55.8	178.4	202.7	180.2	205.1
辽宁	113.6	107.1	86.0	71.4	86.1	125.7	253.3	232.3

省（区、市）	蔬菜摄入量/（g/d）							
	2～＜3岁	3～＜4岁	4～＜5岁	5～＜6岁	6～＜9岁	9～＜12岁	12～＜15岁	15～＜18岁
吉林	141.1	102.3	126.8	161.2	149.8	196.3	210.8	183.2
黑龙江	131.3	113.1	137.7	124.7	107.4	142.1	290.0	228.6
上海	88.5	110.2	124.1	119.9	137.8	170.5	182.2	197.3
江苏	108.0	143.3	161.0	181.7	150.6	190.6	297.7	253.6
浙江	129.5	123.0	119.4	125.9	175.5	209.1	188.0	233.7
安徽	110.6	145.7	138.2	128.3	138.8	166.9	225.6	226.3
福建	81.0	305.1	180.2	94.5	179.8	273.4	286.3	194.9
江西	107.4	105.4	111.8	110.6	91.6	94.1	143.3	193.3
山东	209.2	219.4	183.6	189.2	245.3	224.6	240.8	373.8
河南	135.8	139.9	138.6	151.2	184.5	190.5	230.5	217.7
湖北	115.3	99.7	133.4	108.7	184.5	254.3	197.0	192.0
湖南	103.4	125.0	117.2	97.6	131.4	130.5	147.0	125.3
广东	194.5	170.6	159.7	149.0	146.2	183.3	173.7	187.4
广西	201.1	163.4	213.0	160.4	181.8	166.1	201.8	192.8
海南	121.6	150.0	121.4	117.7	103.9	184.4	212.7	229.9
重庆	64.3	64.2	57.5	63.8	128.2	174.8	165.9	161.1
四川	176.2	131.4	116.2	113.6	99.7	149.0	200.9	190.2
贵州	140.6	183.5	171.9	167.4	145.5	166.0	180.7	214.2
云南	80.6	92.1	115.4	130.5	127.3	203.1	222.8	162.2
陕西	88.6	78.6	106.6	112.2	133.8	205.1	177.9	271.8
甘肃	160.3	137.9	161.8	152.4	123.5	158.8	151.7	120.7
青海	54.5	70.4	82.1	86.6	74.9	121.2	123.9	137.9
宁夏	103.6	95.7	87.2	87.8	89.6	100.5	114.7	129.8
新疆	70.3	121.3	131.1	149.3	33.9	59.3	73.2	81.0

数据来源：中国人群环境暴露行为模式研究。

表 4-11　中国儿童分省的水果摄入量推荐值

省（区、市）	水果摄入量/（g/d）							
	2～＜3岁	3～＜4岁	4～＜5岁	5～＜6岁	6～＜9岁	9～＜12岁	12～＜15岁	15～＜18岁
合计	110.0	121.2	117.5	117.4	95.8	124.8	137.8	148.3
北京	118.9	126.3	160.8	119.1	115.9	182.0	206.2	138.1
天津	147.1	201.1	173.1	166.5	117.9	171.4	178.5	180.4
河北	134.5	162.1	122.5	151.5	102.3	158.3	174.7	168.0
山西	37.0	60.4	43.6	90.6	60.4	90.3	177.9	135.2
内蒙古	290.1	236.4	278.2	259.2	39.7	60.9	46.5	99.6
辽宁	103.2	88.4	73.4	76.8	135.5	142.2	178.2	211.8
吉林	176.0	182.4	165.8	203.0	156.1	255.2	184.7	135.2

省（区、市）	水果摄入量/（g/d）							
	2～<3岁	3～<4岁	4～<5岁	5～<6岁	6～<9岁	9～<12岁	12～<15岁	15～<18岁
黑龙江	95.8	92.4	113.5	99.3	126.1	148.9	187.7	191.1
上海	81.7	88.0	93.0	88.4	126.7	139.0	153.0	150.9
江苏	145.5	128.8	115.6	145.5	126.0	140.5	186.1	192.4
浙江	112.8	90.7	99.8	106.9	89.8	85.5	114.0	165.3
安徽	90.3	102.8	108.9	96.6	78.9	97.7	133.1	122.0
福建	77.4	212.9	191.4	137.6	100.2	144.3	170.5	136.0
江西	61.1	66.6	53.0	62.2	63.1	61.7	72.9	108.1
山东	228.4	199.6	186.7	210.1	161.7	205.0	203.6	222.8
河南	127.4	129.0	114.9	135.2	80.0	108.5	120.1	151.1
湖北	129.8	135.9	144.2	119.9	121.9	155.6	132.4	122.4
湖南	239.0	250.2	231.3	206.7	100.1	102.8	114.9	102.3
广东	107.4	106.1	95.1	97.0	80.6	123.5	105.6	100.6
广西	94.3	104.7	114.0	104.8	113.9	108.8	121.9	116.5
海南	144.4	145.4	116.6	121.7	83.2	153.9	164.6	159.4
重庆	53.1	60.1	61.6	53.3	91.5	77.0	77.2	142.3
四川	75.4	97.1	85.6	64.8	93.4	125.4	170.4	240.6
贵州	91.4	83.8	69.2	92.2	107.5	139.0	139.5	132.4
云南	79.3	100.8	112.5	101.1	119.1	173.7	162.6	122.5
陕西	85.3	84.5	101.0	91.1	95.6	135.2	119.7	132.0
甘肃	93.0	105.8	113.4	85.9	141.2	132.8	91.8	76.4
青海	113.4	111.3	135.7	110.2	85.2	173.5	183.3	158.1
宁夏	104.6	131.9	128.7	132.1	102.5	81.7	94.2	115.3
新疆	148.1	202.2	226.5	257.1	65.7	71.2	108.9	108.0

数据来源：中国人群环境暴露行为模式研究。

表4-12　中国儿童分省的乳类摄入量推荐值

省（区、市）	乳类摄入量/（g/d）							
	2～<3岁	3～<4岁	4～<5岁	5～<6岁	6～<9岁	9～<12岁	12～<15岁	15～<18岁
合计	229.4	187.9	178.4	161.4	128.1	136.0	150.3	150.5
北京	244.2	217.4	334.2	148.4	154.9	162.4	180.3	139.6
天津	222.3	192.9	191.3	161.4	140.0	160.0	165.7	189.9
河北	191.7	222.5	173.6	120.6	123.5	137.5	180.9	115.1
山西	252.8	208.7	249.7	96.6	114.0	127.5	173.2	174.1
内蒙古	226.1	240.5	161.7	177.2	31.2	85.2	99.4	133.7
辽宁	171.1	121.1	127.6	134.2	111.8	128.6	174.3	158.9
吉林	160.2	185.4	169.0	108.2	54.4	81.8	65.3	56.8

省（区、市）	乳类摄入量/（g/d）							
	2～<3 岁	3～<4 岁	4～<5 岁	5～<6 岁	6～<9 岁	9～<12 岁	12～<15 岁	15～<18 岁
黑龙江	169.3	146.3	176.7	129.3	120.8	123.4	174.6	140.1
上海	228.0	204.6	181.9	189.0	141.1	164.6	157.9	183.8
江苏	318.4	221.4	191.4	188.6	179.2	191.9	208.3	200.5
浙江	288.8	210.3	217.8	158.7	147.8	138.9	180.1	188.5
安徽	213.2	184.3	191.7	147.6	111.8	135.5	169.7	140.6
福建	360.4	239.3	227.1	203.2	157.0	178.1	168.8	150.6
江西	218.2	188.7	106.1	121.9	116.1	110.8	100.5	127.2
山东	172.7	149.7	142.2	163.2	197.3	206.4	211.6	198.0
河南	162.7	162.2	120.3	116.9	123.5	124.4	123.8	152.5
湖北	197.0	166.8	193.0	168.3	168.8	224.8	138.0	183.9
湖南	182.0	184.0	149.7	146.6	129.4	113.6	132.4	132.2
广东	257.0	193.7	224.2	164.7	154.8	134.6	162.5	135.6
广西	153.6	173.7	202.0	198.3	143.3	108.8	148.8	142.6
海南	283.0	179.3	181.3	140.1	117.7	166.4	131.1	116.1
重庆	185.1	86.0	108.5	57.1	121.4	111.3	80.4	143.2
四川	289.6	223.7	224.9	292.6	153.0	203.0	210.6	192.8
贵州	216.2	182.0	173.0	161.5	160.7	156.0	200.2	131.4
云南	219.0	171.8	113.0	203.7	133.3	161.6	160.6	137.6
陕西	407.7	292.0	182.1	224.2	114.7	126.3	133.3	127.4
甘肃	240.9	214.2	167.2	167.1	165.3	155.1	84.9	79.0
青海	214.2	186.5	149.9	152.2	53.4	86.7	85.0	104.4
宁夏	294.9	210.1	171.3	176.2	146.1	117.0	83.3	110.8
新疆	—	11.9	—	—	127.1	147.6	143.2	102.3

数据来源：中国人群环境暴露行为模式研究。

表 4-13　中国儿童分省的肉类摄入量推荐值

省（区、市）	肉类摄入量/（g/d）							
	2～<3 岁	3～<4 岁	4～<5 岁	5～<6 岁	6～<9 岁	9～<12 岁	12～<15 岁	15～<18 岁
合计	53.7	59.8	58.5	59.1	68.1	88.9	116.4	102.4
北京	50.8	52.8	51.2	52.7	84.6	113.0	174.5	119.0
天津	42.9	63.1	58.2	57.0	52.9	67.7	84.1	112.9
河北	64.4	55.1	47.3	59.0	32.7	51.1	95.4	94.9
山西	17.3	18.1	20.7	28.4	30.5	38.6	78.7	91.1
内蒙古	39.2	56.6	43.3	62.0	9.9	31.8	41.8	79.2
辽宁	32.5	31.8	35.7	28.1	44.4	60.5	111.1	103.1
吉林	58.0	48.0	57.4	74.9	52.6	82.6	81.1	61.1
黑龙江	40.8	32.2	43.9	39.4	64.0	85.5	182.5	151.8

省（区、市）	肉类摄入量/（g/d）							
	2～<3岁	3～<4岁	4～<5岁	5～<6岁	6～<9岁	9～<12岁	12～<15岁	15～<18岁
上海	41.6	48.0	46.5	41.1	75.5	95.5	133.3	140.2
江苏	44.8	57.2	52.4	74.8	67.8	84.1	179.7	145.3
浙江	59.6	53.9	55.9	60.0	87.5	88.1	118.2	191.0
安徽	61.8	55.2	64.3	58.4	79.7	106.6	151.8	129.9
福建	36.9	180.5	86.2	46.3	90.6	113.1	162.9	136.1
江西	51.8	49.3	51.3	54.0	88.0	84.2	80.8	95.4
山东	40.9	41.1	50.3	44.9	75.4	80.1	89.1	131.1
河南	39.8	45.2	41.1	46.1	38.1	42.8	66.1	64.7
湖北	40.1	37.9	42.4	37.6	65.0	147.0	116.8	92.1
湖南	64.8	65.5	65.4	64.6	109.0	118.8	112.7	142.6
广东	87.3	89.4	83.8	83.3	74.1	110.8	95.3	119.1
广西	84.4	100.7	106.6	105.3	137.8	127.5	163.0	156.0
海南	101.2	99.4	120.2	117.6	108.8	145.0	177.0	180.4
重庆	36.0	45.0	42.7	37.1	63.8	106.9	102.4	108.4
四川	55.1	67.5	60.6	61.6	69.1	97.6	115.8	84.6
贵州	76.8	79.4	69.1	121.0	99.9	133.1	115.8	143.8
云南	57.4	76.5	100.2	74.3	106.2	154.9	176.9	135.3
陕西	21.8	22.7	24.6	24.2	53.2	76.4	72.8	70.2
甘肃	40.8	36.8	34.7	40.2	58.1	62.4	43.3	33.6
青海	52.1	46.6	49.8	49.4	64.7	106.8	122.0	113.3
宁夏	30.6	34.2	38.4	34.7	13.8	20.0	25.7	38.6
新疆	28.3	37.4	38.1	48.0	25.0	39.3	47.6	70.4

数据来源：中国人群环境暴露行为模式研究。

表 4-14　中国儿童分省的水产类摄入量推荐值

省（区、市）	水产类摄入量/（g/d）							
	2～<3岁	3～<4岁	4～<5岁	5～<6岁	6～<9岁	9～<12岁	12～<15岁	15～<18岁
合计	28.7	30.9	30.0	29.0	30.8	39.2	58.5	55.8
北京	33.4	19.6	24.0	29.2	29.4	38.2	70.4	55.0
天津	19.9	25.2	20.4	24.6	24.8	28.4	39.8	50.9
河北	38.7	37.5	31.7	29.4	31.7	30.4	57.0	44.5
山西	4.4	18.8	18.6	14.6	26.4	29.8	50.7	45.8
内蒙古	11.7	14.2	13.5	18.8	4.8	12.8	16.8	21.8
辽宁	16.1	13.8	13.2	14.3	22.0	29.2	50.1	63.7
吉林	11.6	15.4	12.2	16.7	13.1	27.9	30.8	29.9
黑龙江	20.4	18.4	21.0	18.4	28.2	36.9	114.3	60.0
上海	28.2	26.8	32.9	26.4	46.9	56.8	66.2	77.6

省（区、市）	水产类摄入量/（g/d）							
	2～<3 岁	3～<4 岁	4～<5 岁	5～<6 岁	6～<9 岁	9～<12 岁	12～<15 岁	15～<18 岁
江苏	48.4	56.4	44.8	55.7	48.9	53.3	96.8	73.9
浙江	28.8	23.1	28.9	30.8	32.1	31.7	50.6	55.8
安徽	30.3	25.3	30.7	26.4	30.4	37.5	60.6	60.3
福建	30.7	213.2	42.3	33.6	43.5	50.4	70.2	54.4
江西	14.5	12.9	18.7	21.4	22.8	19.8	18.2	32.4
山东	25.4	22.6	22.5	23.9	28.6	39.3	57.5	48.2
河南	23.1	18.7	23.8	19.0	27.2	27.2	42.8	43.5
湖北	13.4	15.2	15.5	17.7	25.0	54.4	64.9	64.7
湖南	20.7	20.4	19.5	18.4	48.5	39.6	51.9	51.6
广东	23.6	25.7	22.7	19.5	28.6	41.1	45.9	54.6
广西	45.4	33.5	67.4	53.5	59.4	59.5	72.8	68.3
海南	63.7	60.9	69.8	78.2	49.3	67.4	104.1	88.0
重庆	22.1	23.3	18.6	18.1	24.3	29.6	21.0	52.3
四川	18.3	27.1	33.1	17.3	25.6	32.1	38.9	36.9
贵州	14.3	17.9	14.9	15.0	37.8	45.1	58.3	69.6
云南	19.8	16.7	18.9	24.1	29.9	45.9	48.5	52.9
陕西	7.4	6.9	11.8	23.7	19.7	47.7	52.1	38.7
甘肃	31.3	15.3	18.6	17.9	28.7	34.5	30.2	40.0
青海	4.6	15.7	13.9	9.6	7.1	37.7	42.2	31.3
宁夏	11.2	18.0	15.7	19.9	13.7	13.3	20.9	28.1
新疆	40.0	17.0	40.0	60.0	29.1	60.0	44.4	31.1

数据来源：中国人群环境暴露行为模式研究。

表 4-15　中国儿童分省的蛋类摄入量推荐值

省（区、市）	蛋类摄入量/（g/d）							
	2～<3 岁	3～<4 岁	4～<5 岁	5～<6 岁	6～<9 岁	9～<12 岁	12～<15 岁	15～<18 岁
合计	37.6	38.5	37.8	37.9	38.4	41.4	45.8	48.2
北京	39.8	38.2	32.3	39.1	44.4	49.7	51.4	51.0
天津	50.8	54.5	50.5	53.8	46.6	51.3	61.3	62.4
河北	51.6	45.3	42.4	51.4	43.9	45.0	52.6	71.7
山西	42.7	39.6	44.1	31.9	36.9	45.0	50.5	56.3
内蒙古	30.3	32.5	30.0	32.0	11.2	22.6	28.2	48.4
辽宁	27.4	27.6	24.6	21.1	34.5	37.7	47.7	52.9
吉林	38.9	27.4	38.4	33.3	40.3	48.6	42.9	53.3
黑龙江	32.9	31.0	34.9	29.2	36.6	41.0	55.2	47.3
上海	35.7	32.0	36.5	29.9	44.7	46.3	47.8	57.4
江苏	44.4	45.0	42.4	46.2	44.8	48.9	54.1	55.1

省（区、市）	蛋类摄入量/（g/d）							
	2～<3岁	3～<4岁	4～<5岁	5～<6岁	6～<9岁	9～<12岁	12～<15岁	15～<18岁
浙江	41.3	34.9	31.9	44.0	28.8	33.5	42.0	51.6
安徽	43.4	44.8	44.5	46.8	38.5	42.8	46.9	44.6
福建	38.3	50.5	34.8	30.8	43.4	44.7	51.0	50.0
江西	34.4	33.6	31.9	35.7	10.7	17.6	26.4	39.5
山东	44.2	45.8	47.4	46.6	55.0	55.1	53.9	57.1
河南	44.6	50.8	45.5	47.0	48.9	48.3	53.9	60.0
湖北	31.6	33.9	32.0	29.6	50.9	48.9	38.3	48.3
湖南	37.7	34.1	29.8	27.5	50.6	48.3	55.1	46.2
广东	33.3	34.5	30.0	33.1	34.5	40.9	36.1	40.6
广西	34.4	27.5	29.9	29.5	31.9	34.9	41.7	36.2
海南	31.0	32.9	34.1	40.2	40.3	47.3	46.1	39.2
重庆	28.9	32.1	33.1	23.4	41.4	40.9	41.4	43.3
四川	37.8	37.9	36.3	35.7	35.9	40.3	73.4	67.7
贵州	36.2	35.4	37.0	28.3	35.6	33.8	32.0	43.2
云南	20.5	23.6	26.3	27.1	33.5	44.1	41.7	35.8
陕西	28.9	29.2	32.3	29.0	36.0	47.3	40.6	42.2
甘肃	29.6	29.5	30.8	29.3	42.9	38.3	27.6	24.8
青海	29.0	27.9	31.1	30.4	19.8	35.0	45.0	48.2
宁夏	27.5	30.5	25.0	30.2	30.8	26.2	39.5	31.3
新疆	31.7	39.6	47.2	47.2	30.0	39.4	32.6	39.8

数据来源：中国人群环境暴露行为模式研究。

表 4-16　中国儿童分省的豆类摄入量推荐值

省（区、市）	豆类摄入量/（g/d）							
	2～<3岁	3～<4岁	4～<5岁	5～<6岁	6～<9岁	9～<12岁	12～<15岁	15～<18岁
合计	6.5	6.9	7.6	7.2	22.4	29.9	36.4	37.4
北京	8.3	4.6	4.3	3.4	27.1	35.8	57.2	42.1
天津	3.2	5.0	5.6	5.4	19.8	27.0	40.2	50.3
河北	8.7	10.6	5.8	6.4	10.2	17.1	21.6	47.1
山西	4.2	5.5	8.8	5.8	56.9	56.2	53.1	57.1
内蒙古	3.4	5.0	3.5	5.9	11.5	15.5	14.7	23.9
辽宁	8.1	6.2	6.7	4.4	14.0	18.1	26.4	34.0
吉林	6.0	7.0	6.7	6.8	19.6	31.8	29.5	29.7
黑龙江	7.3	5.2	7.0	5.4	27.2	39.8	36.3	34.4
上海	5.3	4.3	5.7	4.9	24.5	37.5	40.1	44.9
江苏	8.9	7.9	10.1	9.5	25.3	30.1	47.3	49.4
浙江	7.3	6.8	7.9	9.5	15.3	13.1	39.0	31.9

省（区、市）	豆类摄入量/（g/d）							
	2～<3岁	3～<4岁	4～<5岁	5～<6岁	6～<9岁	9～<12岁	12～<15岁	15～<18岁
安徽	8.4	8.6	8.3	8.6	23.1	33.8	49.7	36.6
福建	4.6	18.4	13.2	8.1	28.9	31.6	35.1	38.4
江西	7.0	6.7	8.3	7.3	13.6	13.3	13.5	33.5
山东	4.1	4.2	7.8	6.0	12.0	23.5	26.3	22.7
河南	3.2	6.4	5.8	6.0	14.1	22.1	20.8	20.4
湖北	9.5	5.8	7.1	8.3	43.6	40.7	30.9	43.2
湖南	9.5	7.1	8.3	5.5	49.0	59.3	56.7	49.7
广东	7.5	5.1	7.3	5.8	22.3	29.6	33.4	37.1
广西	6.5	5.6	7.0	6.2	25.8	35.8	33.3	38.5
海南	10.6	12.9	8.3	13.0	25.0	49.1	35.4	35.3
重庆	8.5	6.8	8.6	7.4	42.8	48.1	59.9	53.9
四川	7.4	7.8	11.9	8.8	28.4	33.6	36.8	33.1
贵州	6.9	8.0	8.9	10.5	29.7	41.4	37.9	53.1
云南	3.1	5.3	5.8	8.7	23.9	26.0	36.9	34.3
陕西	4.8	4.5	7.0	4.3	28.5	38.9	39.2	42.5
甘肃	5.9	11.1	9.2	8.3	43.2	28.8	25.9	26.6
青海	4.5	3.2	5.6	8.9	—	10.5	17.7	31.0
宁夏	3.9	3.6	6.7	3.7	15.3	26.1	36.3	33.6
新疆	—	—	—	—	21.4	—	52.6	30.0

数据来源：中国人群环境暴露行为模式研究。

参考文献

崔朝辉，周琴，胡小琪，等. 2008. 中国居民蔬菜、水果消费现状分析[J]. 中国食物与营养，5: 34-37.

江初，丁越江，朱淑萍，等. 2009. 海淀区5岁以下流动儿童营养与健康状况调查[J]. 现代预防医学，36（4）：635-638.

刘爱玲，李艳平，郝利楠，等. 2009. 我国7城市中小学生零食消费行为分析，中国健康教育，25（9）：650-654.

马冠生，崔朝辉，周琴，等. 2008. 中国居民豆类及豆制品的消费现状[J]. 中国食物与营养，1: 40-43.

马冠生. 2006. 我国儿童（6～17岁）营养与健康状况. 中国学校卫生，27（7）：553-555.

彭喜春. 2008. 湖南省农村6岁以下留守儿童营养与健康状况调查[D]，中南大学.

徐春燕，张倩，刘娜，等. 2012. 北京市某小学学生蔬菜与水果消费及认知状况. 中国学校卫生，33（10）：1160-1163.

杨晓光. 2006. 中国居民营养与健康状况调查报告 2：2002 膳食与营养摄入状况[M]. 北京：人民卫生出版社.

荫士安. 2008. 中国 0～6 岁儿童营养与健康状况：2002 年中国居民营养与健康状况调查，北京：人民卫生出版社.

翟凤英，何宇纳，马冠生，等. 2005. 中国城乡居民食物消费现状及变化趋势. 中华流行病学杂志，26（7）：485-488.

张芯，马冠生，胡小琪，等. 2010. 我国农村寄宿制学校学生食物消费现况. 中国学生卫校，31（9）：1027.

5 土壤/尘摄入量

5.1 参数说明

土壤/尘摄入量（Soil and Dust Ingestion）是指人群每天摄入土壤/尘的量（mg/d），包括室外土、室外降尘和室内降尘。由于儿童经常在室外土地或室内地板上活动，而且儿童有吮手和物品（如玩具）等的习惯，因此，土壤摄入是儿童暴露污染物的主要途径之一。土壤/尘摄入量主要受儿童生活习惯、土壤覆盖率、气候与气象等因素的影响。

土壤/尘摄入量的调查方法主要包括：

（1）元素示踪法

元素示踪法（Tracer Element Method）又称为物质平衡法，通过利用不被人体吸收的示踪元素（如铝、硅、钛等），测定一定时间内人体经过非土壤摄入途径（主要包括饮食、药品、维生素等）摄入的示踪元素的质量和经粪便/尿液排出的该示踪元素的质量，计算出经过土壤摄入途径摄入的该示踪元素的质量，然后除以该元素在土壤中的浓度，最终推算出土壤/尘摄入量（Calabrese，1997）。其具体公式如下：

$$W_{土} = \frac{\left(C_{粪} \times W_{粪} + C_{尿} \times V_{尿}\right) - \left(C_{食物} \times W_{食物} + C_{水} \times V_{水} + \cdots\right)}{C_{土}} \tag{5-1}$$

式中：$W_{土}$——土壤摄入量；mg/d；

$C_{土}$——土壤中示踪元素的浓度，mg/g；

$W_{食物}$——食物摄入量，mg/d；

$C_{食物}$——食物中示踪元素的浓度，mg/g；

$V_{水}$——水的摄入量，L/d；

$C_水$——水中示踪元素的浓度，mg/L；

$W_粪$——粪便的排泄量，mg/d；

$C_粪$——粪便中示踪元素的浓度，mg/g；

$V_尿$——尿液的排泄量，L/d；

$C_尿$——尿液中示踪元素的浓度，mg/L。

（2）生物动力学模型法

生物动力学模型（Biokinetic Model Method）是可以模拟人体对某特定污染物的代谢过程的模型。一般输入参数包括：暴露水平，如空气、食物、土壤、灰尘等环境介质中的污染物浓度；摄入量，如呼吸量、饮食量、土壤/尘摄入量；体内代谢动力学，利用生物动力学模型法可以预测人体血液或尿液中污染物的浓度水平。

生物动力学模型法是通过生物动力学模型来模拟人体组织或排泄物中的代谢物浓度，再通过实测的代谢物浓度推算土壤/尘摄入量。

生物动力学模型法用于估算儿童的土壤/尘摄入量时，必须满足如下条件：①污染物主要通过土壤/尘摄入；②代谢动力学模型能够准确地建立污染物摄入量与所检测的代谢物浓度之间的关系；③模型必须经过实际污染物暴露验证。

目前比较成熟的模型主要有儿童的暴露吸收生物动力学模型（Integrated Exposure Uptake Biokinetic Model for Lead in Children，IEUBK）和砷的代谢动力学模型（Arsenic Metabolism Kinetic Model）。

（3）问卷调查法

问卷调查法（Survey Response Method）根据儿童主要通过手口接触途径摄入土壤的摄土过程，研究人员通过问卷调查的方式对儿童监护人以及儿童本人进行采访，以获取儿童与手口行为有关的信息，再通过公式计算得到儿童的土壤/尘摄入量（Kimbrough RD，1984），计算公式如下：

$$SI = AF_{hands} \times SA_{hands} \times FI \times f_{h-m} \qquad (5\text{-}2)$$

式中：SI ——土壤摄入量；

AF_{hands} ——手上土壤/尘的黏附量，mg/cm^2；

SA_{hands} ——与口接触的手的面积，cm^2；

FI ——手上负荷的土壤的有效摄入率；

$f_\text{h-m}$ ——手口接触频率，h^{-1}。

由于人体对土壤/尘中污染物的暴露主要通过经口途径暴露，所以在人体土壤/尘暴露的健康风险评价中，土壤/尘摄入量是一个关键性的参数。人体经口暴露土壤/尘的日均暴露剂量的计算方法见公式（5-3）。

$$\text{ADD} = \frac{C \times \text{IR} \times \text{EF} \times \text{ED}}{\text{BW} \times \text{AT}} \tag{5-3}$$

式中：ADD —— 污染物的日均暴露剂量，mg/（kg·d）；

　　　C —— 土壤/尘中污染物的浓度，mg/kg；

　　　IR —— 土壤/尘日均摄入量，mg/d；

　　　EF —— 暴露土壤/尘的频率，d/a；

　　　ED —— 暴露持续时间，a；

　　　AT —— 平均暴露时间，d；

　　　BW —— 体重，kg。

5.2　资料与数据来源

关于我国儿童土壤/尘摄入量的研究有：环保公益性行业科研专项"环境健康风险评价中的儿童土壤摄入率及相关暴露参数研究"（201309044）。《概要》的数据来源于"环境健康风险评价中的儿童土壤摄入率及相关暴露参数研究"成果，该研究以湖北、甘肃和广东的 240 名 3～17 岁儿童为研究对象，用元素示踪法实测儿童的土壤/尘摄入量，具体结果见表 5-1。

5.3 参数推荐值

表 5-1　中国儿童土壤/尘摄入量推荐值　　　　　　　单位：mg/d

年龄	合计	性别		城乡		地区		
		男	女	城市	农村	湖北	甘肃	广东
3～＜6 岁	72	76	68	67	78	56	139	40
6～＜12 岁	103	108	99	104	102	79	161	66
12～＜18 岁	86	99	75	110	63	86	—	—

参考文献

Calabrese E，Stanek EJ，Pekow P，et al. 1997. Soil ingestion estimates for children residing on a superfund site[J]. Ecotoxicol Environ Saf，36（3）：258-268.

Kimbrough RD，Falk H，Stehr P，et al. Health implications of 2,3,7,8-tetrachlorodibenzodioxin（TCDD）contamination of residential soil[J]. J Toxicol Environ Health.1984；14：47-93.

USEPA.2008. Child-specific exposure factors handbook[S]. EPA/600/R-06/096F. Washington DC.

6 手/物口接触

6.1 参数说明

儿童的手/物口接触（Hand/Object to Mouth）是摄入污染物的重要途径之一。手/物口接触是指儿童将手或其他物体，如玩具、笔等放入嘴巴的行为，以及舔、吸吮、咀嚼和咬等行为活动。相对于其他年龄段的儿童，婴幼儿期儿童的手口和物口行为非常频繁，婴幼儿一出生就有吸吮的能力，他们用嘴巴吸吮作为一种方式来探索周围的世界。

儿童的手/物口接触暴露参数主要包括接触频次和接触时间。儿童手/物口接触参数一般通过实时手工记录法、视频转录法和问卷调查法这三种方法获取。实时手工记录法，就是由训练有素的观察员（非父母）手工记录儿童的手/物口接触行为信息。但是这种方法可靠性较差，比较繁琐，容易造成观察员的疲劳，从而影响记录的结果，另外，在观察期间，非家庭成员观察员的存在会影响儿童的行为活动。视频转录法是由训练有素的摄像师摄录孩子的活动，并采用手工或计算机软件来提取相关数据的方法。此种方法的可靠性和准确性较高，但在录像的过程中应该考虑摄影师或相机的存在不影响孩子的行为。问卷调查法主要通过问卷调查的方式，由儿童的父母或者照看者或者儿童本人通过回顾的方式回答儿童的日常活动情况。该方法比较简单，易于执行，使用广泛，但准确性较差。

6.2 资料与数据来源

关于我国儿童手/物口接触调查的研究有中国儿童环境暴露行为模式研究。《概要》的数据来源于中国儿童环境暴露行为模式研究，我国儿童的手口接触时间、手口接触频次、物口接触时间和物口接触频次见表6-1～表6-8。

6.3 参数推荐值

表 6-1 中国儿童手口接触时间推荐值

分类			手口接触人数比例/%	手口接触时间* /（min/d）					
				Mean	P5	P25	P50	P75	P95
0～<3月	小计		29.6	6	0	1	3	8	20
	性别	男	28.2	7	0	1	4	10	21
		女	31.2	5	0	1	2	6	20
	城乡	城市	37.2	6	0	1	2	10	21
		农村	24.0	6	0	1	4	6	20
	片区	华北	33.8	7	0	1	5	10	30
		华东	30.1	6	0	1	2	10	20
		华南	37.4	5	0	1	2	5	21
		西北	17.8	6	0	1	2	10	20
		东北	40.0	5	0	0	2	6	20
		西南	18.3	5	0	1	2	6	20
3～<6月	小计		56.5	10	0	1	3	12	40
	性别	男	55.1	12	0	1	4	15	50
		女	58.1	8	0	1	3	9	40
	城乡	城市	71.0	11	0	1	4	15	50
		农村	43.0	8	0	1	3	10	40
	片区	华北	64.8	16	0	2	9	30	50
		华东	63.7	10	0	1	4	12	40
		华南	52.8	7	0	1	2	8	40
		西北	49.0	8	0	1	4	10	32
		东北	63.6	9	0	1	4	15	40
		西南	38.7	6	0	1	2	6	25
6～<9月	小计		56.4	8	0	1	3	10	30
	性别	男	56.4	9	0	1	4	10	40
		女	56.5	6	0	1	2	9	24
	城乡	城市	67.3	9	0	1	4	10	30
		农村	47.0	6	0	1	2	9	30
	片区	华北	58.2	9	0	1	4	15	30

分类			手口接触人数比例/%	手口接触时间*/（min/d）					
				Mean	P5	P25	P50	P75	P95
6～<9 月	片区	华东	62.3	9	0	1	5	12	30
		华南	65.4	5	0	1	1	6	20
		西北	47.1	7	0	1	4	9	20
		东北	53.1	7	0	0	2	10	30
		西南	36.4	5	0	1	2	6	25
9 月～<1 岁	小计		40.5	5	0	1	2	6	20
	性别	男	38.9	4	0	1	2	6	20
		女	42.3	5	0	1	2	6	20
	城乡	城市	46.0	4	0	1	2	6	20
		农村	36.6	5	0	1	2	6	25
	片区	华北	41.9	5	0	1	3	8	20
		华东	43.6	6	0	1	3	6	25
		华南	47.3	3	0	1	1	3	10
		西北	31.1	5	0	1	2	5	30
		东北	54.6	6	0	1	1	10	20
		西南	25.0	5	0	1	2	6	20
1～<2 岁	小计		28.5	5	0	1	2	8	24
	性别	男	26.9	6	0	1	3	10	24
		女	30.5	5	0	1	2	6	20
	城乡	城市	36.1	5	0	1	2	6	20
		农村	22.3	6	0	1	2	10	24
	片区	华北	28.1	7	0	1	3	10	24
		华东	29.5	5	0	1	2	6	20
		华南	35.9	5	0	1	2	5	25
		西北	22.7	6	0	1	2	9	25
		东北	25.5	7	0	1	2	10	30
		西南	22.2	5	0	1	3	9	20
2～<3 岁	小计		17.1	5	0	1	2	7	20
	性别	男	17.8	5	0	1	2	7	20
		女	16.3	5	0	1	2	6	20
	城乡	城市	20.6	5	0	1	2	7	20
		农村	14.2	5	0	1	2	7	20
	片区	华北	17.0	6	0	1	3	10	20
		华东	18.5	5	0	1	2	6	20
		华南	20.4	4	0	1	2	6	15
		西北	13.7	6	0	0	2	6	20
		东北	16.3	7	0	1	3	10	20
		西南	12.5	4	0	0	1	5	15

分类			手口接触人数比例/%	手口接触时间*/（min/d）					
				Mean	P5	P25	P50	P75	P95
3～<4岁		小计	16.2	5	0	1	2	7	25
	性别	男	16.6	5	0	1	2	6	25
		女	15.8	6	0	1	2	8	24
	城乡	城市	20.9	6	0	1	2	8	25
		农村	12.2	5	0	1	2	7	23
	片区	华北	18.1	5	0	1	2	6	20
		华东	16.7	7	0	1	4	10	30
		华南	17.7	4	0	1	1	5	15
		西北	15.2	7	0	0	3	10	30
		东北	12.3	4	0	1	2	6	10
		西南	12.6	4	0	1	2	6	15
4～<5岁		小计	11.3	5	0	1	2	7	20
	性别	男	11.7	5	0	1	2	8	20
		女	10.9	5	0	1	2	6	20
	城乡	城市	14.4	4	0	1	2	5	16
		农村	8.9	6	0	1	3	10	20
	片区	华北	16.7	7	0	1	3	10	25
		华东	9.8	4	0	1	2	5	15
		华南	15.4	4	0	1	2	6	15
		西北	7.7	9	0	1	4	16	30
		东北	8.1	6	0	0	3	9	20
		西南	5.2	4	0	0	1	6	15
5～<6岁		小计	8.7	4	0	0	1	5	15
	性别	男	8.5	3	0	0	2	5	12
		女	9.1	4	0	0	1	6	15
	城乡	城市	11.6	3	0	0	1	3	10
		农村	6.3	5	0	1	2	8	15
	片区	华北	10.0	5	0	0	1	9	20
		华东	8.9	3	0	0	2	3	9
		华南	11.0	3	0	0	1	3	15
		西北	5.1	5	0	0	2	8	15
		东北	5.7	6	0	2	6	6	20
		西南	6.8	4	0	1	1	8	12
6～<9岁		小计	9.4	6	0	2	4	10	20
	性别	男	9.1	5	0	1	4	6	20
		女	9.8	7	1	2	5	10	20
	城乡	城市	12.9	5	1	1	2	5	20
		农村	8.0	6	0	2	5	10	20
	片区	华北	9.1	7	1	3	5	10	15

分类			手口接触 人数比例/%	手口接触时间*/（min/d）					
				Mean	P5	P25	P50	P75	P95
6～<9 岁	片区	华东	6.3	6	1	2	3	10	20
		华南	9.4	4	0	1	2	5	20
		西北	9.6	4	0	1	3	5	12
		东北	18.1	8	1	2	4	10	30
		西南	9.1	4	0	1	2	5	18
9～<12 岁	小计		12.0	5	1	1	2	6	18
	性别	男	11.5	5	1	1	2	6	15
		女	12.6	4	0	1	2	5	20
	城乡	城市	12.9	5	1	1	3	6	20
		农村	11.6	4	1	1	2	5	15
	片区	华北	14.0	4	1	1	2	5	10
		华东	8.8	5	0	1	2	6	18
		华南	9.9	5	0	1	2	5	20
		西北	9.6	4	0	1	2	5	12
		东北	15.6	5	1	1	2	5	20
		西南	12.2	6	1	1	5	9	20
12～<15 岁	小计		10.5	6	0	1	3	9	20
	性别	男	9.9	5	1	1	3	6	20
		女	11.2	6	0	1	3	9	20
	城乡	城市	12.1	6	0	1	3	10	20
		农村	9.5	5	0	1	2	8	20
	片区	华北	12.9	6	1	1	2	9	20
		华东	15.0	6	1	1	3	10	25
		华南	10.4	5	0	1	2	6	20
		西北	4.0	6	1	1	4	8	20
		东北	13.7	4	0	1	2	6	12
		西南	5.8	6	0	1	5	9	20
15～<18 岁	小计		9.5	6	1	2	4	9	20
	性别	男	10.3	7	1	2	5	9	20
		女	8.6	6	0	1	3	9	20
	城乡	城市	9.1	6	0	1	3	10	25
		农村	9.7	6	1	2	5	9	15
	片区	华北	15.2	5	1	1	2	8	20
		华东	10.5	6	1	1	3	6	25
		华南	10.1	5	0	1	3	5	15
		西北	3.4	6	1	2	4	8	20
		东北	11.9	5	0	1	3	8	20
		西南	8.6	9	2	6	9	10	15

数据来源：中国儿童环境暴露行为模式研究。

* 手口接触时间指具有手口接触行为儿童的手口接触时间。

表 6-2　中国儿童手口接触频次推荐值

分类			手口接触频次[a]/（次/d）					
			Mean	P5	P25	P50	P75	P95
0～<3 月		小计	6	1	2	4	6	20
	性别	男	6	1	2	4	10	20
		女	5	1	2	4	5	10
	城乡	城市	7	1	2	5	10	20
		农村	4	1	2	3	5	10
	片区	华北	7	1	3	4	8	15
		华东	7	1	2	5	10	20
		华南	4	1	2	4	5	10
		西北	4	1	2	4	5	10
		东北	5	2	2	4	5	10
		西南	3	1	1	2	3	7
3～<6 月		小计	7	2	3	5	10	20
	性别	男	7	2	3	5	10	20
		女	6	2	3	5	8	15
	城乡	城市	8	2	3	5	10	20
		农村	5	1	3	4	6	12
	片区	华北	7	1	3	5	10	20
		华东	8	2	3	6	10	20
		华南	5	2	3	4	6	15
		西北	5	1	2	4	6	10
		东北	7	2	3	5	8	20
		西南	4	1	2	3	4	10
6～<9 月		小计	5	1	3	4	7	15
	性别	男	6	1	3	4	8	15
		女	5	1	3	3	6	15
	城乡	城市	6	1	3	5	8	15
		农村	5	1	2	3	6	15
	片区	华北	6	1	3	5	8	12
		华东	6	1	3	4	10	20
		华南	5	2	3	3	5	12
		西北	4	1	2	3	5	10
		东北	6	2	3	5	8	20
		西南	4	1	2	3	5	10
9 月～<1 岁		小计	5	1	2	3	5	15
	性别	男	5	1	2	3	5	13
		女	5	1	2	3	5	15

分类			手口接触频次* /（次/d）					
			Mean	P5	P25	P50	P75	P95
9月~<1岁	城乡	城市	5	1	2	3	6	15
		农村	4	1	2	3	5	13
	片区	华北	5	1	2	3	5	15
		华东	6	1	2	4	6	18
		华南	4	2	3	3	5	10
		西北	4	1	2	3	5	10
		东北	5	1	2	4	6	10
		西南	3	1	2	2	3	6
1~<2岁	小计		4	1	2	3	4	10
	性别	男	4	1	2	3	4	10
		女	3	1	2	3	4	10
	城乡	城市	4	1	2	3	5	10
		农村	4	1	2	3	4	10
	片区	华北	4	1	2	3	5	10
		华东	4	1	2	3	4	10
		华南	4	1	2	3	5	10
		西北	3	1	2	2	4	8
		东北	4	1	2	3	5	10
		西南	3	1	2	2	4	10
2~<3岁	小计		3	1	2	2	4	10
	性别	男	3	1	2	3	4	10
		女	3	1	2	2	5	10
	城乡	城市	3	1	2	2	5	10
		农村	3	1	2	3	4	10
	片区	华北	3	1	2	3	3	8
		华东	3	1	1	2	5	10
		华南	4	1	2	3	5	10
		西北	3	1	1	2	4	6
		东北	3	1	2	2	3	10
		西南	3	1	1	2	3	8
3~<4岁	小计		3	1	1	2	4	10
	性别	男	3	1	1	2	4	8
		女	3	1	1	2	4	10
	城乡	城市	3	1	1	2	4	10
		农村	3	1	1	2	4	10
	片区	华北	3	1	1	2	4	8
		华东	4	1	2	2	5	10

分类			手口接触频次*/（次/d）					
			Mean	P5	P25	P50	P75	P95
3～<4 岁	片区	华南	3	1	1	2	5	10
		西北	3	1	1	2	3	10
		东北	3	1	1	2	3	10
		西南	3	1	1	2	3	10
4～<5 岁	小计		3	1	1	2	4	10
	性别	男	4	1	2	2	5	10
		女	3	1	1	2	3	7
	城乡	城市	3	1	1	2	3	10
		农村	3	1	1	3	4	10
	片区	华北	3	1	2	3	4	10
		华东	3	1	1	2	3	8
		华南	3	1	1	2	4	10
		西北	4	1	2	3	5	10
		东北	3	1	2	3	3	8
		西南	3	1	1	2	3	10
5～<6 岁	小计		3	1	1	2	4	10
	性别	男	3	1	1	2	4	10
		女	3	1	1	2	3	8
	城乡	城市	3	1	1	2	5	10
		农村	3	1	1	2	3	5
	片区	华北	3	1	2	3	4	10
		华东	3	1	1	2	3	10
		华南	3	1	1	2	3	9
		西北	3	1	2	2	4	6
		东北	3	1	2	3	3	10
		西南	3	1	1	2	4	5
6～<9 岁	小计		3	1	1	2	3	9
	性别	男	3	1	1	2	3	10
		女	3	1	1	2	3	7
	城乡	城市	3	1	1	2	3	10
		农村	2	1	1	2	3	7
	片区	华北	2	1	1	2	2	7
		华东	3	1	1	2	4	10
		华南	3	1	1	2	3	10
		西北	3	1	1	2	4	6
		东北	2	1	1	2	3	5
		西南	3	1	1	2	3	10

分类		手口接触频次*/（次/d）					
		Mean	P5	P25	P50	P75	P95
9～<12岁	小计	3	1	1	2	3	10
	性别 男	3	1	1	2	3	10
	性别 女	3	1	1	2	3	9
	城乡 城市	4	1	1	2	4	10
	城乡 农村	3	1	1	2	3	10
	片区 华北	3	1	1	2	3	10
	片区 华东	4	1	1	1	3	10
	片区 华南	3	1	1	1	3	10
	片区 西北	2	1	1	1	2	8
	片区 东北	3	1	1	1	3	10
	片区 西南	3	1	1	2	4	10
12～<15岁	小计	3	1	1	2	3	10
	性别 男	4	1	1	2	4	10
	性别 女	3	1	1	2	3	10
	城乡 城市	4	1	1	2	5	10
	城乡 农村	3	1	1	2	3	10
	片区 华北	3	1	1	2	3	10
	片区 华东	4	1	1	2	5	10
	片区 华南	3	1	1	2	3	10
	片区 西北	5	1	1	3	5	22
	片区 东北	4	1	1	2	3	10
	片区 西南	2	1	1	2	3	5
15～<18岁	小计	4	1	1	2	3	10
	性别 男	4	1	1	3	3	10
	性别 女	3	1	1	2	3	10
	城乡 城市	4	1	1	2	5	10
	城乡 农村	3	1	1	3	3	10
	片区 华北	4	1	1	2	3	10
	片区 华东	5	1	1	2	5	10
	片区 华南	4	1	1	2	5	12
	片区 西北	3	1	1	2	3	10
	片区 东北	4	1	1	3	5	10
	片区 西南	3	1	3	3	3	5

数据来源：中国儿童环境暴露行为模式研究。

*手口接触频次指具有手口接触行为儿童的手口接触频次。

表 6-3　中国儿童物口接触时间推荐值

分类			物口接触人数比例/%	物口接触时间*/（min/d）					
				Mean	P5	P25	P50	P75	P95
0～<3 月	小计		13.1	4	0	1	2	6	15
	性别	男	14.2	4	0	1	1	4	15
		女	11.8	5	0	1	2	6	15
	城乡	城市	19.7	4	0	1	2	6	10
		农村	8.3	4	0	1	2	6	18
	片区	华北	12.1	5	0	1	4	8	12
		华东	16.5	4	0	1	1	3	25
		华南	10.3	3	0	0	2	4	10
		西北	7.8	6	0	0	1	10	18
		东北	13.5	2	0	0	0	3	6
		西南	13.3	4	1	1	2	6	25
3～<6 月	小计		33.2	5	0	1	2	6	20
	性别	男	31.9	6	0	1	2	9	24
		女	34.7	4	0	1	2	5	20
	城乡	城市	42.0	5	0	1	2	5	20
		农村	24.9	6	0	1	2	9	24
	片区	华北	33.8	8	0	1	3	10	30
		华东	41.2	5	0	1	2	5	18
		华南	25.7	4	0	1	1	5	20
		西北	21.8	6	0	1	4	9	20
		东北	41.4	7	0	0	2	15	30
		西南	29.1	5	0	1	2	9	25
6～<9 月	小计		46.9	6	0	1	3	10	25
	性别	男	48.3	7	0	1	3	10	25
		女	45.1	6	0	1	3	9	20
	城乡	城市	59.7	6	0	1	3	10	24
		农村	35.7	6	0	1	2	8	25
	片区	华北	52.3	8	0	1	4	10	27
		华东	59.7	7	0	1	3	10	24
		华南	42.7	4	0	1	1	6	20
		西北	32.2	7	0	1	2	10	30
		东北	44.2	8	0	1	3	10	30
		西南	26.3	4	0	0	2	5	20
9 月～<1 岁	小计		39.0	5	0	1	2	6	20
	性别	男	36.7	4	0	1	2	6	20
		女	41.6	5	0	1	2	6	20

分类			物口接触人数比例/%	物口接触时间*/（min/d）					
				Mean	P5	P25	P50	P75	P95
9月~<1岁	城乡	城市	55.0	5	0	1	2	6	20
		农村	27.7	4	0	1	2	6	15
	片区	华北	42.0	5	0	1	3	6	20
		华东	51.9	5	0	1	2	6	20
		华南	31.6	4	0	1	2	5	18
		西北	31.0	4	0	0	2	6	15
		东北	38.8	7	0	0	3	10	25
		西南	22.2	4	0	1	2	6	15
1~<2岁	小计		25.0	5	0	1	2	6	20
	性别	男	25.9	6	0	1	3	8	20
		女	24.0	3	0	1	2	4	12
	城乡	城市	33.9	5	0	1	2	6	20
		农村	17.7	4	0	1	2	6	16
	片区	华北	27.9	5	0	1	2	7	20
		华东	26.9	4	0	1	2	5	20
		华南	26.5	4	0	1	2	5	20
		西北	17.8	5	0	0	2	6	20
		东北	21.1	7	0	1	4	10	20
		西南	19.7	4	0	1	2	6	15
2~<3岁	小计		12.3	4	0	0	2	5	15
	性别	男	13.8	4	0	1	2	6	15
		女	10.6	4	0	0	2	5	15
	城乡	城市	15.3	4	0	0	2	5	15
		农村	9.9	4	0	1	2	5	15
	片区	华北	13.0	4	0	0	2	6	15
		华东	13.2	4	0	1	2	5	15
		华南	13.3	4	0	1	3	5	15
		西北	10.0	5	0	0	3	6	20
		东北	7.8	6	0	0	2	9	20
		西南	11.4	3	0	0	1	3	10
3~<4岁	小计		8.3	3	0	0	1	4	10
	性别	男	8.5	3	0	0	1	4	15
		女	8.1	3	0	0	1	4	10
	城乡	城市	11.3	3	0	0	1	4	10
		农村	5.8	3	0	1	1	4	15
	片区	华北	9.2	3	0	0	1	5	10
		华东	8.2	3	0	1	2	4	10

分类			物口接触人数比例/%	物口接触时间*/（min/d）					
				Mean	P5	P25	P50	P75	P95
3～<4 岁	片区	华南	8.9	2	0	0	1	4	9
		西北	8.6	3	0	0	2	4	15
		东北	4.3	5	0	2	4	6	10
		西南	7.8	3	0	1	1	3	16
4～<5 岁	小计		6.2	3	0	0	1	4	10
	性别	男	6.9	3	0	0	1	4	12
		女	5.5	3	0	1	2	4	10
	城乡	城市	7.3	2	0	0	1	2	10
		农村	5.4	4	0	0	3	5	12
	片区	华北	9.0	4	0	0	4	6	12
		华东	5.4	2	0	1	1	3	4
		华南	7.6	3	0	1	2	4	10
		西北	5.8	5	0	0	3	6	20
		东北	4.7	2	0	0	1	2	6
		西南	3.4	1	0	0	0	1	6
5～<6 岁	小计		4.6	4	0	1	2	6	18
	性别	男	5.4	4	0	1	2	5	20
		女	3.5	4	0	1	2	6	15
	城乡	城市	5.0	4	0	0	2	5	15
		农村	4.2	4	0	1	2	6	20
	片区	华北	6.0	5	0	0	2	10	20
		华东	4.5	4	0	1	2	5	15
		华南	4.5	4	0	1	2	6	20
		西北	4.2	4	0	1	3	6	10
		东北	2.9	3	0	2	2	4	6
		西南	4.0	2	0	1	1	4	8
6～<9 岁	小计		6.9	6	0	2	4	9	15
	性别	男	7.8	5	0	2	4	6	15
		女	5.9	7	0	2	4	10	20
	城乡	城市	7.5	5	0	1	3	5	20
		农村	6.6	6	0	2	5	10	15
	片区	华北	7.1	6	1	3	5	10	15
		华东	3.2	4	1	1	3	5	12
		华南	6.5	5	1	1	2	6	20
		西北	7.5	4	0	1	3	5	15
		东北	13.6	6	0	2	4	10	20
		西南	7.4	4	0	1	3	6	10

分类			物口接触人数比例/%	物口接触时间*/（min/d）					
				Mean	P5	P25	P50	P75	P95
9～<12 岁	小计		6.9	4	0	1	2	5	15
	性别	男	7.4	5	0	1	2	6	20
		女	6.3	3	0	1	2	5	12
	城乡	城市	6.8	5	0	1	2	6	20
		农村	6.9	4	0	1	2	5	12
	片区	华北	8.8	3	0	1	2	4	10
		华东	4.3	4	1	1	2	4	15
		华南	5.1	4	1	1	2	5	20
		西北	10.9	4	0	1	2	5	10
		东北	7.0	6	0	1	5	10	20
		西南	7.1	5	0	1	2	7	20
12～<15 岁	小计		6.3	5	0	1	3	6	18
	性别	男	6.1	5	0	1	3	6	20
		女	6.5	4	0	1	2	6	15
	城乡	城市	6.1	5	0	1	2	5	18
		农村	6.4	5	0	1	3	6	15
	片区	华北	7.7	5	0	1	3	9	15
		华东	6.2	5	1	1	2	6	18
		华南	7.2	5	0	1	2	7	20
		西北	3.6	9	1	2	4	15	30
		东北	7.9	4	0	1	3	5	15
		西南	4.6	4	0	1	2	6	15
15～<18 岁	小计		7.3	4	0	1	3	5	15
	性别	男	7.9	5	1	1	5	5	15
		女	6.6	4	0	1	2	5	12
	城乡	城市	5.8	4	0	1	2	5	15
		农村	8.1	4	1	1	5	5	15
	片区	华北	10.9	5	1	1	2	6	16
		华东	6.6	5	0	1	2	6	15
		华南	4.3	4	0	1	2	5	20
		西北	2.9	5	1	1	2	9	20
		东北	10.8	4	0	1	1	3	20
		西南	9.7	4	1	3	5	5	6

数据来源：中国儿童环境暴露行为模式研究。

* 物口接触时间指具有物口接触行为儿童的物口接触时间。

表 6-4 中国儿童物口接触频次推荐值

分类			物口接触频次[a]/（次/d）					
			Mean	P5	P25	P50	P75	P95
0～<3 月	小计		4	1	2	4	5	10
	性别	男	5	1	2	4	5	10
		女	4	1	2	3	5	10
	城乡	城市	5	2	3	4	6	10
		农村	3	1	1	2	4	10
	片区	华北	4	1	2	3	5	10
		华东	5	2	3	4	5	10
		华南	5	1	3	4	6	10
		西北	4	1	2	4	5	10
		东北	5	2	3	3	6	15
		西南	3	1	1	2	3	5
3～<6 月	小计		5	1	2	3	6	10
	性别	男	5	1	2	4	7	10
		女	5	1	2	3	6	10
	城乡	城市	5	1	3	5	8	10
		农村	4	1	2	3	5	10
	片区	华北	5	1	2	4	7	15
		华东	6	1	3	5	9	10
		华南	4	2	2	3	5	10
		西北	4	1	2	3	5	12
		东北	6	2	3	3	8	15
		西南	3	1	1	3	4	7
6～<9 月	小计		5	1	2	4	6	10
	性别	男	5	1	2	4	7	12
		女	5	1	3	4	6	10
	城乡	城市	6	1	3	5	8	12
		农村	4	1	2	3	5	10
	片区	华北	6	1	3	5	8	15
		华东	5	1	3	5	6	10
		华南	5	2	3	3	6	10
		西北	4	1	2	3	5	10
		东北	5	1	2	4	8	10
		西南	4	1	2	3	5	10
9 月～<1 岁	小计		5	1	2	3	5	15
	性别	男	5	1	2	3	5	10
		女	5	1	2	3	5	20

分类			物口接触频次[a]/（次/d）					
			Mean	P5	P25	P50	P75	P95
9月~<1岁	城乡	城市	5	1	2	3	6	20
		农村	4	1	2	3	5	10
	片区	华北	5	1	2	3	6	20
		华东	5	1	2	3	6	20
		华南	4	2	2	3	5	10
		西北	4	1	2	3	5	10
		东北	5	1	2	3	5	20
		西南	3	1	1	2	3	10
1~<2岁	小计		3	1	2	2	4	10
	性别	男	3	1	2	2	4	10
		女	3	1	2	2	4	10
	城乡	城市	4	1	2	3	4	10
		农村	3	1	2	2	4	10
	片区	华北	3	1	2	2	5	10
		华东	3	1	2	2	3	10
		华南	3	1	2	3	4	10
		西北	3	1	2	3	4	8
		东北	4	1	2	3	3	10
		西南	3	1	1	2	4	10
2~<3岁	小计		3	1	1	2	3	6
	性别	男	3	1	2	2	3	6
		女	3	1	1	2	3	8
	城乡	城市	3	1	1	2	3	7
		农村	3	1	1	2	3	6
	片区	华北	2	1	1	2	3	5
		华东	3	1	1	2	3	6
		华南	4	1	2	2	3	10
		西北	3	1	2	2	4	6
		东北	3	1	2	2	3	10
		西南	3	1	1	2	3	6
3~<4岁	小计		3	1	1	2	3	8
	性别	男	3	1	1	2	3	8
		女	3	1	1	2	3	8
	城乡	城市	3	1	1	2	3	6
		农村	3	1	1	2	3	8
	片区	华北	3	1	1	2	3	8
		华东	3	1	1	2	3	7

分类			物口接触频次[*]/（次/d）					
			Mean	P5	P25	P50	P75	P95
3～<4 岁	片区	华南	3	1	1	2	4	8
		西北	3	1	1	2	3	11
		东北	3	1	1	2	3	8
		西南	3	1	1	2	3	8
4～<5 岁	小计		3	1	1	2	3	6
	性别	男	3	1	1	2	3	6
		女	2	1	1	2	3	5
	城乡	城市	3	1	1	2	3	8
		农村	2	1	1	2	3	5
	片区	华北	3	1	2	2	4	7
		华东	2	1	1	2	3	5
		华南	2	1	1	2	3	4
		西北	3	1	1	2	3	6
		东北	3	1	1	2	4	10
		西南	3	1	1	1	2	4
5～<6 岁	小计		2	1	1	2	3	6
	性别	男	2	1	1	2	3	5
		女	3	1	1	2	3	7
	城乡	城市	3	1	1	2	3	5
		农村	2	1	1	2	3	6
	片区	华北	3	1	2	2	4	6
		华东	2	1	1	2	3	5
		华南	3	1	2	2	4	5
		西北	2	1	1	2	3	5
		东北	2	1	1	2	2	5
		西南	2	1	1	1	2	5
6～<9 岁	小计		3	1	1	2	3	10
	性别	男	3	1	1	2	3	10
		女	3	1	1	2	3	5
	城乡	城市	3	1	1	2	3	6
		农村	3	1	1	2	3	10
	片区	华北	3	1	1	2	3	12
		华东	3	1	1	1	3	6
		华南	4	1	1	2	3	10
		西北	2	1	1	2	3	5
		东北	2	1	1	2	2	4
		西南	3	1	1	2	3	6

分类			物口接触频次*/（次/d）					
			Mean	P5	P25	P50	P75	P95
9～<12岁	小计		3	1	1	1	2	10
	性别	男	3	1	1	1	2	10
		女	2	1	1	1	2	6
	城乡	城市	4	1	1	2	3	11
		农村	2	1	1	1	2	5
	片区	华北	2	1	1	1	2	3
		华东	6	1	1	2	3	20
		华南	3	1	1	1	2	10
		西北	2	1	1	1	2	4
		东北	2	1	1	1	3	10
		西南	3	1	1	1	3	10
12～<15岁	小计		3	1	1	1	3	10
	性别	男	4	1	1	1	3	10
		女	3	1	1	2	3	10
	城乡	城市	4	1	1	1	4	10
		农村	3	1	1	1	3	10
	片区	华北	3	1	1	1	3	10
		华东	6	1	1	2	5	15
		华南	3	1	1	1	3	10
		西北	3	1	1	2	5	10
		东北	3	1	1	1	5	10
		西南	2	1	1	1	2	3
15～<18岁	小计		2	1	1	1	2	10
	性别	男	3	1	1	1	3	10
		女	2	1	1	1	2	5
	城乡	城市	3	1	1	1	3	10
		农村	2	1	1	1	2	8
	片区	华北	3	1	1	2	4	10
		华东	3	1	1	1	3	10
		华南	2	1	1	1	3	10
		西北	3	1	1	2	3	7
		东北	2	1	1	1	3	6
		西南	1	1	1	1	1	2

数据来源：中国儿童环境暴露行为模式研究。

* 物口接触频次指具有物口接触行为儿童的物口接触频次。

表 6-5　中国儿童分省的手口接触时间推荐值

省（区、市）	手口接触时间*/（min/d）												
	0~<3月	3~<6月	6~<9月	9月~<1岁	1~<2岁	2~<3岁	3~<4岁	4~<5岁	5~<6岁	6~<9岁	9~<12岁	12~<15岁	15~<18岁
合计	6	10	8	5	5	5	5	5	4	6	5	6	6
北京	7	14	13	5	4	3	6	2	4	5	6	9	5
天津	6	25	9	5	7	5	6	5	3	3	3	7	6
河北	6	15	11	6	4	6	6	4	6	8	5	6	2
山西	3	9	11	6	10	6	4	10	5	—	3	7	5
内蒙古	6	8	8	5	3	5	6	2	4	—	—	5	7
辽宁	5	10	7	6	8	9	3	5	8	7	5	6	4
吉林	6	14	9	6	8	4	5	6	5	9	4	3	4
黑龙江	3	5	6	5	6	8	9	6	4	7	3	4	6
上海	6	11	11	6	5	7	14	4	4	6	6	6	8
江苏	8	8	10	4	3	5	9	3	2	6	5	5	5
浙江	5	12	8	4	4	5	4	3	2	3	2	7	5
安徽	5	10	6	3	6	5	7	6	2	6	4	6	6
福建	5	12	14	15	8	4	5	5	2	3	4	4	3
江西	5	15	5	3	6	5	3	2	3	11	5	8	2
山东	5	10	4	2	4	1	5	3	5	9	6	5	5
河南	9	11	9	6	7	8	5	8	6	7	4	5	5
湖北	4	5	4	5	5	4	4	5	8	6	5	5	3
湖南	3	10	7	5	5	7	7	4	4	5	3	6	4
广东	3	5	5	3	3	4	3	3	1	4	6	4	4
广西	4	5	3	2	4	4	4	3	4	5	4	6	6
海南	7	12	11	4	8	4	3	5	3	1	6	5	8
重庆	4	4	6	4	3	4	4	3	3	3	6	1	9
四川	5	8	4	2	4	4	4	4	4	10	8	8	9
贵州	9	8	6	7	8	5	7	3	8	4	6	2	7
云南	1	4	2	3	4	1	3	4	1	4	6	9	7
陕西	5	8	7	4	5	4	6	9	6	4	4	5	5
甘肃	7	11	8	7	8	7	6	12	4	4	5	4	6
青海	8	6	6	5	9	13	9	11	4	3	3	3	6
宁夏	5	12	5	5	7	4	2	4	4	4	4	4	8
新疆	4	3	4	3	4	9	20	6	2	6	3	16	4

数据来源：中国儿童环境暴露行为模式研究。

* 手口接触时间指具有手口接触行为儿童的手口接触时间。

表 6-6　中国儿童分省的手口接触频次推荐值

省（区、市）	手口接触频次*/（次/d）												
	0~<3月	3~<6月	6~<9月	9月~<1岁	1~<2岁	2~<3岁	3~<4岁	4~<5岁	5~<6岁	6~<9岁	9~<12岁	12~<15岁	15~<18岁
合计	6	7	5	5	4	3	3	3	3	3	3	3	4
北京	7	7	9	4	4	4	3	4	3	4	4	7	6
天津	11	10	8	7	4	3	4	4	5	2	2	3	4
河北	7	8	8	10	5	4	3	5	4	4	4	5	3
山西	2	3	3	3	3	3	3	3	2	—	3	4	4
内蒙古	5	6	5	4	2	2	2	3	3	—	—	4	6
辽宁	5	5	5	5	4	3	2	2	3	3	3	5	3
吉林	5	7	6	5	4	5	3	4	3	2	2	2	4
黑龙江	4	9	8	5	4	4	5	4	3	3	3	4	5
上海	3	4	5	5	2	2	2	2	3	3	11	6	8
江苏	11	10	10	5	3	4	4	3	5	3	3	4	5
浙江	5	9	5	4	4	4	3	3	2	3	3	7	6
安徽	4	6	5	4	3	4	3	3	3	4	2	4	4
福建	4	9	10	11	5	3	3	7	3	3	2	2	2
江西	4	5	4	3	4	4	2	2	3	7	5	6	2
山东	9	9	7	6	5	3	5	3	4	3	4	3	4
河南	4	5	5	3	3	3	3	3	3	3	3	3	3
湖北	4	5	4	5	3	4	4	4	4	2	2	3	4
湖南	5	5	5	4	4	6	5	3	3	3	2	4	5
广东	6	5	6	5	4	5	4	3	3	6	4	2	2
广西	4	5	4	3	4	2	3	3	2	2	2	3	4
海南	4	7	5	4	5	3	2	4	3	3	4	3	3
重庆	2	3	3	3	3	3	3	3	3	3	3	1	4
四川	2	4	4	2	2	3	3	3	2	3	3	3	3
贵州	4	3	3	3	3	3	3	2	6	3	4	2	3
云南	7	6	8	5	5	5	8	4	4	4	3	3	6
陕西	4	4	4	3	3	3	3	5	3	2	2	5	4
甘肃	5	5	5	5	3	3	3	3	3	3	4	3	2
青海	2	4	5	3	3	3	3	4	4	3	5	2	3
宁夏	5	7	5	3	2	2	2	2	2	2	3	2	4
新疆	3	3	3	3	3	2	3	2	3	1	1	4	2

数据来源：中国儿童环境暴露行为模式研究。

* 手口接触频次指具有手口接触行为儿童的手口接触频次。

表 6-7　中国儿童分省的物口接触时间推荐值

省（区、市）	物口接触时间*/（min/d）												
	0~ <3月	3~ <6月	6~ <9月	9月 ~<1岁	1~ <2岁	2~ <3岁	3~ <4岁	4~ <5岁	5~ <6岁	6~ <9岁	9~ <12岁	12~ <15岁	15~ <18岁
合计	4	5	6	5	5	4	3	3	4	6	4	5	4
北京	4	7	8	7	3	2	2	2	6	7	4	5	
天津	6	13	7	4	4	2	2	2	4	5	6	4	4
河北	6	6	10	9	4	2	3	2	3	7	4	4	3
山西	6	6	8	5	7	2	2	6	1	2	4	5	4
内蒙古	0	5	6	4	3	5	3	2	11	3	3	3	8
辽宁	2	9	8	6	7	8	6	1	2	6	6	5	1
吉林	2	8	9	7	7	3	5	2	4	7	7	3	9
黑龙江	1	5	5	5	5	5	2	4	0	3	3	5	5
上海	7	6	8	6	4	6	3	2	1	6	3	4	3
江苏	3	3	7	5	3	2	4	1	3	5	5	5	5
浙江	7	5	5	3	3	2	2	1	2	1	2	7	6
安徽	3	6	6	3	5	5	3	3	4	3	3	6	6
福建	3	5	5	3	4	5	2	0	2	2	4	2	1
江西	2	9	7	7	3	2	5	4	3	4	3	3	2
山东	5	6	7	2	4	7	4	1	5	5	8	3	3
河南	5	3	7	5	6	5	3	5	6	7	3	5	5
湖北	3	5	5	5	4	5	3	2	5	5	4	4	6
湖南	6	4	5	3	4	6	5	3	4	5	3	6	2
广东	2	4	4	4	2	2	1	2	1	5	4	7	4
广西	3	3	3	3	4	6	2	5	5	6	4	5	3
海南	4	5	6	5	5	4	2	3	8	2	5	3	1
重庆	1	4	4	2	2	3	2	2	4	6	5	1	3
四川	4	4	6	3	3	2	1	1	1	6	5	7	4
贵州	9	7	5	6	7	4	8	2	7	2	15	1	1
云南	1	3	1	2	2	1	2	2	1	5	4	3	4
陕西	5	4	6	6	4	5	3	3	4	4	3	10	4
甘肃	8	8	6	6	8	4	8	4	8	4	7	3	2
青海	0	6	5	2	8	4	3	5	4	5	4	3	7
宁夏	10	8	8	4	5	3	2	2	3	2	4	9	4
新疆	—	1	1	—	2	—	13	—	6	5	3	11	7

数据来源：中国儿童环境暴露行为模式研究。

* 物口接触时间指具有物口接触行为儿童的物口接触时间。

表 6-8　中国儿童分省的物口接触频次推荐值

省(区、市)	物口接触频次[*]/（次/d）												
	0~<3月	3~<6月	6~<9月	9月~<1岁	1~<2岁	2~<3岁	3~<4岁	4~<5岁	5~<6岁	6~<9岁	9~<12岁	12~<15岁	15~<18岁
合计	4	5	5	5	3	3	3	3	2	3	3	3	2
北京	6	5	7	5	4	5	3	3	2	3	3	5	2
天津	5	6	7	6	4	3	2	3	3	2	3	5	3
河北	7	8	7	9	4	3	4	5	3	2	2	5	2
山西	2	3	3	2	2	2	4	3	1	2	3	2	3
内蒙古	6	5	5	4	3	2	3	2	4	3	3	2	6
辽宁	9	5	5	4	3	3	2	5	2	2	3	3	2
吉林	3	5	5	4	4	2	3	2	2	2	2	2	3
黑龙江	6	7	6	7	4	4	5	4	5	3	3	4	3
上海	5	5	6	3	2	2	3	2	1	7	16	12	4
江苏	5	6	5	6	3	2	3	2	1	2	3	5	3
浙江	4	7	4	3	3	3	2	2	2	3	2	10	4
安徽	4	5	6	4	3	2	3	2	2	3	2	3	3
福建	3	6	5	6	4	2	4	2	3	1	4	2	1
江西	4	5	4	3	4	3	3	2	2	4	16	14	1
山东	8	7	8	6	5	4	4	3	3	2	6	4	8
河南	3	4	5	4	3	2	3	2	3	4	2	3	3
湖北	7	4	4	4	3	2	3	3	3	3	3	2	3
湖南	6	5	6	4	1	4	5	4	2	3	2	3	2
广东	6	5	6	4	4	5	3	2	3	7	4	2	2
广西	6	3	4	3	3	4	4	3	2	3	2	3	2
海南	4	5	6	4	3	3	3	3	2	3	4	2	1
重庆	1	2	2	3	3	2	2	1	2	2	2	1	4
四川	3	3	5	2	3	2	1	3	1	3	3	2	1
贵州	4	3	3	3	3	3	3	2	3	2	6	1	1
云南	3	7	8	4	5	5	6	7	2	3	3	2	4
陕西	4	4	4	4	3	3	3	3	3	2	1	4	3
甘肃	5	4	5	4	4	4	3	3	2	3	3	2	3
青海	4	3	4	4	3	3	3	2	5	3	2	2	4
宁夏	4	5	6	4	2	2	3	2	2	1	2	3	3
新疆	—	2	2	3	2	—	4	1	2	1	1	3	3

数据来源：中国儿童环境暴露行为模式研究。

* 物口接触频次指具有物口接触行为儿童的物口接触频次。

7 与空气暴露相关的时间活动模式参数

7.1 参数说明

与空气暴露相关的时间活动模式参数（Time-Activity Factors Related to Air Exposure）包括室内外活动时间、交通出行时间等。儿童与空气暴露相关的时间活动模式参数主要因儿童年龄、性别、个人兴趣爱好、习惯和季节的不同而不同。

时间活动数据一般是通过问卷调查和日志记录的方法获取，还可以通过使用全球定位系统跟踪儿童的位置信息获取。

室内活动时间指在家中、学校、娱乐场所等封闭室内空间停留的时间。

室外活动时间指除在封闭交通工具（如小轿车、公交车等）和封闭室内空间（如家中、托幼机构、娱乐场所等）之外的停留时间。

交通出行时间指每天采用各种交通出行方式，主要包括步行、自行车/电动自行车、摩托车、小轿车、公交车、地铁/火车等的累计时间。

时间活动模式参数在健康风险评价中具有非常重要的作用，直接影响它们对环境污染物的暴露频次、暴露时间及暴露程度，空气中污染物暴露剂量的计算方法见公式（7-1）。

$$\text{ADD} = \frac{C \times \text{IR} \times \text{ET} \times \text{EF} \times \text{ED}}{\text{BW} \times \text{AT}} \tag{7-1}$$

式中：ADD —— 呼吸暴露空气污染物的日均暴露量，mg/（kg·d）；

     C —— 空气中污染物的浓度，mg/m^3；

     IR —— 呼吸量，m^3/d；

     ET —— 暴露时间，h/d；

EF —— 暴露频率，d/a；

ED —— 暴露持续时间，a；

BW —— 体重，kg；

AT —— 平均暴露时间，h。

7.2　资料与数据来源

关于我国儿童与空气暴露相关的时间活动模式参数调查主要有：中国儿童环境暴露行为模式研究，以及针对局部地区儿童开展的户外活动时间调查（马冠生，2006；翟凤英，2007；曾艳，2009；孟聪申，2012）。《概要》的数据主要来源于中国儿童环境暴露行为模式研究，我国儿童的室内、室外活动时间和总交通出行时间推荐值见表 7-1～表 7-6。

7.3　参数推荐值

表 7-1　中国儿童室内活动时间推荐值

分类			室内活动时间/（min/d）					
			Mean	P5	P25	P50	P75	P95
0～<3 月	小计		1 390	1 290	1 350	1 410	1 440	1 440
	性别	男	1 392	1 290	1 350	1 410	1 440	1 440
		女	1 389	1 260	1 360	1 410	1 440	1 440
	城乡	城市	1 399	1 290	1 380	1 410	1 440	1 440
		农村	1 384	1 260	1 340	1 400	1 440	1 440
	片区	华北	1 408	1 320	1 400	1 430	1 440	1 440
		华东	1 394	1 290	1 380	1 410	1 435	1 440
		华南	1 365	1 260	1 320	1 350	1 410	1 440
		西北	1 409	1 320	1 400	1 420	1 440	1 440
		东北	1 438	1 430	1 440	1 440	1 440	1 440
		西南	1 376	1 290	1 350	1 380	1 420	1 440

分类			室内活动时间/（min/d）					
			Mean	P5	P25	P50	P75	P95
3～<6月		小计	1 350	1 200	1 320	1 380	1 410	1 440
	性别	男	1 356	1 200	1 320	1 380	1 410	1 440
		女	1 344	1 190	1 320	1 360	1 410	1 440
	城乡	城市	1 363	1 220	1 320	1 380	1 410	1 440
		农村	1 338	1 190	1 290	1 340	1 410	1 440
	片区	华北	1 381	1 260	1 340	1 410	1 440	1 440
		华东	1 351	1 230	1 320	1 380	1 410	1 440
		华南	1 312	1 140	1 260	1 340	1 380	1 420
		西北	1 361	1 140	1 320	1 380	1 430	1 440
		东北	1 430	1 400	1 430	1 440	1 440	1 440
		西南	1 361	1 240	1 320	1 380	1 410	1 440
6～<9月		小计	1 321	1 140	1 260	1 320	1 390	1 440
	性别	男	1 323	1 140	1 260	1 320	1 400	1 440
		女	1 320	1 080	1 260	1 320	1 390	1 440
	城乡	城市	1 327	1 140	1 290	1 320	1 395	1 440
		农村	1 317	1 140	1 260	1 320	1 390	1 440
	片区	华北	1 333	1 140	1 260	1 360	1 410	1 440
		华东	1 310	1 080	1 260	1 320	1 380	1 420
		华南	1 285	1 080	1 260	1 320	1 320	1 410
		西北	1 335	1 140	1 320	1 380	1 410	1 440
		东北	1 420	1 320	1 410	1 440	1 440	1 440
		西南	1 341	1 200	1 290	1 360	1 410	1 440
9月～<1岁		小计	1 303	1 080	1 260	1 320	1 380	1 430
	性别	男	1 300	1 080	1 260	1 320	1 380	1 440
		女	1 306	1 140	1 260	1 320	1 380	1 420
	城乡	城市	1 320	1 140	1 260	1 320	1 380	1 438
		农村	1 291	1 080	1 260	1 320	1 380	1 430
	片区	华北	1 292	1 080	1 200	1 320	1 380	1 440
		华东	1 310	1 140	1 260	1 320	1 380	1 420
		华南	1 249	1 070	1 200	1 260	1 320	1 390
		西北	1 319	1 140	1 260	1 320	1 380	1 430
		东北	1 416	1 320	1 410	1 430	1 440	1 440
		西南	1 334	1 200	1 290	1 350	1 380	1 430
1～<2岁		小计	1 285	1 080	1 210	1 320	1 360	1 410
	性别	男	1 283	1 080	1 220	1 320	1 360	1 410
		女	1 288	1 120	1 200	1 320	1 370	1 410
	城乡	城市	1 299	1 140	1 260	1 320	1 380	1 410
		农村	1 274	1 080	1 200	1 290	1 350	1 410
	片区	华北	1 261	1 080	1 200	1 260	1 320	1 410

分类			室内活动时间/（min/d）					
			Mean	P5	P25	P50	P75	P95
1～<2 岁	片区	华东	1 288	1 140	1 240	1 320	1 350	1 410
		华南	1 259	1 080	1 200	1 260	1 320	1 410
		西北	1 287	1 140	1 240	1 320	1 360	1 410
		东北	1 377	1 260	1 380	1 410	1 420	1 430
		西南	1 320	1 190	1 260	1 320	1 380	1 410
2～<3 岁		小计	1 279	1 080	1 200	1 300	1 350	1 410
	性别	男	1 280	1 080	1 200	1 305	1 350	1 410
		女	1 277	1 080	1 200	1 300	1 350	1 410
	城乡	城市	1 292	1 120	1 250	1 320	1 360	1 410
		农村	1 268	1 080	1 200	1 260	1 350	1 410
	片区	华北	1 275	1 080	1 200	1 300	1 350	1 410
		华东	1 283	1 080	1 240	1 305	1 350	1 410
		华南	1 249	1 110	1 170	1 260	1 320	1 400
		西北	1 259	1 080	1 200	1 260	1 320	1 410
		东北	1 370	1 200	1 340	1 395	1 410	1 430
		西南	1 291	1 080	1 260	1 320	1 360	1 410
3～<4 岁		小计	1 275	1 110	1 220	1 290	1 340	1 405
	性别	男	1 274	1 100	1 215	1 290	1 340	1 405
		女	1 275	1 110	1 230	1 290	1 340	1 400
	城乡	城市	1 290	1 140	1 240	1 300	1 350	1 400
		农村	1 261	1 080	1 200	1 260	1 330	1 405
	片区	华北	1 279	1 080	1 200	1 300	1 360	1 407
		华东	1 275	1 140	1 230	1 290	1 330	1 390
		华南	1 252	1 090	1 190	1 260	1 320	1 380
		西北	1 254	1 080	1 200	1 260	1 320	1 400
		东北	1 367	1 200	1 330	1 390	1 420	1 435
		西南	1 281	1 120	1 240	1 300	1 350	1 400
4～<5 岁		小计	1 284	1 116	1 240	1 300	1 350	1 402
	性别	男	1 279	1 110	1 240	1 290	1 340	1 405
		女	1 289	1 120	1 250	1 305	1 355	1 400
	城乡	城市	1 302	1 180	1 260	1 307	1 360	1 400
		农村	1 269	1 080	1 218	1 280	1 340	1 405
	片区	华北	1 274	1 070	1 225	1 290	1 335	1 405
		华东	1 288	1 150	1 250	1 300	1 338	1 390
		华南	1 269	1 080	1 230	1 280	1 334	1 390
		西北	1 254	1 080	1 200	1 260	1 320	1 400
		东北	1 362	1 200	1 337	1 375	1 408	1 430
		西南	1 288	1 080	1 250	1 305	1 360	1 410

分类			室内活动时间/（min/d）					
			Mean	P5	P25	P50	P75	P95
5～<6 岁		小计	1 286	1 120	1 240	1 300	1 350	1 400
	性别	男	1 285	1 120	1 240	1 300	1 350	1 400
		女	1 288	1 120	1 245	1 300	1 350	1 400
	城乡	城市	1 298	1 150	1 250	1 310	1 355	1 395
		农村	1 276	1 090	1 222	1 290	1 350	1 410
	片区	华北	1 279	1 065	1 240	1 295	1 340	1 400
		华东	1 280	1 125	1 244	1 290	1 330	1 380
		华南	1 289	1 120	1 245	1 310	1 350	1 380
		西北	1 250	1 100	1 200	1 260	1 310	1 395
		东北	1 349	1 180	1 310	1 375	1 400	1 430
		西南	1 298	1 125	1 240	1 310	1 360	1 438
6～<9 岁		小计	1 297	1 195	1 263	1 303	1 338	1 376
	性别	男	1 294	1 189	1 259	1 302	1 337	1 376
		女	1 299	1 199	1 269	1 306	1 339	1 376
	城乡	城市	1 310	1 226	1 283	1 314	1 344	1 379
		农村	1 291	1 183	1 255	1 298	1 335	1 375
	片区	华北	1 308	1 232	1 280	1 310	1 344	1 376
		华东	1 265	1 158	1 206	1 259	1 326	1 377
		华南	1 313	1 201	1 293	1 322	1 349	1 381
		西北	1 280	1 181	1 246	1 288	1 318	1 359
		东北	1 297	1 231	1 270	1 297	1 326	1 364
		西南	1 291	1 212	1 259	1 295	1 325	1 372
9～<12 岁		小计	1 298	1 191	1 269	1 305	1 339	1 376
	性别	男	1 296	1 188	1 266	1 301	1 336	1 374
		女	1 301	1 196	1 273	1 308	1 341	1 380
	城乡	城市	1 309	1 221	1 280	1 313	1 345	1 382
		农村	1 293	1 184	1 262	1 301	1 335	1 373
	片区	华北	1 309	1 219	1 283	1 314	1 344	1 373
		华东	1 278	1 161	1 236	1 280	1 330	1 377
		华南	1 308	1 177	1 282	1 320	1 358	1 387
		西北	1 273	1 161	1 229	1 280	1 318	1 366
		东北	1 307	1 254	1 290	1 308	1 325	1 365
		西南	1 287	1 208	1 260	1 285	1 322	1 364
12～<15 岁		小计	1 300	1 200	1 270	1 307	1 340	1 381
	性别	男	1 295	1 191	1 264	1 300	1 334	1 380
		女	1 306	1 206	1 277	1 314	1 346	1 384
	城乡	城市	1 314	1 213	1 287	1 323	1 353	1 386
		农村	1 291	1 191	1 264	1 295	1 328	1 375

分类		室内活动时间/（min/d）					
		Mean	P5	P25	P50	P75	P95
12～ <15岁	片区 华北	1 309	1 221	1 280	1 314	1 344	1 380
	华东	1 309	1 192	1 271	1 323	1 355	1 384
	华南	1 293	1 153	1 258	1 307	1 344	1 389
	西北	1 274	1 166	1 234	1 273	1 317	1 375
	东北	1 319	1 245	1 296	1 321	1 345	1 384
	西南	1 294	1 224	1 275	1 295	1 322	1 363
15～ <18岁	小计	1 302	1 194	1 273	1 310	1 343	1 381
	性别 男	1 296	1 187	1 267	1 306	1 336	1 376
	女	1 308	1 208	1 279	1 315	1 349	1 386
	城乡 城市	1 301	1 190	1 264	1 310	1 348	1 385
	农村	1 302	1 199	1 276	1 310	1 339	1 379
	片区 华北	1 308	1 203	1 275	1 319	1 351	1 390
	华东	1 309	1 199	1 276	1 318	1 355	1 391
	华南	1 298	1 178	1 260	1 310	1 348	1 387
	西北	1 288	1 184	1 249	1 291	1 334	1 373
	东北	1 310	1 230	1 281	1 313	1 344	1 379
	西南	1 301	1 209	1 280	1 311	1 330	1 363

数据来源：中国儿童环境暴露行为模式研究。

表 7-2　中国儿童室外活动时间推荐值

分类		室外活动时间/（min/d）					
		Mean	P5	P25	P50	P75	P95
0～<3月	小计	50	0	0	30	90	150
	性别 男	48	0	0	30	90	150
	女	51	0	0	30	80	180
	城乡 城市	41	0	0	30	60	150
	农村	56	0	0	40	100	180
	片区 华北	32	0	0	10	40	120
	华东	46	0	5	30	60	150
	华南	75	0	30	90	120	180
	西北	31	0	0	20	40	120
	东北	2	0	0	0	0	10
	西南	64	0	20	60	90	150
3～<6月	小计	90	0	30	60	120	240
	性别 男	84	0	30	60	120	240
	女	96	0	30	80	120	250
	城乡 城市	77	0	30	60	120	220
	农村	102	0	30	100	150	250
	片区 华北	59	0	0	30	100	180
	华东	89	0	30	60	120	210

分类		室外活动时间/（min/d）					
		Mean	P5	P25	P50	P75	P95
3～<6月	片区 华南	128	20	60	100	180	300
	西北	79	0	10	60	120	300
	东北	10	0	0	0	10	40
	西南	79	0	30	60	120	200
6～<9月	小计	119	0	50	120	180	300
	性别 男	117	0	40	120	180	300
	女	120	0	50	120	180	360
	城乡 城市	113	0	45	120	150	300
	农村	123	0	50	120	180	300
	华北	107	0	30	80	180	300
	华东	130	20	60	120	180	360
	片区 华南	155	30	120	120	180	360
	西北	105	0	30	60	120	300
	东北	20	0	0	0	30	120
	西南	99	0	30	80	150	240
9月～<1岁	小计	137	10	60	120	180	360
	性别 男	140	0	60	120	180	360
	女	134	20	60	120	180	300
	城乡 城市	120	2	60	120	180	300
	农村	149	10	60	120	180	360
	华北	148	0	60	120	240	360
	华东	130	20	60	120	180	300
	片区 华南	191	50	120	180	240	370
	西北	121	10	60	120	180	300
	东北	24	0	0	10	30	120
	西南	106	10	60	90	150	240
1～<2岁	小计	155	30	80	120	230	360
	性别 男	157	30	80	120	220	360
	女	152	30	70	120	240	320
	城乡 城市	141	30	60	120	180	300
	农村	166	30	90	150	240	360
	华北	179	30	120	180	240	360
	华东	152	30	90	120	200	300
	片区 华南	181	30	120	180	240	360
	西北	153	30	80	120	200	300
	东北	63	10	20	30	60	180
	西南	120	30	60	120	180	250
2～<3岁	小计	157	30	80	120	240	360
	性别 男	156	30	80	120	240	360
	女	157	30	80	120	240	360
	城乡 城市	141	30	60	120	180	300
	农村	170	30	90	160	240	360

分类			室外活动时间/（min/d）					
			Mean	P5	P25	P50	P75	P95
2～<3岁	片区	华北	161	30	80	140	240	360
		华东	150	30	80	120	180	360
		华南	186	30	120	180	240	330
		西北	180	30	120	180	240	360
		东北	69	10	25	40	90	240
		西南	147	30	80	120	180	360
3～<4岁		小计	150	30	80	120	200	300
	性别	男	152	30	80	120	200	300
		女	149	30	80	120	180	300
	城乡	城市	132	30	60	120	180	270
		农村	165	30	100	150	240	360
	片区	华北	148	30	60	120	240	360
		华东	144	30	90	120	180	300
		华南	169	60	120	170	240	300
		西北	178	30	120	180	240	360
		东北	71	10	20	50	120	240
		西南	149	30	80	120	180	300
4～<5岁		小计	138	30	60	120	180	300
	性别	男	143	30	80	120	180	300
		女	132	30	60	120	180	300
	城乡	城市	119	30	60	120	160	240
		农村	153	30	80	120	200	360
	片区	华北	145	30	60	120	180	360
		华东	131	30	90	120	180	240
		华南	150	30	90	120	180	320
		西北	171	30	120	180	240	360
		东北	70	10	30	60	120	240
		西南	138	30	80	120	180	300
5～<6岁		小计	134	30	60	120	180	300
	性别	男	134	30	60	120	180	300
		女	133	30	60	120	180	300
	城乡	城市	121	30	60	120	180	240
		农村	144	20	70	120	180	300
	片区	华北	140	30	60	120	180	360
		华东	138	30	90	120	180	290
		华南	127	50	60	120	180	300
		西北	171	30	120	180	240	300
		东北	82	10	30	60	120	240
		西南	127	2	60	100	180	300
6～<9岁		小计	104	38	68	100	135	183
	性别	男	105	38	68	101	135	188
		女	103	38	68	98	133	177

分类			室外活动时间/（min/d）					
			Mean	P5	P25	P50	P75	P95
6~<9 岁	城乡	城市	89	34	59	82	114	159
		农村	110	39	72	109	143	189
	片区	华北	94	38	67	90	120	152
		华东	124	39	77	139	155	221
		华南	87	35	57	77	111	175
		西北	122	54	85	115	149	222
		东北	105	50	79	108	127	159
		西南	112	39	74	111	138	201
9~<12 岁	小计		106	37	70	101	134	193
	性别	男	108	38	71	103	136	195
		女	104	35	69	99	132	189
	城乡	城市	92	32	60	85	113	165
		农村	113	40	77	109	143	197
	片区	华北	96	41	71	91	117	167
		华东	120	39	74	120	159	199
		华南	97	29	53	81	125	208
		西北	136	49	88	126	176	256
		东北	103	45	88	106	121	147
		西南	116	43	80	115	144	198
12~<15 岁	小计		102	31	61	94	129	192
	性别	男	106	35	66	100	134	197
		女	96	30	58	88	120	184
	城乡	城市	83	28	51	73	104	168
		农村	113	39	75	109	142	197
	片区	华北	89	33	61	89	114	146
		华东	98	30	54	83	134	194
		华南	104	27	52	91	133	240
		西北	132	43	86	133	173	222
		东北	83	31	59	80	103	143
		西南	108	45	81	105	133	177
15~<18 岁	小计		96	30	59	89	120	188
	性别	男	99	33	68	92	120	190
		女	92	28	53	85	120	182
	城乡	城市	89	27	53	83	115	174
		农村	99	33	66	91	123	189
	片区	华北	88	28	53	83	115	170
		华东	88	27	51	80	114	180
		华南	93	25	50	79	120	211
		西北	115	38	76	108	163	197
		东北	88	33	56	88	115	162
		西南	95	41	76	90	114	165

数据来源：中国儿童环境暴露行为模式研究。

表 7-3　中国儿童总交通出行时间推荐值

分类			总交通出行时间/（min/d）					
			Mean	P5	P25	P50	P75	P95
2～<3 岁	小计		22	5	10	20	30	60
	性别	男	20	5	10	20	30	40
		女	23	5	10	20	30	60
	城乡	城市	23	5	10	20	30	60
		农村	20	5	10	20	30	40
	片区	华北	24	5	10	20	30	85
		华东	21	5	10	19	30	60
		华南	25	6	10	20	30	50
		西北	19	5	10	20	20	50
		东北	14	2	8	10	15	30
		西南	20	4	15	20	30	30
3～<4 岁	小计		23	5	10	20	30	60
	性别	男	23	5	10	20	30	50
		女	24	5	10	20	30	60
	城乡	城市	23	5	10	20	30	60
		农村	24	5	10	20	30	60
	片区	华北	20	5	10	20	25	55
		华东	25	5	12	20	30	60
		华南	27	5	15	30	32	55
		西北	25	5	10	20	30	60
		东北	13	3	5	10	15	30
		西南	21	5	10	20	30	60
4～<5 岁	小计		23	5	10	20	30	60
	性别	男	23	5	10	20	30	50
		女	23	5	10	20	30	60
	城乡	城市	22	5	10	20	30	60
		农村	23	5	10	20	30	57
	片区	华北	24	5	10	20	30	60
		华东	23	5	10	20	30	50
		华南	25	5	13	20	30	60
		西北	26	5	10	20	30	60
		东北	16	5	10	10	20	40
		西南	20	5	10	15	30	60
5～<6 岁	小计		23	5	10	20	30	60
	性别	男	24	5	10	20	30	60
		女	23	5	10	20	30	60

分类			总交通出行时间/（min/d）					
			Mean	P5	P25	P50	P75	P95
5～<6岁	城乡	城市	23	5	10	20	30	60
		农村	24	5	10	20	30	60
	片区	华北	24	5	10	20	30	60
		华东	24	5	10	20	30	60
		华南	26	9	10	20	30	60
		西北	25	5	10	20	30	60
		东北	17	5	10	15	20	40
		西南	21	5	10	20	25	60
6～<9岁	小计		41	10	20	40	55	90
	性别	男	42	10	20	40	60	90
		女	39	10	20	35	50	85
	城乡	城市	41	10	20	40	55	90
		农村	41	10	20	40	55	90
	片区	华北	37	10	20	35	50	70
		华东	51	10	30	40	65	120
		华南	39	10	20	30	50	90
		西北	39	10	20	30	60	80
		东北	38	10	20	30	50	80
		西南	40	10	20	30	60	90
9～<12岁	小计		37	10	20	30	50	90
	性别	男	38	10	20	30	50	90
		女	37	10	20	30	45	90
	城乡	城市	40	10	20	30	55	90
		农村	36	10	20	30	45	85
	片区	华北	35	10	20	30	45	70
		华东	47	10	30	40	60	115
		华南	37	10	20	30	50	90
		西北	32	10	20	26	40	70
		东北	31	10	20	30	40	65
		西南	38	10	20	30	50	92
12～<15岁	小计		41	10	20	30	60	90
	性别	男	41	10	20	30	60	90
		女	40	10	20	30	55	95
	城乡	城市	43	10	20	35	60	100
		农村	39	10	20	30	50	80
	片区	华北	42	10	20	40	60	90
		华东	39	10	20	30	50	90
		华南	44	10	20	35	60	110
		西北	36	10	20	30	40	80

分类			总交通出行时间/（min/d）					
			Mean	P5	P25	P50	P75	P95
12～<15岁	片区	东北	39	5	20	30	55	80
		西南	40	10	20	30	50	90
15～<18岁	小计		45	10	30	35	60	100
	性别	男	47	10	30	40	60	120
		女	43	10	25	30	60	100
	城乡	城市	50	10	25	40	60	120
		农村	42	10	30	30	50	95
	片区	华北	44	10	20	35	60	100
		华东	43	10	20	30	60	110
		华南	53	10	30	40	70	125
		西北	41	15	30	30	60	80
		东北	43	10	20	40	60	95
		西南	45	20	30	32	50	100

数据来源：中国儿童环境暴露行为模式研究。

表 7-4　中国儿童分省的室内活动时间推荐值

省（区、市）	室内活动时间/（min/d）												
	0～<3月	3～<6月	6～<9月	9月~<1岁	1～<2岁	2～<3岁	3～<4岁	4～<5岁	5～<6岁	6～<9岁	9～<12岁	12～<15岁	15～<18岁
合计	1 390	1 350	1 321	1 303	1 285	1 279	1 275	1 284	1 286	1 297	1 298	1 300	1 302
北京	1 430	1 394	1 367	1 325	1 346	1 316	1 323	1 327	1 324	1 322	1 309	1 300	1 250
天津	1 429	1 412	1 353	1 333	1 280	1 289	1 313	1 312	1 301	1 338	1 332	1 324	1 318
河北	1 427	1 414	1 353	1 278	1 312	1 292	1 315	1 293	1 318	1 324	1 324	1 330	1 299
山西	1 430	1 408	1 399	1 384	1 346	1 345	1 288	1 276	1 244	1 310	1 309	1 297	1 279
内蒙古	1 439	1 438	1 428	1 424	1 359	1 368	1 330	1 345	1 338	1 349	1 319	1 300	1 336
辽宁	1 437	1 429	1 420	1 415	1 393	1 381	1 380	1 368	1 349	1 304	1 309	1 326	1 315
吉林	1 437	1 418	1 395	1 381	1 303	1 303	1 286	1 291	1 270	1 285	1 301	1 303	1 287
黑龙江	1 439	1 438	1 436	1 437	1 411	1 398	1 410	1 398	1 396	1 340	1 338	1 328	1 323
上海	1 393	1 358	1 313	1 297	1 247	1 171	1 268	1 245	1 267	1 321	1 327	1 332	1 283
江苏	1 394	1 357	1 323	1 337	1 312	1 311	1 296	1 265	1 295	1 291	1 329	1 333	1 332	1 337
浙江	1 395	1 269	1 298	1 286	1 274	1 250	1 250	1 276	1 276	1 309	1 321	1 305	1 292
安徽	1 382	1 324	1 256	1 256	1 254	1 264	1 259	1 269	1 254	1 257	1 258	1 282	1 290
福建	1 406	1 364	1 311	1 305	1 274	1 356	1 318	1 320	1 279	1 332	1 328	1 329	1 309
江西	1 383	1 351	1 341	1 334	1 333	1 314	1 308	1 296	1 296	1 208	1 230	1 272	1 316
山东	1 437	1 410	1 401	1 391	1 348	1 364	1 335	1 343	1 333	1 315	1 314	1 335	1 343
河南	1 386	1 337	1 295	1 252	1 237	1 251	1 259	1 249	1 259	1 304	1 306	1 305	1 304
湖北	1 360	1 273	1 239	1 230	1 192	1 230	1 259	1 273	1 266	1 282	1 184	1 287	1 291

省(区、市)	室内活动时间/(min/d)												
	0~<3月	3~<6月	6~<9月	9月~<1岁	1~<2岁	2~<3岁	3~<4岁	4~<5岁	5~<6岁	6~<9岁	9~<12岁	12~<15岁	15~<18岁
湖南	1 394	1 335	1 311	1 287	1 227	1 239	1 207	1 221	1 209	1 318	1 301	1 303	1 308
广东	1 383	1 355	1 332	1 286	1 285	1 271	1 278	1 285	1 290	1 311	1 319	1 325	1 302
广西	1 351	1 300	1 278	1 233	1 254	1 226	1 239	1 260	1 310	1 312	1 309	1 280	1 307
海南	1 390	1 333	1 293	1 267	1 307	1 290	1 288	1 299	1 279	1 321	1 325	1 294	1 280
重庆	1 363	1 349	1 301	1 300	1 275	1 265	1 227	1 254	1 262	1 279	1 263	1 273	1 260
四川	1 349	1 318	1 286	1 302	1 295	1 292	1 297	1 325	1 335	1 301	1 310	1 309	1 318
贵州	1 398	1 379	1 377	1 364	1 351	1 307	1 302	1 296	1 323	1 297	1 292	1 297	1 273
云南	1 411	1 400	1 395	1 382	1 336	1 294	1 291	1 265	1 250	1 299	1 307	1 314	1 317
陕西	1 400	1 278	1 274	1 230	1 230	1 205	1 202	1 209	1 221	1 281	1 289	1 304	1 286
甘肃	1 419	1 404	1 370	1 350	1 324	1 318	1 299	1 299	1 289	1 297	1 306	1 263	1 288
青海	1 415	1 389	1 364	1 351	1 276	1 272	1 245	1 272	1 239	1 299	1 285	1 273	1 259
宁夏	1 434	1 425	1 392	1 381	1 286	1 261	1 280	1 288	1 282	1 305	1 314	1 309	1 301
新疆	1 390	1 376	1 357	1 354	1 323	1 276	1 251	1 238	1 231	1 230	1 188	1 248	1 256

数据来源：中国儿童环境暴露行为模式研究。

表 7-5　中国儿童分省的室外活动时间推荐值

省(区、市)	室外活动时间/(min/d)												
	0~<3月	3~<6月	6~<9月	9月~<1岁	1~<2岁	2~<3岁	3~<4岁	4~<5岁	5~<6岁	6~<9岁	9~<12岁	12~<15岁	15~<18岁
合计	50	90	119	137	155	157	150	138	134	104	106	102	96
北京	10	46	73	115	94	122	93	78	83	75	80	80	109
天津	11	28	87	107	160	149	113	110	118	68	75	76	76
河北	13	26	87	162	128	147	116	127	99	95	94	79	97
山西	10	32	41	56	94	94	146	146	161	103	103	101	114
内蒙古	1	2	12	16	81	72	103	83	82	78	96	107	79
辽宁	3	11	20	25	47	57	60	65	81	97	96	71	79
吉林	3	22	45	59	137	135	148	135	155	120	115	103	117
黑龙江	1	2	4	3	29	40	24	32	31	67	69	77	76
上海	47	82	127	143	193	268	163	179	160	84	82	72	101
江苏	46	83	117	103	129	133	153	124	127	81	80	80	68
浙江	45	171	142	154	166	188	175	144	143	99	85	92	92
安徽	58	116	184	184	186	169	157	144	158	143	140	115	108
福建	34	76	129	135	166	78	98	107	143	70	73	71	79
江西	57	89	99	106	107	123	120	127	124	147	149	143	81
山东	3	30	39	49	92	75	84	76	84	73	79	63	55

省（区、市）	室外活动时间/（min/d）												
	0～<3月	3～<6月	6～<9月	9月～<1岁	1～<2岁	2～<3岁	3～<4岁	4～<5岁	5～<6岁	6～<9岁	9～<12岁	12～<15岁	15～<18岁
河南	54	103	145	188	203	183	166	167	162	96	97	90	91
湖北	80	167	201	210	248	205	165	148	155	132	223	114	103
湖南	46	105	129	153	213	200	225	201	202	97	109	96	92
广东	57	85	108	154	155	167	151	139	130	87	78	69	84
广西	89	140	162	207	186	206	175	155	101	87	99	122	88
海南	50	107	147	173	133	147	142	126	147	79	78	97	96
重庆	77	91	139	140	165	175	207	173	162	133	148	133	125
四川	91	122	154	138	145	145	131	102	93	104	89	94	86
贵州	42	61	63	76	89	130	122	125	95	107	116	107	111
云南	29	40	45	58	104	146	145	167	183	89	78	67	70
陕西	40	162	166	210	210	234	228	212	199	120	119	105	109
甘肃	21	36	70	90	116	120	128	118	126	95	97	137	117
青海	25	51	76	89	164	167	192	156	186	120	127	134	134
宁夏	6	15	48	59	154	179	150	133	131	111	100	99	100
新疆	50	64	83	86	117	164	189	201	204	178	227	164	149

数据来源：中国儿童环境暴露行为模式研究。

表 7-6　中国儿童分省的总交通出行时间推荐值

省（区、市）	总交通出行时间/（min/d）							
	2～<3岁	3～<4岁	4～<5岁	5～<6岁	6～<9岁	9～<12岁	12～<15岁	15～<18岁
合计	22	23	23	23	41	37	41	45
北京	49	31	42	35	44	53	59	80
天津	19	19	20	23	34	34	39	47
河北	37	18	23	25	22	22	32	44
山西	28	29	28	40	27	28	42	47
内蒙古	8	21	22	25	13	26	33	25
辽宁	14	9	13	13	40	37	43	47
吉林	13	20	17	16	36	24	34	35
黑龙江	14	16	21	21	34	33	38	41
上海	11	15	16	14	35	32	35	55
江苏	22	23	22	23	29	27	28	34
浙江	14	23	23	23	32	34	43	55
安徽	26	30	30	30	39	42	44	42
福建	12	28	14	20	38	39	40	52
江西	18	20	20	21	83	68	46	44
山东	20	27	24	24	51	47	42	40
河南	25	20	25	21	40	37	45	44

省（区、市）	总交通出行时间/（min/d）							
	2~<3岁	3~<4岁	4~<5岁	5~<6岁	6~<9岁	9~<12岁	12~<15岁	15~<18岁
湖北	17	21	19	20	25	33	38	48
湖南	24	22	24	32	25	28	41	41
广东	14	19	20	22	43	43	48	57
广西	30	32	30	30	40	36	42	55
海南	16	15	21	17	40	38	47	61
重庆	24	14	15	18	32	29	34	58
四川	19	27	28	28	38	41	37	36
贵州	21	25	25	24	36	31	37	57
云南	16	10	13	13	52	55	59	53
陕西	16	21	23	23	39	33	32	46
甘肃	19	30	31	30	48	42	44	40
青海	21	20	19	17	23	28	34	47
宁夏	50	26	28	31	25	26	32	41
新疆	—	—	16	15	32	25	29	36

数据来源：中国儿童环境暴露行为模式研究。

参考文献

马冠生. 2006. 中国居民营养与健康状况调查报告之九：2002 行为和生活方式[M]. 北京：人民卫生出版社.

孟聪申. 2012. 涉铅企业周边学龄前儿童铅暴露相关行为模式及影响因素调查研究. 北京协和医学院公共卫生学院.

曾艳，张金良，王心宇. 2009. 应用时间—活动模式估计儿童个体 NO_x 暴露水平. 环境科学研究，22，（7）：794-798.

翟凤英. 2007. 中国居民膳食结构与营养状况变迁的追踪研究[M]. 北京：科学出版社.

8.1　参数说明

与水暴露相关的时间活动模式参数（Time-Activity Factors Related to Water Exposure）主要指暴露人群身体各部位与水直接接触的活动时间，主要包括洗澡、游泳时间等。该参数主要通过问卷调查的方式获得，通常采用的调查方法为 24 小时回顾日志法。洗澡时间和游泳时间指洗澡或游泳时与水直接接触的时间，不包括各种准备活动耗费的时间。

涉水活动模式参数在健康风险评价中的作用非常重要，以健康风险评价模型为例，皮肤对污染物的日均暴露剂量计算见公式（8-1）：

$$\text{ADD} = \frac{C \times \text{AF} \times \text{ET} \times \text{ED} \times \text{EF} \times \text{SA}}{\text{BW} \times \text{AT}} \tag{8-1}$$

式中：ADD——皮肤对污染物的日均暴露剂量，mg/（kg·d）;

　　　C——水中污染物的浓度，mg/L;

　　　AF——皮肤渗透系数，cm/h;

　　　ET——暴露时间，min/d;

　　　ED——暴露持续时间，a;

　　　EF——暴露频率，d/a;

　　　SA——与污染介质接触的皮肤表面积，cm^2;

　　　BW——体重，kg;

　　　AT——平均暴露时间，d。

8.2 资料与数据来源

关于我国儿童与水暴露相关的时间活动模式参数调查有：中国儿童环境暴露行为模式研究，以及针对局部地区儿童开展的相关研究（张明飞，2004；潘碧芳，2002；马冠生，2006）。《概要》的数据来源于中国儿童环境暴露行为模式研究，我国儿童的洗澡和游泳时间见表 8-1～表 8-10。

8.3 参数推荐值

表 8-1 中国儿童平均每天洗澡时间推荐值

分类			洗澡时间/（min/d）					
			Mean	P5	P25	P50	P75	P95
0～<3 月		小计	5	0	1	3	7	16
	性别	男	5	0	1	3	8	16
		女	4	0	1	3	7	15
	城乡	城市	5	0	1	4	7	13
		农村	5	0	1	3	8	16
	片区	华北	2	0	0	1	3	9
		华东	4	0	1	4	6	12
		华南	9	0	3	8	15	21
		西北	1	0	0	0	1	4
		东北	3	0	0	1	4	15
		西南	6	0	2	4	8	17
	季节	春/秋季	6	0	0	4	10	20
		夏季	5	0	0	0	10	20
		冬季	4	0	0	2	5	17
3～<6 月		小计	7	1	3	7	10	16
	性别	男	7	1	4	7	11	16
		女	7	0	3	7	10	17
	城乡	城市	7	2	5	7	10	15
		农村	7	0	3	6	12	16

分类			洗澡时间/（min/d）					
			Mean	P5	P25	P50	P75	P95
3～<6月	片区	华北	4	0	1	3	6	13
		华东	7	2	4	7	9	14
		华南	11	3	8	12	16	19
		西北	2	0	0	1	3	10
		东北	6	0	2	5	9	18
		西南	6	1	3	5	9	17
	季节	春/秋季	8	0	3	7	10	23
		夏季	9	0	3	10	15	20
		冬季	5	0	1	3	7	17
6～<9月	小计		8	1	4	6	10	19
	性别	男	7	1	4	6	10	18
		女	8	1	4	7	11	19
	城乡	城市	8	2	5	7	10	18
		农村	7	1	3	6	10	19
	片区	华北	5	1	3	5	7	13
		华东	7	3	5	7	9	14
		华南	11	2	8	10	13	20
		西北	3	0	1	2	4	8
		东北	7	1	3	6	9	18
		西南	8	2	4	7	12	18
	季节	春/秋季	7	1	3	5	10	20
		夏季	12	2	8	10	15	30
		冬季	4	0	1	3	7	13
9月～<1岁	小计		8	2	5	7	11	20
	性别	男	8	2	5	7	10	20
		女	9	2	5	7	11	20
	城乡	城市	9	3	5	8	11	17
		农村	8	2	4	7	11	21
	片区	华北	6	2	3	5	8	18
		华东	8	4	6	7	10	15
		华南	13	4	9	11	19	27
		西北	3	0	1	2	4	8
		东北	8	1	4	6	9	21
		西南	8	2	4	7	11	18
	季节	春/秋季	8	1	3	7	10	20
		夏季	13	3	10	10	19	30
		冬季	4	0	1	3	6	11
1～<2岁	小计		8	2	4	7	11	19
	性别	男	8	2	4	7	11	19
		女	8	2	4	7	11	19
	城乡	城市	9	3	5	8	12	20
		农村	7	1	4	6	10	18

分类			洗澡时间/（min/d）					
			Mean	P5	P25	P50	P75	P95
1～<2 岁	片区	华北	7	2	4	5	8	16
		华东	9	4	6	8	11	19
		华南	11	3	8	10	14	23
		西北	3	0	1	2	4	9
		东北	9	2	5	7	12	21
		西南	8	2	3	7	11	18
	季节	春/秋季	7	1	3	6	10	20
		夏季	14	3	10	10	20	30
		冬季	4	0	1	3	6	12
2～<3 岁	小计		9	2	5	8	11	19
	性别	男	9	2	5	8	12	19
		女	9	2	5	8	11	19
	城乡	城市	10	3	6	9	13	19
		农村	8	2	4	7	11	19
	片区	华北	7	2	4	6	9	16
		华东	9	4	6	8	11	16
		华南	12	4	9	12	15	22
		西北	4	0	2	3	4	9
		东北	8	2	5	8	11	18
		西南	8	2	5	7	11	16
	季节	春/秋季	8	1	3	7	10	20
		夏季	14	3	10	13	20	30
		冬季	5	0	2	4	7	13
3～<4 岁	小计		9	2	5	8	12	19
	性别	男	9	2	5	8	12	18
		女	9	2	5	8	12	20
	城乡	城市	10	3	6	9	12	19
		农村	8	2	4	7	11	19
	片区	华北	7	2	4	6	9	16
		华东	9	4	6	9	12	16
		华南	12	4	8	11	15	25
		西北	4	0	2	3	4	10
		东北	8	2	4	7	10	16
		西南	7	2	4	6	10	17
	季节	春/秋季	8	1	3	7	10	20
		夏季	14	4	10	12	20	30
		冬季	5	0	2	4	8	15
4～<5 岁	小计		9	2	5	7	11	19
	性别	男	9	2	5	7	11	20
		女	9	2	5	7	11	19
	城乡	城市	10	4	6	9	13	18
		农村	8	2	4	6	10	20

分类			洗澡时间/（min/d）					
			Mean	P5	P25	P50	P75	P95
4～<5岁	片区	华北	7	2	4	6	9	16
		华东	9	4	6	8	11	17
		华南	13	4	9	11	17	25
		西北	4	0	2	3	4	9
		东北	8	2	4	7	10	17
		西南	8	2	4	6	10	18
	季节	春/秋季	8	1	3	7	10	20
		夏季	14	3	10	10	20	30
		冬季	5	0	2	3	7	15
5～<6岁	小计		9	2	5	8	11	18
	性别	男	8	2	5	8	11	18
		女	9	2	5	8	11	19
	城乡	城市	9	3	6	8	12	19
		农村	8	2	4	6	11	18
	片区	华北	7	2	4	6	9	16
		华东	9	4	6	9	12	18
		华南	12	4	9	12	15	20
		西北	4	1	2	3	5	9
		东北	7	1	3	6	10	15
		西南	8	2	4	6	10	18
	季节	春/秋季	8	1	3	7	10	20
		夏季	13	3	10	10	18	30
		冬季	5	0	2	3	8	15
6～<9岁	小计		9	3	6	9	12	20
	性别	男	9	3	6	8	11	20
		女	10	3	6	9	12	20
	城乡	城市	11	4	7	10	13	21
		农村	9	3	6	8	11	20
	片区	华北	9	3	6	8	11	18
		华东	8	4	6	7	10	18
		华南	12	5	9	10	15	23
		西北	8	2	4	7	10	16
		东北	10	3	6	9	13	21
		西南	10	3	6	9	14	21
	季节	春/秋季	8	2	5	7	10	20
		夏季	14	5	10	10	15	30
		冬季	7	1	3	5	10	15
9～<12岁	小计		10	3	6	10	13	22
	性别	男	10	3	6	9	13	21
		女	11	3	7	10	14	23
	城乡	城市	12	4	8	10	15	25
		农村	10	3	6	9	12	20

分类			洗澡时间/（min/d）					
			Mean	P5	P25	P50	P75	P95
9～ <12 岁	片区	华北	10	2	6	10	13	21
		华东	9	2	5	8	11	20
		华南	12	5	9	10	15	25
		西北	10	2	4	8	14	25
		东北	10	4	7	10	12	21
		西南	11	4	7	10	15	25
	季节	春/秋季	10	2	5	10	13	21
		夏季	14	4	10	13	20	30
		冬季	7	1	3	7	10	20
12～ <15 岁	小计		12	3	6	10	15	28
	性别	男	11	2	6	10	14	24
		女	13	3	7	11	17	30
	城乡	城市	14	4	9	13	19	30
		农村	10	2	5	9	13	24
	片区	华北	11	2	5	9	14	26
		华东	12	3	7	10	15	28
		华南	15	5	10	14	20	30
		西北	6	2	3	4	8	19
		东北	10	3	6	9	13	24
		西南	11	4	6	10	14	25
	季节	春/秋季	11	2	5	10	15	30
		夏季	15	4	8	13	20	30
		冬季	9	1	4	8	11	25
15～ <18 岁	小计		10	2	5	9	14	26
	性别	男	9	2	4	7	12	23
		女	12	2	5	10	16	29
	城乡	城市	14	4	8	12	18	30
		农村	8	2	4	6	11	21
	片区	华北	12	2	6	10	16	30
		华东	13	5	8	11	16	29
		华南	13	4	8	12	18	28
		西北	5	1	3	4	4	13
		东北	12	3	6	8	16	32
		西南	10	4	5	7	13	23
	季节	春/秋季	10	2	4	8	13	29
		夏季	13	3	7	10	20	30
		冬季	8	1	3	5	10	21

数据来源：中国儿童环境暴露行为模式研究。

表 8-2　中国儿童平均每月游泳时间推荐值

分类			游泳人数比例/%	游泳时间*/（min/月）					
				Mean	P5	P25	P50	P75	P95
0～<3 月	小计		9.5	43	4	15	30	50	188
	性别	男	9.1	34	5	15	26	34	100
		女	10.0	53	4	10	30	60	200
	城乡	城市	18.0	48	5	15	30	60	200
		农村	3.2	24	3	10	23	30	50
	片区	华北	16.7	36	5	15	30	50	94
		华东	13.9	47	6	25	30	35	200
		华南	4.2	67	3	4	60	100	188
		西北	4.2	15	3	4	5	11	99
		东北	0.5	55	45	45	60	60	60
		西南	3.0	41	4	10	15	30	180
	季节	春/秋季	5.5	73	20	40	60	80	200
		夏季	1.9	124	20	60	60	200	300
		冬季	5.7	64	15	32	60	80	140
3～<6 月	小计		10.9	55	5	18	33	80	200
	性别	男	12.1	54	5	20	44	60	200
		女	9.5	57	5	15	30	113	150
	城乡	城市	20.2	56	5	18	35	80	200
		农村	2.3	51	10	15	30	50	225
	片区	华北	16.9	50	5	18	38	79	109
		华东	18.8	53	5	20	33	60	200
		华南	4.1	68	3	11	30	100	225
		西北	4.7	55	4	4	40	55	225
		东北	1.7	64	5	28	50	80	188
		西南	3.4	79	8	15	100	113	150
	季节	春/秋季	8.3	82	15	40	60	90	200
		夏季	8.1	79	15	30	60	80	240
		冬季	4.9	77	10	20	60	100	200
6～<9 月	小计		12.3	60	4	15	38	75	200
	性别	男	10.8	48	4	13	35	68	150
		女	14.2	72	4	20	45	90	225
	城乡	城市	23.1	65	4	20	45	80	200
		农村	2.9	29	3	5	13	30	168
	片区	华北	15.5	45	4	10	30	60	165
		华东	20.0	69	11	23	45	90	200
		华南	7.4	65	3	15	38	75	250

分类			游泳人数比例/%	游泳时间*/（min/月）					
				Mean	P5	P25	P50	P75	P95
6～<9月	片区	西北	4.7	24	3	8	11	35	90
		东北	2.2	59	19	26	26	75	225
		西南	4.4	60	5	15	23	80	240
	季节	春/秋季	8.2	90	15	40	60	120	300
		夏季	10.0	117	13	50	80	150	320
		冬季	5.1	97	20	40	80	120	240
9月～<1岁	小计		11.0	45	5	11	38	60	113
	性别	男	13.5	43	5	10	30	60	120
		女	8.2	47	5	15	38	69	94
	城乡	城市	23.1	47	5	15	38	60	100
		农村	2.4	33	3	10	15	45	120
	片区	华北	11.4	39	3	10	15	60	150
		华东	20.3	46	5	23	38	60	100
		华南	6.0	49	2	5	30	70	150
		西北	2.3	25	4	4	11	20	83
		东北	4.5	63	25	50	60	60	165
		西南	2.1	49	8	10	30	60	150
	季节	春/秋季	4.9	82	20	40	80	100	240
		夏季	6.2	119	10	30	60	120	600
		冬季	6.8	92	20	50	80	120	240
1～<2岁	小计		5.0	61	5	15	38	75	225
	性别	男	5.4	60	3	13	20	60	225
		女	4.4	62	5	20	45	75	200
	城乡	城市	9.7	61	5	15	38	75	225
		农村	1.1	58	4	10	38	75	225
	片区	华北	5.4	45	3	8	20	45	188
		华东	6.0	50	10	15	38	60	200
		华南	5.7	90	4	23	50	150	338
		西北	2.8	58	3	19	53	80	158
		东北	2.0	88	26	60	75	80	188
		西南	3.4	73	10	15	23	75	350
	季节	春/秋季	2.7	143	10	30	80	200	500
		夏季	4.2	191	15	40	120	240	750
		冬季	2.3	102	15	40	80	150	250
2～<3岁	小计		4.6	63	5	15	40	75	300
	性别	男	4.1	66	4	20	40	75	300
		女	5.1	61	8	15	35	75	300
	城乡	城市	9.2	65	5	15	40	75	300
		农村	0.7	45	4	15	33	80	90

分类			游泳人数比例/%	游泳时间*/（min/月）					
				Mean	P5	P25	P50	P75	P95
2～<3岁	片区	华北	5.5	82	15	30	53	83	300
		华东	6.8	67	8	15	45	75	300
		华南	3.2	48	1	8	30	75	113
		西北	2.2	72	5	20	50	98	300
		东北	0.9	82	15	45	75	100	200
		西南	3.4	31	10	10	20	30	120
	季节	春/秋季	1.3	103	20	60	60	120	300
		夏季	4.1	160	20	60	120	200	480
		冬季	1.0	81	15	40	60	120	240
3～<4岁	小计		5.6	94	8	25	60	150	300
	性别	男	5.3	101	8	23	75	158	300
		女	6.0	86	10	27	60	100	270
	城乡	城市	11.3	93	10	27	60	150	300
		农村	0.9	108	3	20	100	228	228
	片区	华北	5.2	109	15	45	90	150	245
		华东	7.6	116	8	45	90	213	300
		华南	6.3	71	8	23	38	75	228
		西北	2.3	79	8	23	60	90	225
		东北	0.5	126	15	60	160	188	195
		西南	4.4	51	3	15	25	45	270
	季节	春/秋季	1.6	147	30	60	125	225	450
		夏季	5.4	260	30	90	210	360	720
		冬季	1.4	107	20	30	90	150	300
4～<5岁	小计		5.4	80	10	23	45	100	240
	性别	男	5.3	78	8	30	45	100	240
		女	5.5	82	10	23	45	105	240
	城乡	城市	11.1	80	8	23	45	100	240
		农村	0.9	79	11	23	40	150	225
	片区	华北	4.1	118	15	30	60	135	450
		华东	6.8	67	8	23	40	90	225
		华南	7.7	93	10	38	60	150	240
		西北	1.4	136	8	30	60	180	450
		东北	0.2	174	60	143	195	195	270
		西南	5.3	46	10	15	30	40	200
	季节	春/秋季	0.7	218	30	36	150	300	900
		夏季	5.3	261	30	90	160	300	900
		冬季	0.5	112	30	30	120	150	240

分类		游泳人数比例/%	游泳时间*/（min/月）					
			Mean	P5	P25	P50	P75	P95
5～<6 岁	小计	7.4	108	13	30	75	150	300
	性别 男	7.9	100	15	45	75	150	225
	女	6.6	118	8	25	68	150	363
	城乡 城市	13.5	108	10	30	70	150	300
	农村	2.1	105	23	75	75	150	200
	华北	3.9	113	30	60	90	150	363
	华东	8.7	124	25	45	100	150	300
	片区 华南	12.6	117	8	45	75	153	360
	西北	0.5	41	30	30	30	60	60
	东北	0.8	67	15	30	45	68	195
	西南	7.1	54	8	20	30	60	165
	春/秋季	1.3	190	45	150	180	240	360
	季节 夏季	7.4	360	40	120	270	450	1 200
	冬季	0.7	126	10	60	100	200	300
6～<9 岁	小计	14.9	148	15	45	90	185	500
	性别 男	14.8	144	15	40	80	180	500
	女	15.1	153	15	45	90	200	500
	城乡 城市	34.7	145	15	45	75	180	480
	农村	6.7	155	15	40	100	210	600
	华北	3.5	131	15	50	113	180	360
	华东	12.1	171	15	45	113	263	600
	片区 华南	27.6	153	15	40	75	200	600
	西北	15.1	192	15	60	150	250	530
	东北	17.3	113	13	45	75	120	360
	西南	30.1	144	15	45	75	180	450
	春/秋季	4.3	223	30	60	120	270	800
	季节 夏季	15.1	472	60	120	240	600	1 800
	冬季	2.2	132	20	60	120	180	360
9～<12 岁	小计	21.7	217	15	60	120	300	750
	性别 男	22.0	224	15	60	135	300	755
	女	21.3	207	15	60	120	285	701
	城乡 城市	41.1	220	15	60	120	300	755
	农村	12.7	212	20	63	120	300	698
	华北	7.6	173	23	40	105	250	510
	片区 华东	22.6	234	20	75	150	300	750
	华南	28.6	222	15	50	120	315	750
	西北	22.6	327	24	100	188	600	900

分类			游泳人数比例/%	游泳时间*/（min/月）					
				Mean	P5	P25	P50	P75	P95
9~<12岁	片区	东北	31.8	172	30	75	120	225	480
		西南	32.5	227	15	50	105	300	885
	季节	春/秋季	9.9	240	30	60	150	300	900
		夏季	21.7	587	50	150	300	800	2 000
		冬季	6.6	127	10	30	60	160	480
12~<15岁	小计		18.0	218	15	55	138	300	750
	性别	男	19.3	236	18	60	150	300	825
		女	16.5	194	15	45	113	285	630
	城乡	城市	28.9	224	15	53	135	300	750
		农村	11.2	208	18	60	150	281	638
	片区	华北	12.6	200	23	60	125	240	815
		华东	23.2	210	15	60	130	300	750
		华南	21.7	246	23	60	154	375	750
		西北	7.7	195	5	55	150	295	525
		东北	20.6	206	23	75	150	235	755
		西南	17.6	210	15	40	110	258	725
	季节	春/秋季	9.1	254	30	60	160	300	900
		夏季	18.2	592	60	150	320	760	2 000
		冬季	5.5	126	10	30	60	150	480
15~<18岁	小计		12.2	230	15	50	135	315	855
	性别	男	15.9	252	15	58	150	350	900
		女	8.1	183	15	45	125	263	590
	城乡	城市	24.3	258	15	60	150	375	900
		农村	5.3	157	13	44	90	188	630
	片区	华北	9.0	183	15	50	90	225	750
		华东	17.6	183	13	50	113	240	600
		华南	13.7	173	15	45	100	225	630
		西北	2.6	104	10	44	83	150	250
		东北	7.3	285	23	60	150	475	865
		西南	17.2	317	15	75	210	450	975
	季节	春/秋季	4.9	243	25	60	160	320	640
		夏季	11.8	566	40	120	360	840	1 800
		冬季	3.1	168	10	50	120	250	500

数据来源：中国儿童环境暴露行为模式研究。

* 游泳时间指具有游泳行为儿童的游泳时间。

表 8-3　中国儿童分省的全年平均每天洗澡时间推荐值

省（区、市）	洗澡时间/（min/d）												
	0~<3月	3~<6月	6~<9月	9月~<1岁	1~<2岁	2~<3岁	3~<4岁	4~<5岁	5~<6岁	6~<9岁	9~<12岁	12~<15岁	15~<18岁
合计	5	7	8	8	8	9	9	9	9	9	10	12	10
北京	5	10	10	10	12	12	10	10	10	8	10	15	19
天津	5	7	8	8	10	10	8	9	8	10	11	13	15
河北	3	5	5	5	9	6	7	6	8	7	9	14	15
山西	0	0	3	4	3	4	5	5	3	4	5	6	8
内蒙古	1	2	4	4	6	6	6	6	5	11	4	5	5
辽宁	6	9	8	10	11	9	9	9	8	9	10	10	16
吉林	2	4	5	5	6	6	5	5	4	10	11	11	8
黑龙江	3	4	6	6	8	7	6	7	8	8	9	9	9
上海	4	7	8	9	8	7	7	7	9	12	13	16	19
江苏	5	8	8	9	9	10	11	10	10	10	10	15	16
浙江	3	5	7	7	8	9	9	8	8	7	7	8	10
安徽	5	6	7	8	8	8	8	8	8	8	9	11	10
福建	5	7	6	8	13	11	13	11	13	13	14	15	17
江西	3	5	6	6	7	7	8	7	7	6	5	5	11
山东	3	6	7	9	8	9	9	10	8	12	11	12	10
河南	1	4	5	6	6	6	7	7	9	11	12	12	
湖北	4	6	6	7	6	6	6	6	7	5	7	9	11
湖南	5	10	12	12	12	10	9	9	9	9	10	15	10
广东	7	10	10	11	12	11	11	11	11	13	13	16	14
广西	12	13	13	15	12	14	13	15	14	12	15	15	14
海南	5	8	9	10	12	13	14	12	13	12	13	16	17
重庆	6	7	8	9	8	8	8	9	8	9	11	13	
四川	2	4	5	4	5	6	6	5	5	8	10	9	7
贵州	6	6	9	9	10	10	10	12	10	11	12	11	14
云南	11	8	10	10	8	7	7	7	8	12	14	15	13
陕西	1	5	5	5	5	6	6	6	6	8	12	12	11
甘肃	1	2	2	2	2	3	3	2	2	7	7	3	3
青海	1	1	1	1	1	2	2	2	1	2	3	5	
宁夏	0	1	1	2	2	2	3	2	3	3	4	8	7
新疆	1	1	2	2	2	3	3	3	4	4	3	5	6

数据来源：中国儿童环境暴露行为模式研究。

表 8-4   中国儿童分省的春/秋季平均每天洗澡时间推荐值

省(区、市)	春/秋季洗澡时间/（min/d）												
	0～<3月	3～<6月	6～<9月	9月～<1岁	1～<2岁	2～<3岁	3～<4岁	4～<5岁	5～<6岁	6～<9岁	9～<12岁	12～<15岁	15～<18岁
合计	6	8	7	8	7	8	8	8	8	8	10	11	10
北京	9	9	10	9	11	11	9	10	10	8	9	14	18
天津	7	7	8	7	9	7	7	7	7	8	10	12	14
河北	2	4	3	2	7	4	5	4	6	6	7	13	14
山西	0	0	3	3	3	4	4	5	3	4	5	6	8
内蒙古	1	1	2	1	3	3	4	4	3	10	4	4	4
辽宁	8	10	6	8	8	7	7	8	7	8	9	10	14
吉林	2	3	3	3	4	3	4	3	4	8	9	10	7
黑龙江	3	5	5	5	6	6	6	5	6	7	7	8	8
上海	4	7	7	8	8	6	7	6	8	11	13	16	19
江苏	8	7	8	9	9	10	10	9	9	10	10	15	15
浙江	4	5	6	6	7	8	8	7	7	6	7	7	9
安徽	4	6	6	7	7	7	7	7	8	7	8	10	9
福建	7	8	6	8	10	10	13	10	12	13	14	15	17
江西	6	5	6	6	7	7	8	7	6	5	5	5	10
山东	4	4	4	6	5	6	5	6	6	9	9	10	9
河南	1	3	3	4	4	5	5	5	5	7	10	11	10
湖北	5	6	5	5	3	4	4	4	5	5	7	9	10
湖南	5	11	13	12	11	9	9	8	9	8	9	14	9
广东	9	12	11	12	12	11	12	11	12	12	13	17	14
广西	13	16	13	16	12	14	14	15	15	12	12	15	14
海南	10	11	11	9	11	11	13	11	12	11	13	16	16
重庆	6	8	8	8	6	7	6	6	8	8	8	11	13
四川	1	4	5	4	4	6	5	5	5	7	10	8	6
贵州	9	7	8	9	10	9	9	11	9	10	12	11	14
云南	11	9	10	10	8	7	7	7	7	12	15	16	13
陕西	1	4	4	4	4	4	4	4	4	8	11	10	10
甘肃	1	2	2	2	2	3	3	2	2	6	7	3	3
青海	1	0	1	1	1	1	1	1	2	1	2	3	4
宁夏	0	1	1	1	1	1	2	2	2	3	4	8	7
新疆	1	1	2	2	2	3	3	3	3	4	3	5	5

数据来源：中国儿童环境暴露行为模式研究。

表 8-5 中国儿童分省的夏季平均每天洗澡时间推荐值

省（区、市）	夏季洗澡时间/（min/d）												
	0~<3月	3~<6月	6~<9月	9月~<1岁	1~<2岁	2~<3岁	3~<4岁	4~<5岁	5~<6岁	6~<9岁	9~<12岁	12~<15岁	15~<18岁
合计	5	9	12	13	14	14	14	14	13	14	14	15	13
北京	11	14	14	17	18	20	15	15	15	13	14	19	21
天津	9	11	14	15	15	18	15	16	16	15	16	17	18
河北	6	9	12	15	17	13	14	12	15	12	14	18	19
山西	0	0	7	8	6	8	8	8	6	5	7	7	11
内蒙古	1	4	11	13	15	15	16	15	12	19	6	6	7
辽宁	10	16	13	15	17	17	15	16	14	13	15	13	18
吉林	2	11	12	13	14	14	11	12	11	14	16	15	10
黑龙江	2	6	10	11	12	15	13	12	13	10	11	10	10
上海	7	11	12	12	13	15	12	11	16	15	16	19	20
江苏	8	13	14	13	14	14	16	16	16	13	14	18	18
浙江	4	10	13	13	14	15	14	14	11	12	12	13
安徽	8	11	12	12	14	13	14	13	13	12	12	15	15
福建	4	12	10	11	23	13	14	13	18	15	15	15	18
江西	9	10	11	9	12	11	12	12	12	11	9	8	14
山东	4	14	17	20	18	21	20	22	19	19	16	17	15
河南	2	8	11	13	13	14	14	13	13	14	17	17	17
湖北	6	12	12	13	14	14	15	14	14	7	10	13	14
湖南	4	11	15	17	19	13	14	13	12	13	13	17	13
广东	5	10	12	13	13	13	12	12	12	14	14	16	16
广西	8	8	17	18	16	18	16	18	16	14	13	16	16
海南	9	11	12	13	15	17	18	17	14	13	15	19	19
重庆	8	10	14	15	15	15	14	13	13	12	13	15	17
四川	1	5	8	7	7	10	9	8	8	10	12	11	10
贵州	5	8	15	15	16	16	16	20	15	16	17	17	19
云南	12	9	13	14	11	10	11	11	11	14	17	17	15
陕西	1	11	12	12	13	13	13	13	13	14	19	18	15
甘肃	1	3	3	3	4	5	5	4	4	10	9	4	4
青海	0	1	2	2	3	2	3	3	1	2	3	6
宁夏	0	1	2	4	4	4	5	5	4	4	5	11	9
新疆	2	2	4	3	4	5	5	6	6	6	5	8	7

数据来源：中国儿童环境暴露行为模式研究。

表 8-6 　中国儿童分省的冬季平均每天洗澡时间推荐值

省（区、市）	冬季洗澡时间/（min/d）												
	0~<3月	3~<6月	6~<9月	9月~<1岁	1~<2岁	2~<3岁	3~<4岁	4~<5岁	5~<6岁	6~<9岁	9~<12岁	12~<15岁	15~<18岁
合计	4	5	4	4	4	5	5	5	5	7	7	9	8
北京	6	6	6	5	6	6	7	6	7	6	7	13	17
天津	5	4	5	4	5	4	4	4	5	7	8	11	11
河北	1	2	2	1	3	3	3	3	3	5	6	10	11
山西	0	0	2	2	2	2	2	3	2	3	3	5	6
内蒙古	1	1	1	0	1	1	1	1	1	4	2	4	4
辽宁	6	6	4	5	5	4	4	5	4	5	8	9	14
吉林	0	1	1	2	2	2	2	2	2	7	8	9	7
黑龙江	3	3	3	2	3	3	3	2	3	6	6	8	8
上海	3	3	4	3	4	4	3	4	4	8	9	14	16
江苏	3	3	5	4	4	7	6	6	6	7	6	12	14
浙江	4	2	3	4	3	4	4	4	4	4	5	6	8
安徽	3	3	4	5	5	5	5	5	5	6	7	8	8
福建	2	2	3	6	9	9	12	10	11	12	13	14	16
江西	3	2	3	3	3	4	3	4	4	2	2	3	8
山东	2	2	3	4	3	4	4	5	4	7	7	9	7
河南	1	2	1	2	2	2	3	2	2	6	7	7	8
湖北	1	2	2	2	2	2	2	2	3	3	5	6	8
湖南	8	9	9	8	7	6	5	6	5	6	7	11	8
广东	8	9	9	9	10	9	9	9	9	11	11	14	12
广西	12	11	9	9	8	10	9	10	11	10	10	13	12
海南	9	9	8	8	9	10	10	10	11	11	12	14	15
重庆	3	3	3	3	3	2	2	2	3	5	5	8	11
四川	4	3	3	3	3	4	3	3	3	6	8	7	4
贵州	3	3	3	4	6	5	6	6	5	7	7	7	8
云南	10	7	6	6	5	4	5	5	5	8	11	13	11
陕西	2	2	2	1	2	2	2	2	2	4	7	7	7
甘肃	1	2	1	1	1	2	2	2	3	5	5	3	3
青海	1	0	0	0	0	0	0	1	1	1	1	2	4
宁夏	0	0	0	1	1	1	1	1	1	2	3	6	6
新疆	1	1	1	1	1	2	2	2	2	3	3	3	5

数据来源：中国儿童环境暴露行为模式研究。

表 8-7　中国儿童分省的全年平均每月游泳时间推荐值

省（区、市）	全年平均游泳时间*/（min/月）												
	0~<3月	3~<6月	6~<9月	9月~<1岁	1~<2岁	2~<3岁	3~<4岁	4~<5岁	5~<6岁	6~<9岁	9~<12岁	12~<15岁	15~<18岁
合计	43	55	60	45	61	63	94	80	108	148	217	218	230
北京	37	66	53	77	83	135	99	116	112	156	332	312	223
天津	41	30	26	55	53	70	80	66	89	175	236	187	196
河北	10	84	88	52	42	269	15	150	85	487	324	384	124
山西	—	—	—	—	—	39	—	38	41	120	60	134	69
内蒙古	60	59	26	58	79	70	121	146	67	116	195	209	322
辽宁	54	67	90	83	110	98	138	270	—	62	146	203	116
吉林	27	32	30	32	35	26	70	104	169	294	271	178	178
黑龙江	55	55	73	44	50	78	128	53	117	197	202	168	238
上海	23	38	47	67	66	162	121	115	96	150	247	259	179
江苏	30	38	57	59	45	33	73	104	178	206	321	309	180
浙江	11	50	111	101	67	67	57	72	110	139	182	171	227
安徽	30	—	—	—	—	—	—	49	60	220	302	285	156
福建	9	43	20	30	27	—	30	—	—	100	146	147	119
江西	36	53	50	27	40	79	118	187	151	93	185	179	140
山东	15	26	27	23	80	19	25	92	129	104	137	200	179
河南	50	41	70	59	133	54	34	52	77	183	151	165	150
湖北	36	58	38	20	25	26	24	45	121	183	220	255	191
湖南	118	145	102	82	119	91	97	97	115	163	197	237	184
广东	21	15	27	43	67	34	24	124	129	163	238	238	178
广西	52	61	72	70	79	119	41	84	89	90	207	282	135
海南	11	51	22	64	22	20	43	21	38	224	222	164	330
重庆	64	117	82	21	76	20	51	38	50	172	160	234	240
四川	43	56	72	74	109	108	187	139	131	165	196	146	352
贵州	6	52	15	4	30	—	70	180	43	126	253	271	143
云南	73	81	57	20	85	91	82	126	30	183	341	208	98
陕西	—	—	34	—	—	—	—	—	—	242	201	347	149
甘肃	11	6	23	28	45	24	—	—	—	—	102	75	114
青海	1	0	0	0	0	0	0	1	1	50	30	262	121
宁夏	0	0	0	1	1	1	1	1	1	—	60	43	46
新疆	1	1	1	1	1	1	2	2	2	2	3	3	5

数据来源：中国儿童环境暴露行为模式研究。

* 游泳时间指具有游泳行为儿童的游泳时间。

表 8-8　中国儿童分省的春/秋季平均每月游泳时间推荐值

省（区、市）	春/秋季平均游泳时间*/（min/月）												
	0~<3月	3~<6月	6~<9月	9月~<1岁	1~<2岁	2~<3岁	3~<4岁	4~<5岁	5~<6岁	6~<9岁	9~<12岁	12~<15岁	15~<18岁
合计	73	82	90	82	143	103	147	218	190	223	240	254	243
北京	60	84	88	93	122	313	141	182	144	203	356	295	276
天津	63	58	109	133	35	61	77	405	163	211	242	204	188
河北	20	100	94	57	43	277	—	153	—	628	324	358	109
山西	—	—	—	—	—	40	—	—	30	120	60	115	54
辽宁	80	125	30	80	71	67	182	270	138	192	204	273	304
吉林										83	162	206	288
黑龙江	52	73	50	111	119	108	210	240	—	412	290	141	161
上海	45	100	56	45	97	281	258	232	561	643	256	308	321
江苏	47	84	96	75	142	91	161	—	187	174	244	253	153
浙江	52	40	53	78	127	171	123	182	198	389	352	292	327
安徽	81	64	89	71	64	45	96	134	—	303	165	215	198
福建	—	136	82	240	170	—		402	360	592	293	304	98
江西										146	21	305	163
山东	—	67	33	20	69	—				211	227	200	179
河南	69	54	69	49	88	109	169	109	201	330	158	228	201
湖北	57	47	46	40	90			150		295	144	97	112
湖南	139	105	159	120	227	114	40	30	20	566	164	251	237
广东	71	64	132	160	21	20	—		225	190	203	283	234
广西	226	220	216	227	290		124	236	140	208	260	269	183
海南	200	50	38	—	175		30	689	248	98	232	319	167
重庆	104	98	117	93	197	215	359	200	330	123	185	90	346
四川	60	74	34	121	40	20	—	40		179	112	262	352
贵州	144	145	118		180		233		300	174	192	209	344
云南	82	104	99	125	148	186	160	186	126	211	407	323	210
陕西	10	27	27	—	80		20			145	174	188	99
甘肃	144	96	61	20	91	111	117	137	30	357	195	314	183
青海	—		30								102	70	125
宁夏	15	—	27	50	38					40	36	271	129
新疆												87	55

数据来源：中国儿童环境暴露行为模式研究。

* 游泳时间指具有游泳行为儿童的游泳时间。

表 8-9　中国儿童分省的夏季平均每月游泳时间推荐值

省（区、市）	夏季游泳时间*/（min/月）												
	0~<3月	3~<6月	6~<9月	9月~<1岁	1~<2岁	2~<3岁	3~<4岁	4~<5岁	5~<6岁	6~<9岁	9~<12岁	12~<15岁	15~<18岁
总计	124	79	117	119	191	160	260	261	360	472	587	592	566
北京	37	92	71	157	131	324	211	267	267	387	737	691	475
天津	64	41	67	148	199	190	234	221	300	422	574	440	485
河北	—	123	113	65	111	493	60	313	340	739	704	966	274
山西	—	—	—	—	—	66	—	150	90	240	60	489	129
辽宁	—	40	45	213	124	153	294	283	279	304	397	428	490
吉林	—	—	—	—	—	—	—	—	—	245	234	437	442
黑龙江	68	72	249	128	144	112	190	480	—	578	401	258	400
上海	—	75	45	65	156	93	195	354	621	529	661	465	608
江苏	122	69	113	60	202	159	333	204	417	529	843	786	572
浙江	—	40	106	128	93	255	277	332	366	746	947	777	587
安徽	—	50	123	125	133	131	238	391	713	552	663	534	636
福建	240	172	347	327	188	241	212	273	404	801	978	873	542
江西	—	—	—	—	—	—	—	195	240	217	578	551	319
山东	—	15	29	60	10	—	120	—	—	269	495	472	507
河南	88	84	93	32	100	198	318	514	386	501	365	393	420
湖北	34	13	67	66	88	75	100	229	518	201	345	615	274
湖南	147	94	285	127	200	145	132	205	307	710	768	632	577
广东	58	180	94	71	104	104	96	142	416	614	691	762	618
广西	352	249	331	372	371	244	324	293	380	551	724	657	401
海南	—	10	79	172	219	136	73	545	309	231	436	750	263
重庆	198	95	236	158	213	341	163	243	379	704	491	472	969
四川	—	150	41	219	46	83	131	52	151	651	562	703	749
贵州	121	177	130	83	162	80	109	151	165	477	474	359	748
云南	—	—	127	158	146	185	200	172	213	362	649	738	353
陕西	—	34	34	—	82	—	260	720	173	619	978	·796	356
甘肃	380	109	92	40	139	146	200	234	30	503	491	695	369
青海	—	—	87	—	—	—	—	—	—	—	130	107	162
宁夏	—	17	39	31	103	94	—	—	—	80	96	481	232
新疆	—	—	—	—	—	—	—	—	—	240	90	105	

数据来源：中国儿童环境暴露行为模式研究。

* 游泳时间指具有游泳行为儿童的游泳时间。

表 8-10　中国儿童分省的冬季平均每月游泳时间推荐值

省（区、市）	冬季游泳时间*/（min/月）												
	0~<3月	3~<6月	6~<9月	9月~<1岁	1~<2岁	2~<3岁	3~<4岁	4~<5岁	5~<6岁	6~<9岁	9~<12岁	12~<15岁	15~<18岁
总计	64	77	97	92	102	81	107	112	126	132	127	126	168
北京	60	98	89	87	113	143	111	159	160	163	177	157	182
天津	71	110	58	94	32	75	130	120	60	134	140	128	129
河北	—	74	98	48	80	200	—	119	—	181	157	127	60
山西	—	—	—	—	—	10	—	20	—	60	56	46	
辽宁	80	84	—	70	70	79	96	154	97	154	153	154	228
吉林	—	—	—	—	—	—	—	—	—	79	113	148	107
黑龙江	44	86	15	125	94	65	120	120	—	272	210	116	148
上海	18	54	110	46	63	190	122	178	263	179	146	178	186
江苏	83	76	132	99	125	91	134	150	—	404	162	128	155
浙江	41	30	48	50	75	87	88	183	72	208	209	199	172
安徽	57	88	83	110	73	45	50	55	—	236	52	63	76
福建	32	65	64	240	120	—	180	240	120	227	72	248	71
江西	120	—	—	—	—	—	—	—	—	—	29	92	60
山东	36	46	60	20	34	—	—	—	—	193	164	133	155
河南	62	72	57	68	63	81	116	89	145	73	109	158	240
湖北	27	24	97	50	30	—	—	150	—	145	75	66	49
湖南	14	74	172	156	240	—	40	—	—	160	96	120	112
广东	60	—	192	20	10	—	—	—	184	137	171	200	140
广西	203	232	110	135	172	—	60	—	59	100	166	88	71
海南	10	20	—	—	120	—	20	240	240	88	110	136	85
重庆	120	100	100	74	113	215	130	—	600	78	134	42	172
四川	40	36	34	20	40	12	180	40	—	179	80	115	126
贵州	—	—	—	—	149	—	148	—	300	141	69	59	281
云南	73	157	66	51	103	124	240	152	72	97	130	157	104
陕西	13	16	17	15	31	—	20	—	—	120	139	73	52
甘肃	98	93	69	—	82	100	104	183	30	170	96	204	122
青海	—	—	30	—	—	—	—	—	—	—	73	70	83
宁夏	51	20	36	50	49	—	—	—	—	40	10	302	101
新疆	—	—	—	—	—	—	—	—	—	—	—	6	60

数据来源：中国儿童环境暴露行为模式研究。

* 游泳时间指具有游泳行为儿童的游泳时间。

参考文献

马冠生. 2006. 中国居民营养与健康状况调查报告之九：2002 行为和生活方式[M]. 北京：人民卫生出版社.

潘碧芳. 2002. 厦门市中学生参加游泳运动现状的分析与研究. 体育科学研究，6（3）：62-64.

张明飞，林少琴，程燕，等. 2004. 福建省大、中、小学生参加游泳活动现状及对策研究. 体育科学，8：56-59.

9.1 参数说明

与土壤暴露相关的时间活动模式参数（Time-Activity Factors Related to Soil Exposure）主要指与土壤的接触时间，包括儿童玩土、坐在地上、在地上爬等与土壤/尘接触的活动时间。

儿童与土壤接触的相关暴露参数受儿童年龄、个人兴趣爱好及习惯，以及家庭的经济状况、文化教育水平等因素的影响，在健康风险评价中的作用非常重要。

9.2 资料与数据来源

关于我国儿童土壤接触时间的调查有中国儿童环境暴露行为模式研究。《概要》的数据主要来源于中国儿童环境暴露行为模式研究，我国儿童的土壤接触时间见表9-1～表9-2。

9.3 参数推荐值

表 9-1 中国儿童土壤接触时间推荐值

分类			土壤接触人数比例/%	土壤接触时间*/（min/d）					
				Mean	P5	P25	P50	P75	P95
1～<2岁	小计		62.6	38	5	15	30	60	120
	性别	男	66.0	41	5	20	30	60	120
		女	58.4	35	5	10	30	48	120

分类			土壤接触人数比例/%	土壤接触时间*/（min/d）					
				Mean	P5	P25	P50	P75	P95
1～<2 岁	城乡	城市	51.4	34	5	10	30	45	120
		农村	71.7	41	7	20	30	60	120
	片区	华北	69.5	44	10	20	30	60	120
		华东	57.8	37	5	15	30	40	120
		华南	69.6	46	5	20	30	60	120
		西北	54.7	35	7	20	30	40	90
		东北	34.9	28	5	10	20	30	60
		西南	66.5	28	5	10	20	30	80
2～<3 岁	小计		66.3	37	5	10	30	60	120
	性别	男	70.0	40	5	10	30	60	120
		女	61.9	34	5	10	30	50	110
	城乡	城市	55.3	31	5	10	20	30	100
		农村	75.4	41	5	15	30	60	120
	片区	华北	71.6	41	5	20	30	60	120
		华东	57.9	31	5	10	20	30	80
		华南	77.8	48	10	20	30	60	120
		西北	66.3	43	8	20	30	60	100
		东北	49.5	30	5	10	20	30	110
		西南	66.4	27	5	10	20	30	60
3～<4 岁	小计		67.0	40	5	20	30	60	120
	性别	男	69.7	40	9	20	30	60	120
		女	63.8	40	5	15	30	60	120
	城乡	城市	54.0	33	5	10	20	30	120
		农村	77.9	45	10	20	30	60	120
	片区	华北	70.9	43	5	20	30	60	120
		华东	58.6	38	10	15	30	60	120
		华南	79.6	46	10	20	30	60	120
		西北	71.3	50	10	20	60	60	120
		东北	44.2	33	5	10	20	30	120
		西南	65.4	29	2	10	20	30	100
4～<5 岁	小计		63.4	39	5	20	30	60	120
	性别	男	67.3	41	5	20	30	60	120
		女	58.8	36	5	15	30	40	120
	城乡	城市	50.7	33	5	10	30	40	120
		农村	73.5	41	5	20	30	60	120
	片区	华北	69.3	41	10	20	30	60	120
		华东	52.3	33	5	15	30	40	100
		华南	72.0	54	10	20	30	90	120
		西北	64.4	47	10	20	40	60	120
		东北	49.7	28	5	10	20	30	70
		西南	70.4	26	2	10	20	30	68

分类			土壤接触人数比例/%	土壤接触时间*/（min/d）					
				Mean	P5	P25	P50	P75	P95
5～<6 岁	小计		55.1	37	5	15	30	50	120
	性别	男	58.8	39	5	20	30	60	120
		女	50.5	32	5	10	30	40	100
	城乡	城市	48.5	30	5	10	30	30	70
		农村	60.9	41	3	20	30	60	120
	片区	华北	60.9	44	10	20	30	60	120
		华东	52.8	34	5	15	30	40	100
		华南	49.9	42	10	20	30	60	120
		西北	64.1	45	10	20	40	60	100
		东北	51.3	30	10	10	20	30	100
		西南	56.9	26	2	10	20	30	100
6～<9 岁	小计		63.8	24	5	10	20	30	60
	性别	男	65.5	25	5	10	20	30	60
		女	61.9	23	5	10	20	30	60
	城乡	城市	60.3	23	5	10	20	30	60
		农村	65.3	24	10	10	20	30	60
	片区	华北	79.4	23	10	10	20	30	60
		华东	41.0	25	5	10	20	30	60
		华南	70.8	27	10	10	20	30	60
		西北	64.2	25	5	10	20	30	60
		东北	46.9	19	5	10	10	30	60
		西南	58.7	24	5	10	20	30	60
9～<12 岁	小计		54.9	19	5	10	15	30	60
	性别	男	54.8	20	5	10	15	30	60
		女	55.1	19	5	10	15	20	60
	城乡	城市	52.7	20	4	10	11	30	60
		农村	55.9	19	5	10	15	25	60
	片区	华北	61.8	18	5	10	15	20	60
		华东	42.4	19	5	10	15	25	50
		华南	66.3	22	5	10	20	30	60
		西北	47.4	28	5	10	20	40	60
		东北	35.8	16	2	5	10	20	40
		西南	55.8	19	5	10	10	30	60
12～<15 岁	小计		48.7	19	5	10	12	30	60
	性别	男	49.3	20	5	10	12	30	60
		女	48.0	19	3	10	11	25	60
	城乡	城市	44.8	18	2	10	10	30	60
		农村	51.2	20	5	10	15	30	60
	片区	华北	58.1	20	5	10	15	30	60

分类			土壤接触人数比例/%	土壤接触时间*/（min/d）					
				Mean	P5	P25	P50	P75	P95
12~<15 岁	片区	华东	45.4	19	3	10	15	30	60
		华南	55.8	20	2	10	15	30	60
		西北	39.9	23	5	10	20	30	60
		东北	38.7	20	1	5	10	30	60
		西南	41.1	17	5	10	10	20	60
15~<18 岁	小计		41.3	21	5	10	20	30	60
	性别	男	40.7	22	5	10	20	30	60
		女	41.9	21	5	10	20	30	60
	城乡	城市	48.6	22	5	10	20	30	60
		农村	37.1	21	4	10	15	30	60
	片区	华北	54.1	20	5	10	15	20	60
		华东	38.6	18	3	10	10	20	60
		华南	62.9	25	5	10	20	30	60
		西北	22.6	20	5	10	20	30	60
		东北	48.9	16	5	10	10	20	40
		西南	34.0	23	5	10	20	30	60

数据来源：中国儿童环境暴露行为模式研究。

* 土壤接触时间指具有户外土壤接触行为儿童的土壤接触时间。

表 9-2　中国儿童分省的土壤接触时间推荐值

省（区、市）	土壤接触时间*/（min/d）								
	1~<2 岁	2~<3 岁	3~<4 岁	4~<5 岁	5~<6 岁	6~<9 岁	9~<12 岁	12~<15 岁	15~<18 岁
合计	38	37	40	39	37	24	19	19	21
北京	29	32	28	29	26	18	21	19	20
天津	28	30	35	29	27	20	21	20	21
河北	27	26	32	37	26	22	20	21	24
山西	29	32	32	30	46	19	16	15	19
内蒙古	27	32	37	32	41	34	25	52	21
辽宁	28	32	36	29	35	19	16	17	14
吉林	31	32	34	33	30	14	12	16	23
黑龙江	26	21	19	19	20	22	19	31	17
上海	30	29	20	33	43	20	21	18	20
江苏	41	30	27	30	25	20	18	18	19
浙江	30	40	48	33	43	25	19	21	19
安徽	44	35	42	35	33	24	17	20	18
福建	24	20	61	39	46	22	20	20	19
江西	30	28	29	25	33	34	18	20	13

省（区、市）	土壤接触时间[*]/（min/d）								
	1～<2岁	2～<3岁	3～<4岁	4～<5岁	5～<6岁	6～<9岁	9～<12岁	12～<15岁	15～<18岁
山东	25	29	46	43	35	23	22	22	19
河南	50	46	47	46	49	23	18	18	20
湖北	19	25	21	23	22	46	40	21	27
湖南	39	46	52	48	44	24	23	22	23
广东	42	41	38	46	36	28	20	17	20
广西	55	56	52	62	48	24	21	21	26
海南	41	38	38	53	40	32	22	19	30
重庆	28	28	36	32	42	30	22	16	27
四川	44	22	23	21	17	21	19	19	18
贵州	21	25	31	23	19	17	12	15	24
云南	29	32	26	30	34	23	22	19	26
陕西	28	39	43	39	36	24	21	23	18
甘肃	32	34	32	34	30	22	16	13	17
青海	39	42	55	56	47	35	34	31	27
宁夏	35	35	43	34	37	27	24	23	24
新疆	41	56	69	66	67	33	48	26	29

数据来源：中国儿童环境暴露行为模式研究。

[*] 土壤接触时间指具有户外土壤接触行为儿童的土壤接触时间。

10 与电磁暴露相关的时间活动模式参数

10.1 参数说明

与电磁暴露相关的时间活动模式参数（Time-Activity Factors Related to Electromagnetic Exposure）是时间活动模式参数的一种，指与各种电子设备，如电视、手机、台式电脑、平板电脑等接触的时间。

10.2 资料与数据来源

关于我国儿童与电磁暴露相关的时间活动模式参数研究有：中国儿童环境暴露行为模式研究以及针对局部地区儿童开展的与电磁暴露相关活动时间调查（国家统计局，2009）。《概要》的数据来源于中国儿童环境暴露行为模式研究，我国儿童与电视、手机、台式电脑和平板电脑的接触时间见表 10-1～表 10-8。

10.3 参数推荐值

表 10-1　中国儿童看电视时间推荐值

<table>
<tr><th colspan="3">分类</th><th rowspan="2">看电视
人数比例/%</th><th colspan="6">看电视时间*/（min/d）</th></tr>
<tr><th>Mean</th><th>P5</th><th>P25</th><th>P50</th><th>P75</th><th>P95</th></tr>
<tr><td rowspan="5">1～<2 岁</td><td colspan="2">小计</td><td>66.5</td><td>44</td><td>5</td><td>17</td><td>30</td><td>60</td><td>120</td></tr>
<tr><td rowspan="2">性别</td><td>男</td><td>63.9</td><td>44</td><td>5</td><td>20</td><td>30</td><td>60</td><td>120</td></tr>
<tr><td>女</td><td>69.7</td><td>45</td><td>5</td><td>15</td><td>30</td><td>60</td><td>120</td></tr>
<tr><td rowspan="2">城乡</td><td>城市</td><td>75.2</td><td>42</td><td>5</td><td>15</td><td>30</td><td>60</td><td>120</td></tr>
<tr><td>农村</td><td>59.4</td><td>47</td><td>5</td><td>20</td><td>30</td><td>60</td><td>120</td></tr>
</table>

分类			看电视人数比例/%	看电视时间*/（min/d）					
				Mean	P5	P25	P50	P75	P95
1～<2岁	片区	华北	62.8	42	5	·17	30	60	120
		华东	76.3	40	6	15	30	60	120
		华南	64.8	49	4	17	40	60	120
		西北	56.8	40	5	13	30	60	120
		东北	80.6	59	9	20	60	90	120
		西南	53.8	48	7	20	40	60	120
2～<3岁	小计		86.2	66	10	30	60	90	180
	性别	男	85.9	67	10	30	60	90	180
		女	86.4	66	9	30	60	90	180
	城乡	城市	90.0	61	10	30	50	90	180
		农村	83.0	71	10	30	60	100	180
	片区	华北	83.9	67	10	30	60	90	180
		华东	90.7	59	10	30	40	70	180
		华南	84.7	77	10	40	60	100	180
		西北	80.5	65	9	30	60	90	180
		东北	87.1	83	10	30	60	120	240
		西南	84.5	61	10	30	45	80	180
3～<4岁	小计		91.6	73	10	30	60	120	180
	性别	男	92.4	73	13	30	60	100	180
		女	90.7	74	10	30	60	120	200
	城乡	城市	91.3	69	10	30	60	90	180
		农村	91.9	77	15	30	60	120	200
	片区	华北	90.9	71	13	30	50	100	180
		华东	91.6	67	10	30	60	120	180
		华南	93.0	86	15	30	60	120	240
		西北	90.4	81	11	30	60	120	240
		东北	93.6	95	10	40	60	120	240
		西南	90.5	60	10	30	40	80	180
4～<5岁	小计		93.7	76	13	30	60	120	180
	性别	男	93.3	79	14	30	60	120	240
		女	94.2	73	13	30	60	120	180
	城乡	城市	93.1	70	13	30	60	90	180
		农村	94.2	81	15	30	60	120	240
	片区	华北	93.4	83	17	30	60	120	240
		华东	94.6	71	13	30	60	120	180
		华南	93.3	85	20	40	60	120	240
		西北	94.1	73	15	30	60	90	180
		东北	92.9	105	10	60	90	120	240
		西南	92.9	59	4	30	60	80	120

分类			看电视人数比例/%	看电视时间*/（min/d）					
				Mean	P5	P25	P50	P75	P95
5~<6岁	小计		86.8	75	13	30	60	120	180
	性别	男	88.6	76	11	30	60	120	180
		女	84.6	74	13	30	60	100	180
	城乡	城市	86.4	74	13	30	60	120	180
		农村	87.2	77	10	30	60	120	180
	片区	华北	89.1	74	15	30	60	120	180
		华东	88.8	70	13	30	60	120	150
		华南	80.6	86	17	50	60	120	240
		西北	84.7	75	15	40	60	90	180
		东北	83.0	110	13	60	120	120	240
		西南	89.3	66	4	30	60	90	180
6~<9岁	小计		90.8	46	9	20	30	60	120
	性别	男	90.9	47	9	20	30	60	120
		女	90.8	45	9	20	30	60	120
	城乡	城市	88.1	40	6	17	30	60	120
		农村	91.9	49	9	26	30	60	120
	片区	华北	92.8	40	9	20	30	60	100
		华东	91.4	57	9	20	30	90	150
		华南	85.9	47	8	26	40	60	120
		西北	91.3	51	9	30	51	60	120
		东北	91.8	42	6	20	30	60	120
		西南	89.5	49	9	30	40	60	120
9~<12岁	小计		88.5	47	7	20	30	60	120
	性别	男	86.9	47	9	20	30	60	120
		女	90.3	47	6	20	30	60	120
	城乡	城市	87.1	42	6	20	30	60	120
		农村	89.1	49	9	20	34	60	120
	片区	华北	88.6	42	5	20	30	60	120
		华东	89.0	46	6	17	30	60	120
		华南	85.7	49	8	26	40	60	120
		西北	90.0	55	4	30	60	60	120
		东北	88.0	47	9	26	30	60	120
		西南	90.7	52	10	30	40	60	120
12~<15岁	小计		85.6	42	4	17	30	60	120
	性别	男	84.8	44	6	17	30	60	120
		女	86.6	40	4	17	30	60	120
	城乡	城市	84.0	40	4	17	30	60	120
		农村	86.7	44	4	17	30	60	120
	片区	华北	87.5	34	4	11	21	40	120

分类			看电视人数比例/%	看电视时间*/（min/d）					
				Mean	P5	P25	P50	P75	P95
12~<15岁	片区	华东	88.4	34	4	11	26	60	100
		华南	82.0	47	6	17	30	60	120
		西北	85.5	46	4	14	30	60	120
		东北	87.3	45	6	17	30	60	120
		西南	85.1	50	9	23	40	60	120
15~<18岁	小计		75.4	34	3	9	17	40	120
	性别	男	74.3	34	4	11	17	40	120
		女	76.5	34	3	9	17	40	120
	城乡	城市	73.6	40	3	11	30	60	120
		农村	76.4	30	3	9	17	34	120
	片区	华北	72.3	37	2	9	21	60	120
		华东	78.2	32	2	9	17	40	120
		华南	75.5	40	3	10	30	60	120
		西北	75.9	22	4	9	13	26	86
		东北	60.3	47	3	11	30	60	140
		西南	77.6	36	9	17	18	36	120

数据来源：中国儿童环境暴露行为模式研究。

* 看电视时间指具有看电视行为儿童的看电视时间。

表 10-2　中国儿童看（玩）手机时间推荐值

分类			看（玩）手机人数比例/%	看（玩）手机时间*/（min/d）					
				Mean	P5	P25	P50	P75	P95
1~<2岁	小计		26.1	15	1	4	10	20	45
	性别	男	23.9	15	1	5	10	20	50
		女	28.8	14	1	4	10	20	40
	城乡	城市	42.7	15	1	4	10	20	40
		农村	12.6	15	1	4	10	20	60
	片区	华北	22.6	17	1	5	10	20	60
		华东	35.7	15	1	4	10	20	40
		华南	28.2	14	1	5	10	20	50
		西北	18.7	13	1	4	10	20	30
		东北	29.1	15	3	6	10	20	40
		西南	12.0	11	1	3	7	10	40
2~<3岁	小计		31.0	19	1	5	13	30	60
	性别	男	31.6	18	1	5	10	26	60
		女	30.4	19	1	5	15	30	60
	城乡	城市	50.0	19	1	5	15	30	60
		农村	15.4	17	1	4	10	20	60

分类			看（玩）手机人数比例/%	看（玩）手机时间*/（min/d）					
				Mean	P5	P25	P50	P75	P95
2～<3 岁	片区	华北	28.3	18	1	5	10	20	60
		华东	39.1	19	1	5	15	30	60
		华南	32.3	19	2	6	13	30	60
		西北	26.2	18	1	4	10	26	60
		东北	35.6	17	2	5	10	30	60
		西南	19.7	18	1	4	11	30	60
3～<4 岁	小计		32.7	19	1	6	13	30	60
	性别	男	32.5	20	1	6	13	30	60
		女	32.9	19	1	5	13	30	60
	城乡	城市	50.3	20	2	6	15	30	60
		农村	17.8	17	1	4	10	21	60
	片区	华北	29.8	18	1	5	10	30	60
		华东	39.4	21	2	6	13	30	60
		华南	33.8	19	1	6	15	30	60
		西北	26.7	16	1	4	10	20	60
		东北	33.3	22	3	9	20	30	60
		西南	24.6	19	1	6	13	30	60
4～<5 岁	小计		35.3	19	1	6	13	30	60
	性别	男	37.1	19	1	6	13	30	60
		女	33.1	19	1	5	13	30	60
	城乡	城市	51.1	19	2	6	13	30	60
		农村	22.6	18	1	4	10	30	60
	片区	华北	31.4	17	1	5	10	26	60
		华东	43.2	18	1	6	13	30	60
		华南	35.7	19	1	6	10	30	60
		西北	29.7	15	1	4	10	20	60
		东北	28.6	25	1	10	20	30	60
		西南	29.9	21	1	6	18	30	60
5～<6 岁	小计		31.7	18	1	6	11	30	60
	性别	男	33.3	18	1	6	13	30	60
		女	29.7	17	1	6	10	26	60
	城乡	城市	45.3	18	2	7	13	30	60
		农村	19.9	16	1	6	10	23	45
	片区	华北	31.4	19	1	7	13	30	60
		华东	37.3	17	3	6	10	20	60
		华南	28.0	17	3	6	10	20	60
		西北	27.4	14	1	4	10	20	60
		东北	26.6	17	3	6	11	30	40
		西南	29.0	20	1	9	14	30	60

分类			看（玩）手机人数比例/%	看（玩）手机时间*/（min/d）					
				Mean	P5	P25	P50	P75	P95
6～<9 岁	小计		40.3	15	1	4	10	20	40
	性别	男	42.5	15	1	4	10	20	40
		女	37.6	15	1	4	10	20	40
	城乡	城市	53.6	14	1	4	9	20	40
		农村	34.8	15	1	4	10	20	50
	片区	华北	35.8	15	2	4	9	20	60
		华东	29.6	12	1	4	9	17	30
		华南	51.5	13	1	4	9	20	35
		西北	51.2	16	3	6	10	20	40
		东北	46.2	11	1	3	9	15	30
		西南	47.0	18	2	6	13	30	60
9～<12 岁	小计		49.4	20	1	6	13	30	60
	性别	男	49.0	19	1	6	13	30	60
		女	49.8	20	1	6	13	30	60
	城乡	城市	60.7	21	1	6	15	30	60
		农村	44.2	19	2	6	13	30	60
	片区	华北	47.9	16	2	6	10	20	40
		华东	41.2	14	1	4	9	20	45
		华南	57.0	21	1	6	11	30	60
		西北	51.0	21	1	6	13	30	60
		东北	47.4	18	1	4	10	30	60
		西南	53.2	29	4	11	30	40	60
12～<15 岁	小计		61.2	33	2	9	20	40	120
	性别	男	59.9	34	2	10	20	40	120
		女	62.7	32	2	9	20	40	120
	城乡	城市	67.9	34	2	9	20	43	120
		农村	57.0	32	2	9	20	40	103
	片区	华北	59.8	30	2	9	17	30	120
		华东	59.9	25	1	6	13	30	90
		华南	63.9	35	2	10	21	50	120
		西北	45.7	29	1	4	15	30	120
		东北	72.3	38	3	10	26	60	120
		西南	63.1	39	6	20	30	50	100
15～<18 岁	小计		75.1	42	3	11	30	60	150
	性别	男	74.9	44	3	11	30	60	150
		女	75.3	41	3	10	30	60	150
	城乡	城市	77.6	51	3	15	30	60	160
		农村	73.7	37	2	10	23	40	120

分类		看（玩）手机 人数比例/%	看（玩）手机时间*/（min/d）					
			Mean	P5	P25	P50	P75	P95
15～<18岁	片区 华北	68.6	51	2	10	30	60	180
	华东	77.4	37	2	9	21	50	120
	华南	76.4	57	3	16	32	80	180
	西北	57.8	30	1	5	20	40	120
	东北	80.2	50	3	20	34	60	150
	西南	88.3	38	4	20	30	40	120

数据来源：中国儿童环境暴露行为模式研究。

* 看（玩）手机时间指具有看（玩）手机行为儿童的看（玩）手机时间。

表 10-3　中国儿童看（玩）台式电脑时间推荐值

分类			看（玩）台式电 脑人数比例/%	看（玩）台式电脑时间*/（min/d）					
				Mean	P5	P25	P50	P75	P95
1～<2岁	小计		5.3	15	1	3	10	20	60
	性别	男	5.4	16	1	4	10	20	60
		女	5.2	15	0	2	10	20	60
	城乡	城市	9.7	15	1	4	10	20	60
		农村	1.7	15	0	2	9	15	60
	片区	华北	4.6	20	0	3	10	30	90
		华东	6.2	13	1	5	10	17	40
		华南	7.9	15	1	2	5	20	60
		西北	2.7	17	0	3	10	30	60
		东北	3.9	13	1	4	10	20	30
		西南	3.3	15	1	4	10	20	50
2～<3岁	小计		9.7	20	1	5	10	30	60
	性别	男	9.7	21	1	4	10	30	60
		女	9.6	20	1	8	15	30	60
	城乡	城市	17.7	20	1	5	10	30	60
		农村	3.1	22	1	5	13	30	90
	片区	华北	10.1	25	3	6	17	40	60
		华东	11.8	17	1	3	10	30	60
		华南	10.4	21	1	5	13	30	60
		西北	4.2	20	1	4	10	30	60
		东北	9.0	16	1	4	9	30	43
		西南	6.7	22	1	6	15	30	60
3～<4岁	小计		14.0	20	1	6	13	30	60
	性别	男	14.0	19	1	7	13	30	60
		女	14.1	22	1	4	15	30	60
	城乡	城市	23.3	21	2	6	13	30	60
		农村	6.2	19	1	3	17	30	60
	片区	华北	12.8	19	1	3	13	30	60
		华东	20.8	20	2	7	13	30	60

分类			看（玩）台式电脑人数比例/%	看（玩）台式电脑时间*/（min/d）					
				Mean	P5	P25	P50	P75	P95
3～<4岁	片区	华南	13.2	22	2	9	17	30	60
		西北	4.5	24	1	6	17	30	90
		东北	9.4	24	3	10	15	30	60
		西南	9.5	21	0	3	13	30	60
4～<5岁	小计		16.1	22	2	9	17	30	60
	性别	男	16.9	22	2	9	17	30	60
		女	15.2	21	1	9	17	30	60
	城乡	城市	24.7	23	2	9	17	30	60
		农村	9.3	19	2	9	15	30	60
	片区	华北	14.3	21	1	5	15	30	60
		华东	20.5	23	3	9	17	30	60
		华南	19.3	21	4	6	17	30	60
		西北	5.9	18	2	5	15	30	43
		东北	11.1	23	1	8	20	30	60
		西南	12.6	21	2	10	17	26	60
5～<6岁	小计		19.9	22	2	8	13	30	60
	性别	男	21.5	22	1	6	13	30	60
		女	17.9	21	3	9	15	30	60
	城乡	城市	30.7	22	2	9	15	30	60
		农村	10.6	20	1	8	12	30	60
	片区	华北	18.0	21	1	9	15	30	60
		华东	24.2	19	2	5	10	30	60
		华南	21.2	21	3	6	12	30	60
		西北	7.0	19	1	4	10	30	60
		东北	13.1	22	3	9	17	30	60
		西南	19.1	28	4	13	21	34	60
6～<9岁	小计		43.0	17	2	6	9	24	60
	性别	男	46.8	18	2	6	9	26	60
		女	38.5	16	2	6	10	20	57
	城乡	城市	49.8	14	1	4	9	17	40
		农村	40.2	18	3	6	11	30	60
	片区	华北	43.5	16	3	6	9	21	60
		华东	35.5	19	2	6	9	30	60
		华南	45.9	18	2	9	13	29	60
		西北	42.4	18	2	8	15	30	45
		东北	47.2	12	1	4	9	17	30
		西南	45.7	18	2	8	11	26	60
9～<12岁	小计		53.8	21	3	9	17	30	60
	性别	男	54.9	22	3	9	17	30	60
		女	52.4	20	3	6	14	30	60
	城乡	城市	63.3	21	2	9	17	30	60
		农村	49.4	21	4	9	14	30	60

分类			看（玩）台式电脑人数比例/%	看（玩）台式电脑时间*/（min/d）					
				Mean	P5	P25	P50	P75	P95
9～<12 岁	片区	华北	56.9	19	4	9	14	26	60
		华东	48.4	19	3	6	11	26	60
		华南	53.9	23	3	9	17	30	60
		西北	42.0	25	2	8	16	34	77
		东北	59.1	18	2	4	9	30	60
		西南	52.7	27	4	11	20	34	60
12～<15 岁	小计		52.6	25	2	9	17	34	69
	性别	男	54.1	28	3	9	17	40	80
		女	50.9	22	2	9	14	30	60
	城乡	城市	62.0	26	3	9	17	34	77
		农村	46.7	25	2	9	17	34	69
	片区	华北	52.2	23	2	8	14	30	69
		华东	56.6	20	2	6	11	26	60
		华南	54.6	29	2	9	17	40	90
		西北	42.3	17	1	6	11	19	60
		东北	68.2	27	3	9	17	34	86
		西南	46.9	30	4	13	20	40	60
15～<18 岁	小计		52.2	30	3	9	17	34	120
	性别	男	55.2	33	3	9	17	43	120
		女	49.0	25	2	9	14	30	90
	城乡	城市	60.9	36	3	9	20	51	120
		农村	47.2	25	2	9	13	30	100
	片区	华北	52.5	34	2	6	17	50	120
		华东	63.5	33	2	8	17	50	120
		华南	55.0	38	2	9	23	51	137
		西北	46.5	14	3	6	11	11	40
		东北	46.1	37	3	10	30	51	120
		西南	47.5	27	4	13	17	29	103

数据来源：中国儿童环境暴露行为模式研究。

* 看（玩）台式电脑时间指具有看（玩）台式电脑行为儿童的看（玩）台式电脑时间。

表 10-4　中国儿童看（玩）平板电脑时间推荐值

分类			看（玩）平板电脑人数比例/%	看（玩）平板电脑时间*/（min/d）					
				Mean	P5	P25	P50	P75	P95
1～<2 岁	小计		3.5	16	1	3	10	25	60
	性别	男	4.0	15	1	4	9	25	60
		女	3.0	19	1	3	10	30	60
	城乡	城市	7.7	16	1	3	10	25	60
		农村	0.2	22	1	5	5	60	60
	片区	华北	3.8	24	1	4	15	30	60
		华东	6.3	14	1	3	7	20	60

分类			看（玩）平板电脑人数比例/%	看（玩）平板电脑时间*/（min/d）					
				Mean	P5	P25	P50	P75	P95
1～<2 岁	片区	华南	1.9	7	0	2	4	5	30
		西北	1.4	15	0	5	15	30	30
		东北	1.3	16	4	5	10	20	85
		西南	1.4	25	4	10	20	40	60
2～<3 岁	小计		5.2	21	2	9	17	30	60
	性别	男	5.0	18	1	5	10	30	60
		女	5.4	24	3	9	20	30	60
	城乡	城市	11.2	20	2	9	17	30	60
		农村	0.2	35	2	2	60	60	60
	片区	华北	5.2	23	1	7	13	30	60
		华东	9.9	19	4	9	15	30	40
		华南	2.3	26	4	10	30	30	60
		西北	2.0	21	0	10	19	30	90
		东北	2.0	26	0	20	30	30	60
		西南	2.7	20	1	5	15	20	60
3～<4 岁	小计		6.8	22	3	9	17	30	60
	性别	男	6.1	23	3	9	17	30	60
		女	7.6	22	2	6	14	30	60
	城乡	城市	14.0	22	3	9	15	30	60
		农村	0.7	31	1	2	26	60	90
	片区	华北	6.4	27	1	9	20	40	80
		华东	13.2	21	4	9	15	30	60
		华南	3.9	20	2	6	10	30	60
		西北	2.6	20	2	9	15	26	60
		东北	2.1	20	1	9	20	30	51
		西南	2.9	28	1	17	20	35	60
4～<5 岁	小计		6.0	23	3	9	20	30	60
	性别	男	6.5	24	2	9	20	30	60
		女	5.4	22	3	9	20	30	60
	城乡	城市	12.5	23	3	9	20	30	60
		农村	0.8	18	3	6	6	30	60
	片区	华北	6.3	20	1	9	15	30	60
		华东	9.7	25	3	10	20	30	60
		华南	5.4	23	3	6	20	30	60
		西北	1.4	14	2	4	9	17	51
		东北	1.4	21	1	6	13	30	60
		西南	2.7	24	9	10	17	34	60

分类			看（玩）平板电脑人数比例/%	看（玩）平板电脑时间*/（min/d）					
				Mean	P5	P25	P50	P75	P95
5～<6岁	小计		7.2	18	1	9	13	30	60
	性别	男	6.7	18	1	6	10	20	60
		女	7.8	19	2	9	15	30	51
	城乡	城市	15.0	19	1	9	15	30	60
		农村	0.5	8	1	1	4	10	30
	片区	华北	6.4	18	1	4	10	30	60
		华东	13.3	17	1	9	10	21	40
		华南	5.1	20	1	4	17	30	60
		西北	0.8	12	3	7	14	15	20
		东北	1.7	21	4	10	15	30	60
		西南	3.3	26	9	13	21	30	60
6～<9岁	小计		11.7	14	1	4	9	17	34
	性别	男	12.6	12	1	4	9	17	34
		女	10.8	15	1	4	9	20	60
	城乡	城市	21.4	14	1	4	9	17	43
		农村	7.8	13	1	4	9	20	34
	片区	华北	8.5	12	2	4	9	17	30
		华东	9.4	12	1	4	9	15	30
		华南	16.3	14	1	4	9	20	34
		西北	10.6	15	1	4	9	20	60
		东北	15.4	15	1	3	9	26	60
		西南	15.6	15	1	4	9	20	60
9～<12岁	小计		14.0	20	1	4	11	30	60
	性别	男	14.5	20	2	5	12	30	60
		女	13.4	20	1	4	10	30	60
	城乡	城市	25.5	20	1	6	13	30	60
		农村	8.7	19	1	4	10	30	60
	片区	华北	9.5	15	1	3	9	20	60
		华东	15.3	15	1	4	9	17	60
		华南	14.1	23	2	5	15	30	80
		西北	16.9	25	2	6	17	40	60
		东北	19.2	20	1	4	10	30	60
		西南	16.9	26	3	10	20	30	65
12～<15岁	小计		17.9	22	1	6	14	30	65
	性别	男	17.1	23	1	6	13	30	60
		女	18.7	21	1	6	15	30	65
	城乡	城市	25.5	22	2	6	13	30	60
		农村	13.0	22	1	6	17	30	65

分类		看（玩）平板电脑人数比例/%	看（玩）平板电脑时间*/（min/d）					
			Mean	P5	P25	P50	P75	P95
12～<15 岁	片区 华北	21.5	21	1	5	11	30	60
	华东	22.3	21	1	6	10	30	70
	华南	17.9	26	2	6	17	34	65
	西北	8.1	23	1	6	17	34	80
	东北	28.4	25	1	6	17	30	70
	西南	11.3	19	3	9	14	26	60
15～<18 岁	小计	12.1	30	1	6	17	40	120
	性别 男	12.1	35	2	9	20	51	120
	女	12.1	25	1	4	14	30	100
	城乡 城市	19.3	31	1	8	17	43	120
	农村	8.0	30	2	6	20	34	103
	片区 华北	16.1	42	2	9	30	60	120
	华东	21.0	27	1	8	17	34	90
	华南	13.1	28	1	4	17	30	120
	西北	3.6	18	2	4	8	20	60
	东北	14.1	34	1	9	29	60	100
	西南	8.2	28	2	4	17	40	120

数据来源：中国儿童环境暴露行为模式研究。

* 看（玩）平板电脑时间指具有看（玩）平板电脑行为儿童的看（玩）平板电脑时间。

表 10-5　中国儿童分省的看电视时间推荐值

省（区、市）	看电视时间*/（min/d）								
	1～<2 岁	2～<3 岁	3～<4 岁	4～<5 岁	5～<6 岁	6～<9 岁	9～<12 岁	12～<15 岁	15～<18 岁
合计	44	66	73	76	75	46	47	42	34
北京	33	55	51	46	49	30	32	39	45
天津	40	66	70	90	81	44	43	42	48
河北	46	89	114	137	93	28	24	25	37
山西	55	88	75	73	77	35	29	33	34
内蒙古	37	74	101	104	92	20	16	45	22
辽宁	54	73	80	88	94	41	44	36	62
吉林	40	76	88	90	111	43	51	49	26
黑龙江	78	103	124	142	131	41	44	58	41
上海	39	60	86	69	65	26	32	30	45
江苏	36	50	54	55	53	21	24	25	23
浙江	39	53	62	70	64	45	39	32	40
安徽	42	71	66	78	76	39	34	34	26
福建	32	30	91	84	90	33	38	33	38

省（区、市）	看电视时间*/（min/d）								
	1～<2岁	2～<3岁	3～<4岁	4～<5岁	5～<6岁	6～<9岁	9～<12岁	12～<15岁	15～<18岁
江西	55	88	82	99	87	98	69	52	42
山东	52	60	65	67	89	33	38	32	29
河南	42	61	64	72	66	41	45	32	32
湖北	30	55	69	75	86	45	46	40	42
湖南	44	85	96	98	101	45	46	41	43
广东	44	69	92	94	111	52	50	45	36
广西	59	85	87	79	70	46	50	48	41
海南	48	71	88	99	97	46	47	51	37
重庆	46	50	55	60	65	57	62	63	58
四川	42	44	46	35	47	49	50	32	25
贵州	60	84	81	74	84	49	49	52	53
云南	35	51	56	72	81	39	45	40	31
陕西	27	51	65	71	78	55	57	54	34
甘肃	36	39	45	53	51	28	35	21	16
青海	55	76	100	106	94	8	24	44	27
宁夏	39	83	91	94	99	52	51	32	40
新疆	64	101	129	77	76	57	66	82	51

数据来源：中国儿童环境暴露行为模式研究。

* 看电视时间指具有看电视行为儿童的看电视时间。

表 10-6　中国儿童分省的看（玩）手机时间推荐值

省（区、市）	看（玩）手机时间*/（min/d）								
	1～<2岁	2～<3岁	3～<4岁	4～<5岁	5～<6岁	6～<9岁	9～<12岁	12～<15岁	15～<18岁
合计	15	19	19	19	18	15	20	33	42
北京	17	13	16	12	17	11	20	43	87
天津	16	16	16	17	16	15	22	36	71
河北	22	27	28	21	18	11	10	20	38
山西	17	24	9	16	22	12	12	29	52
内蒙古	16	19	24	20	23	7	8	24	23
辽宁	16	19	28	29	19	11	13	26	56
吉林	9	15	12	12	18	11	23	43	37
黑龙江	15	15	16	26	14	15	21	54	50
上海	12	22	31	14	13	10	13	25	57
江苏	13	18	19	19	18	9	13	21	29
浙江	12	15	17	14	13	9	11	30	56
安徽	17	19	18	15	13	13	12	24	30
福建	15	15	20	24	16	13	16	29	65

省（区、市）	看（玩）手机时间*/（min/d）								
	1~<2岁	2~<3岁	3~<4岁	4~<5岁	5~<6岁	6~<9岁	9~<12岁	12~<15岁	15~<18岁
江西	29	22	21	17	18	14	16	20	34
山东	25	28	18	24	25	13	16	33	30
河南	18	17	18	17	20	16	15	28	41
湖北	11	13	15	12	12	16	23	26	44
湖南	15	20	20	27	21	16	21	35	52
广东	16	20	20	22	17	13	21	33	47
广西	14	16	19	13	13	11	19	32	59
海南	17	22	20	24	25	18	24	43	84
重庆	14	19	18	21	17	25	37	46	65
四川	12	15	15	15	16	10	20	25	24
贵州	9	20	21	27	26	18	31	44	57
云南	12	21	27	20	21	15	24	45	48
陕西	11	15	16	16	14	16	22	40	45
甘肃	17	18	13	13	13	15	17	9	22
青海	14	18	21	23	23	4	10	25	23
宁夏	8	22	19	16	14	14	17	17	48
新疆	—	—	—	3	4	12	21	51	26

数据来源：中国儿童环境暴露行为模式研究。

* 看（玩）手机时间指具有看（玩）手机行为儿童的看（玩）手机时间。

表 10-7　中国儿童分省的看（玩）台式电脑时间推荐值

省（区、市）	看（玩）台式电脑时间*/（min/d）								
	1~<2岁	2~<3岁	3~<4岁	4~<5岁	5~<6岁	6~<9岁	9~<12岁	12~<15岁	15~<18岁
合计	15	20	20	22	22	17	21	25	30
北京	20	12	18	11	19	12	19	33	70
天津	19	25	17	21	20	12	20	27	44
河北	40	22	31	28	17	13	15	24	27
山西	—	9	10	18	17	14	15	25	29
内蒙古	18	35	33	42	46	8	21	29	12
辽宁	14	18	25	23	18	10	14	24	46
吉林	6	23	34	22	36	14	22	28	29
黑龙江	14	11	18	26	21	16	22	38	27
上海	16	29	36	18	21	12	13	21	51
江苏	9	12	16	24	15	10	13	21	27
浙江	12	10	17	21	20	13	16	23	41
安徽	21	23	24	25	21	14	18	18	25
福建	11	18	23	27	27	16	21	26	41
江西	20	38	21	19	24	30	24	15	42

省（区、市）	看（玩）台式电脑时间*/（min/d）								
	1～<2岁	2～<3岁	3～<4岁	4～<5岁	5～<6岁	6～<9岁	9～<12岁	12～<15岁	15～<18岁
山东	25	26	23	31	35	11	15	19	22
河南	15	25	19	20	22	17	19	20	29
湖北	9	12	20	16	26	28	26	26	36
湖南	14	19	13	20	15	17	20	26	27
广东	20	24	23	23	27	19	26	24	32
广西	22	11	25	18	16	19	22	27	33
海南	11	27	15	38	27	16	24	37	58
重庆	8	30	22	17	21	24	34	42	50
四川	14	21	24	19	21	16	21	18	19
贵州	16	20	16	24	37	16	27	29	32
云南	21	18	29	19	20	15	25	27	28
陕西	3	12	39	16	14	18	28	23	27
甘肃	24	21	18	14	24	18	15	10	10
青海	—	14	28	—	18	4	11	18	17
宁夏	11	28	41	28	20	15	13	15	22
新疆	64	101	129	77	76	26	10	40	30

数据来源：中国儿童环境暴露行为模式研究。

* 看（玩）台式电脑时间指具有看（玩）台式电脑行为儿童的看（玩）台式电脑时间。

表 10-8　中国儿童分省的看（玩）平板电脑时间推荐值

省（区、市）	看（玩）平板电脑时间*/（min/d）								
	1～<2岁	2～<3岁	3～<4岁	4～<5岁	5～<6岁	6～<9岁	9～<12岁	12～<15岁	15～<18岁
合计	16	21	22	23	18	14	20	22	30
北京	28	11	17	14	16	12	19	25	52
天津	20	32	31	22	20	15	22	23	43
河北	39	26	31	19	12	17	14	21	36
山西	—	—	28	18	9	21	18	19	27
内蒙古	—	—	30	—	—	—	—	50	22
辽宁	16	28	23	17	14	14	15	22	34
吉林	—	—	15	—	—	17	24	28	37
黑龙江	12	22	19	26	26	14	20	30	31
上海	26	26	23	39	23	17	14	21	35
江苏	5	16	18	20	15	7	15	16	27
浙江	24	17	22	22	20	14	18	16	33
安徽	25	24	28	27	19	13	13	27	23
福建	55	47	26	25	17	14	17	22	24
江西	—	—	17	18	—	3	12	29	25
山东	20	6	35	33	42	8	17	23	17

省（区、市）	看（玩）平板电脑时间*/（min/d）								
	1~<2 岁	2~<3 岁	3~<4 岁	4~<5 岁	5~<6 岁	6~<9 岁	9~<12 岁	12~< 15 岁	15~< 18 岁
河南	29	9	22	17	18	12	13	18	45
湖北	10	30	21	30	52	13	20	23	27
湖南	12	16	38	14	19	11	16	37	55
广东	5	24	31	26	26	14	25	19	21
广西	12	23	17	19	18	13	24	22	20
海南	4	32	19	35	16	16	22	34	40
重庆	8	49	40	39	17	16	25	22	31
四川	3	12	23	13	41	12	19	20	17
贵州	31	12	23	21	28	15	29	18	47
云南	20	8	25	24	18	16	22	19	22
陕西	5	19	26	5	—	17	26	24	22
甘肃	16	23	20	16	12	10	17	15	7
青海	—	9	—	—	—	—	12	20	19
宁夏	—	—	—	—	—	3	14	10	44
新疆	—	—	—	—	—	—	—	24	17

数据来源：中国儿童环境暴露行为模式研究。

* 看（玩）平板电脑时间指具有看（玩）平板电脑行为儿童的看（玩）平板电脑时间。

参考文献

国家统计局和科技统计司. 2009. 2008 年时间利用调查资源汇编[M]. 北京：中国统计出版社.

11 体重

11.1 参数说明

体重（Body Weight，BW）指人体的质量，常见单位为千克、磅等，是反映受试人群体征的重要暴露参数。影响体重的因素很多，包括遗传因素、性别差异、人种差异、社会因素、生长因素等。

体重是评价人体环境污染物暴露剂量的必要参数，以暴露评价模型为例，污染物暴露剂量计算公式如下：

$$ADD = \frac{C \times IR \times EF \times ED}{BW \times AT} \qquad （11\text{-}1）$$

式中：C——某环境介质中污染物的浓度，mg/m^3，mg/L，mg/kg；

　　　IR——经某暴露途径的摄入量，如呼吸量（m^3/d）、饮水摄入量（L/d）等；

　　　EF——暴露频率，d/a；

　　　ED——暴露持续时间，a；

　　　BW——体重，kg；

　　　AT——平均暴露时间，d。

11.2 资料与数据来源

关于我国儿童体重的权威性大型调查有：中国儿童环境暴露行为模式研究，国民体质监测（国家体育总局，2005，2011，2015）、中国学生体制与健康调研（中国

学生体质与健康研究组，2012）、中国健康与营养调查（翟凤英，2007）和中国人群
生理常数与心理状况调查（朱广瑾，2006）。《概要》的数据来源于中国儿童环境暴
露行为模式研究，我国儿童的体重推荐值见表 11-1、表 11-2。

11.3　参数推荐值

表 11-1　中国儿童体重推荐值

分类			体重/kg					
			Mean	P5	P25	P50	P75	P95
0～<3 月	小计		6.4	4.1	5.3	6.3	7.2	8.8
	性别	男	6.7	4.5	5.8	6.8	7.5	9.0
		女	6.0	3.8	5.0	6.0	6.8	8.6
	城乡	城市	6.6	4.6	5.8	6.5	7.5	9.1
		农村	6.2	4.0	5.2	6.1	7.1	8.6
	片区	华北	6.4	4.1	5.5	6.2	7.1	8.9
		华东	6.7	4.3	5.7	6.8	7.6	9.1
		华南	6.1	3.6	5.2	6.0	7.1	8.6
		西北	6.3	4.3	5.4	6.2	7.1	8.5
		东北	6.3	3.8	5.5	6.2	7.0	8.1
		西南	6.1	4.2	5.0	6.0	7.0	8.3
3～<6 月	小计		7.9	6.0	7.0	7.9	8.8	10.1
	性别	男	8.3	6.5	7.4	8.1	9.1	10.4
		女	7.5	5.7	6.6	7.4	8.4	9.7
	城乡	城市	8.1	6.3	7.3	8.1	9.0	10.3
		农村	7.7	5.9	6.8	7.5	8.5	10.1
	片区	华北	8.1	6.2	7.2	8.0	9.0	10.1
		华东	8.4	6.5	7.6	8.3	9.0	10.4
		华南	7.4	5.7	6.6	7.0	8.1	10.1
		西北	7.8	5.9	6.8	7.6	8.5	10.0
		东北	8.0	6.0	7.1	8.0	8.9	10.0
		西南	7.7	6.0	7.0	7.5	8.3	10.0
6～<9 月	小计		9.1	7.0	8.1	9.0	10.0	11.5
	性别	男	9.4	7.1	8.5	9.4	10.2	12.0
		女	8.7	7.0	7.9	8.6	9.3	10.8
	城乡	城市	9.4	7.2	8.4	9.1	10.2	12.1
		农村	8.8	7.0	8.0	8.9	9.7	11.0

分类			体重/kg					
			Mean	P5	P25	P50	P75	P95
6～<9月	片区	华北	9.3	7.3	8.4	9.2	10.0	11.2
		华东	9.5	7.5	8.5	9.3	10.3	12.6
		华南	8.5	6.9	7.9	8.6	9.2	10.5
		西北	8.8	7.0	7.9	8.8	9.5	10.9
		东北	9.3	7.0	8.5	9.2	10.4	11.6
		西南	8.7	6.5	7.9	8.6	9.6	11.0
9月～<1岁	小计		9.8	7.8	9.0	9.9	10.7	12.2
	性别	男	10.1	8.0	9.1	10.0	11.0	12.5
		女	9.5	7.6	8.7	9.5	10.3	11.5
	城乡	城市	10.0	8.0	9.2	10.0	11.0	12.3
		农村	9.7	7.7	8.8	9.6	10.5	12.0
	片区	华北	10.1	8.0	9.3	10.0	10.9	12.5
		华东	10.2	8.0	9.3	10.1	11.1	12.5
		华南	9.2	7.5	8.5	9.1	10.1	11.0
		西北	9.6	7.5	8.8	9.5	10.3	11.6
		东北	10.5	8.6	9.5	10.3	11.1	13.1
		西南	9.4	7.0	8.6	9.2	10.1	12.0
1～<2岁	小计		11.2	8.6	10.0	11.0	12.2	14.0
	性别	男	11.5	9.0	10.2	11.4	12.5	14.4
		女	10.8	8.2	9.8	10.7	11.8	13.6
	城乡	城市	11.4	8.8	10.2	11.4	12.5	14.4
		农村	11.0	8.5	9.9	10.9	12.0	14.0
	片区	华北	11.5	9.1	10.3	11.3	12.5	14.1
		华东	11.7	9.2	10.6	11.5	12.5	14.5
		华南	10.4	8.4	9.5	10.2	11.4	12.6
		西北	10.9	8.6	9.8	10.8	11.9	13.5
		东北	11.7	9.0	10.4	11.5	12.7	14.5
		西南	10.7	8.0	9.5	10.5	12.0	14.0
2～<3岁	小计		13.5	10.3	12.1	13.4	14.7	17.0
	性别	男	13.7	10.7	12.5	13.6	14.9	17.2
		女	13.2	10.0	11.9	13.1	14.5	16.5
	城乡	城市	13.9	10.7	12.5	13.8	15.0	17.5
		农村	13.2	10.0	12.0	13.1	14.3	16.3
	片区	华北	13.9	11.2	12.6	13.8	15.0	17.0
		华东	14.1	11.3	13.0	14.0	15.0	17.5
		华南	12.5	9.8	11.3	12.3	13.7	15.6
		西北	13.3	10.7	12.2	13.1	14.4	16.2
		东北	14.3	11.2	12.7	14.3	15.4	17.5
		西南	13.0	9.8	11.7	13.0	14.2	16.0

分类			体重/kg					
			Mean	P5	P25	P50	P75	P95
3～<4岁	小计		15.6	12.1	14.0	15.4	17.0	19.5
	性别	男	15.8	12.2	14.2	15.7	17.1	19.9
		女	15.3	12.0	13.9	15.0	16.5	18.9
	城乡	城市	16.0	12.5	14.5	16.0	17.4	20.1
		农村	15.2	12.0	13.8	15.0	16.5	18.9
	片区	华北	15.7	12.5	14.2	15.5	17.0	19.4
		华东	16.4	13.2	15.0	16.0	17.7	20.4
		华南	14.6	11.7	13.2	14.3	15.8	18.3
		西北	15.1	12.0	13.9	15.1	16.3	18.5
		东北	16.3	13.1	14.8	16.0	17.3	20.3
		西南	15.2	12.0	14.0	15.0	16.4	19.0
4～<5岁	小计		17.7	13.6	15.8	17.5	19.2	22.9
	性别	男	17.9	14.0	16.0	17.8	19.5	23.0
		女	17.4	13.4	15.6	17.1	19.0	22.1
	城乡	城市	18.3	14.1	16.3	18.0	19.9	23.9
		农村	17.2	13.5	15.4	17.0	19.0	21.5
	片区	华北	18.3	14.3	16.6	18.0	20.0	23.0
		华东	18.4	14.7	16.6	18.1	19.9	23.5
		华南	16.7	12.9	14.8	16.5	18.2	21.5
		西北	17.0	13.7	15.4	16.8	18.3	21.0
		东北	18.5	13.8	16.3	18.3	20.3	24.3
		西南	16.7	13.0	15.0	16.4	18.2	20.5
5～<6岁	小计		19.6	15.0	17.5	19.3	21.2	25.5
	性别	男	19.9	15.3	17.8	19.7	21.5	25.8
		女	19.2	14.7	17.0	19.0	20.9	25.0
	城乡	城市	20.2	15.8	18.1	20.0	21.8	26.0
		农村	19.0	14.6	17.0	18.8	20.6	24.3
	片区	华北	19.7	14.9	17.4	19.4	21.5	25.8
		华东	20.5	16.4	18.8	20.1	21.9	26.2
		华南	18.2	14.1	16.4	17.7	20.0	23.4
		西北	18.9	15.1	17.2	18.8	20.2	23.1
		东北	21.2	16.0	18.5	20.8	23.0	27.8
		西南	18.8	14.9	17.0	18.6	20.1	24.0
6～<9岁	小计		26.5	19.9	22.5	25.0	29.4	38.0
	性别	男	27.3	20.0	23.0	26.0	30.0	40.0
		女	25.5	19.4	21.9	24.8	28.0	35.3
	城乡	城市	26.5	19.2	22.0	25.0	30.0	38.6
		农村	26.5	20.0	22.6	25.0	29.2	37.3

分类			体重/kg					
			Mean	P5	P25	P50	P75	P95
6~<9 岁	片区	华北	27.2	20.0	23.0	26.0	30.0	40.0
		华东	26.2	20.0	22.4	25.0	28.3	36.5
		华南	24.9	18.4	21.5	23.8	27.4	35.0
		西北	25.9	20.0	22.7	25.0	28.7	35.0
		东北	28.0	20.0	23.0	26.5	31.4	40.0
		西南	26.2	20.0	23.0	25.0	28.2	37.0
9~<12 岁	小计		36.8	25.0	30.0	35.0	41.6	55.0
	性别	男	37.8	25.4	30.9	35.6	42.6	57.0
		女	35.5	24.0	29.5	34.4	40.1	51.5
	城乡	城市	37.0	25.0	30.0	35.1	42.0	55.0
		农村	36.6	25.0	30.0	35.0	41.3	54.8
	片区	华北	38.9	26.7	31.6	37.0	44.0	59.1
		华东	36.4	25.4	30.3	34.8	40.7	52.0
		华南	33.3	23.2	27.0	32.0	37.8	48.0
		西北	35.2	25.0	29.5	34.0	39.0	51.0
		东北	41.0	27.2	33.1	39.0	47.7	60.0
		西南	34.8	24.1	29.0	33.0	40.0	52.0
12~<15 岁	小计		47.3	32.0	40.0	46.4	52.4	65.1
	性别	男	48.7	31.7	40.5	48.0	55.0	69.7
		女	45.7	32.4	40.0	45.0	50.5	60.4
	城乡	城市	48.4	33.7	41.3	47.0	54.0	67.0
		农村	46.6	31.0	39.7	46.0	52.0	64.6
	片区	华北	50.9	34.8	43.2	49.9	57.0	71.1
		华东	48.2	31.7	41.0	47.6	54.0	66.5
		华南	44.6	31.0	38.5	44.0	50.0	60.0
		西北	44.2	31.0	38.0	43.5	50.0	59.0
		东北	53.5	38.0	45.0	52.0	60.0	74.0
		西南	45.5	31.5	40.0	45.0	51.0	60.0
15~<18 岁	小计		54.8	42.7	49.0	53.1	60.0	71.0
	性别	男	58.0	45.0	51.4	56.0	63.0	75.4
		女	51.3	41.0	46.6	50.2	55.0	64.0
	城乡	城市	55.0	42.0	48.8	53.2	60.0	73.1
		农村	54.7	43.0	49.0	53.0	60.0	70.0
	片区	华北	58.8	45.0	51.6	57.0	64.2	78.8
		华东	56.0	43.0	49.3	54.2	60.3	75.5
		华南	51.6	40.0	46.0	50.1	55.0	67.0
		西北	53.3	43.0	49.0	53.0	57.0	64.0
		东北	57.4	45.0	50.0	55.0	63.0	78.0
		西南	53.8	43.0	48.0	52.0	58.5	68.0

数据来源：中国儿童环境暴露行为模式研究。

表 11-2　中国儿童分省的体重推荐值

省（区、市）	体重/kg												
	0~<3月	3~<6月	6~<9月	9月~<1岁	1~<2岁	2~<3岁	3~<4岁	4~<5岁	5~<6岁	6~<9岁	9~<12岁	12~<15岁	15~<18岁
合计	6.4	7.9	9.1	9.8	11.2	13.5	15.6	17.7	19.6	26.5	36.8	47.3	54.8
北京	6.7	8.4	9.1	10.1	11.6	14.0	17.0	19.1	21.8	28.0	39.2	50.6	55.0
天津	6.3	8.0	9.2	10.2	11.6	13.5	15.9	18.4	20.7	29.1	41.6	53.8	60.6
河北	6.7	8.5	9.5	10.4	12.0	14.5	16.3	18.8	21.5	27.5	38.3	51.3	57.0
山西	5.8	7.3	9.4	10.2	12.0	14.6	16.5	19.0	20.9	28.2	39.1	49.5	57.3
内蒙古	5.9	7.6	8.8	9.9	11.5	13.8	16.0	18.2	20.3	26.4	38.6	45.9	59.9
辽宁	6.4	8.0	9.8	10.8	12.1	15.0	16.7	19.8	21.9	27.5	40.7	53.2	56.8
吉林	6.3	8.0	9.2	10.0	11.2	13.7	16.2	17.9	21.1	28.0	41.2	55.0	60.5
黑龙江	6.0	8.0	8.9	10.3	11.1	13.5	15.6	16.9	20.4	33.2	42.2	51.9	55.9
上海	7.5	8.6	10.6	10.8	12.2	14.2	16.4	18.1	20.6	28.1	39.5	51.4	58.1
江苏	7.3	8.6	9.8	10.3	11.9	14.6	17.1	19.2	20.5	26.7	38.4	51.3	57.4
浙江	5.8	7.9	8.8	9.7	10.8	13.0	15.1	17.7	19.0	26.7	34.6	45.9	54.3
安徽	6.6	8.2	9.4	10.3	11.8	14.4	16.4	18.2	21.2	25.9	36.7	46.9	55.9
福建	5.7	7.7	8.5	9.4	10.6	12.8	15.1	17.0	18.9	24.9	35.7	43.8	53.3
江西	6.1	7.7	8.8	9.9	11.0	13.4	15.0	17.5	19.7	26.0	35.0	43.2	51.6
山东	6.5	8.3	9.6	10.0	11.8	13.9	16.6	19.2	21.9	29.7	38.9	54.6	59.1
河南	6.6	8.3	9.3	10.0	11.3	13.8	15.4	18.1	18.8	26.9	38.7	50.9	57.9
湖北	6.4	8.0	9.0	9.8	11.1	13.3	15.3	17.3	19.3	26.3	33.4	45.2	54.0
湖南	6.2	7.7	8.8	9.5	10.7	13.1	15.1	16.8	18.8	24.6	32.5	47.3	54.7
广东	6.0	7.3	8.4	8.6	10.2	12.2	14.1	15.6	17.4	23.8	33.6	44.0	51.4
广西	6.2	7.4	8.5	9.4	10.3	12.3	14.7	16.8	18.1	25.2	33.4	43.2	49.4
海南	5.9	7.2	8.4	8.7	10.1	12.7	14.2	17.0	18.1	24.7	33.1	45.5	50.8
重庆	6.2	8.0	9.2	10.0	11.6	13.9	15.5	17.0	19.2	26.2	32.2	43.5	53.3
四川	5.6	7.6	8.5	9.3	10.6	13.4	15.5	17.0	18.9	25.8	35.9	46.9	55.0
贵州	6.4	7.6	8.6	9.5	10.5	12.5	15.0	16.8	19.3	26.5	35.5	45.2	51.5
云南	6.2	7.7	8.4	8.9	10.3	12.4	14.6	15.8	17.5	26.1	37.2	48.5	53.4
陕西	6.6	8.3	9.3	9.8	11.1	13.7	15.5	17.4	19.5	25.8	36.0	44.4	55.1
甘肃	5.6	7.5	8.5	9.3	10.7	13.0	14.9	16.4	18.3	28.3	38.9	45.8	52.3
青海	5.8	7.6	8.8	9.3	10.5	12.9	14.3	16.6	18.3	23.3	28.3	39.1	50.8
宁夏	6.5	7.7	9.1	10.2	11.3	13.3	15.2	16.8	18.7	24.2	32.7	46.6	57.2
新疆	6.4	7.6	8.4	9.4	10.7	13.2	15.3	17.2	19.0	25.3	32.3	41.1	55.1

数据来源：中国儿童环境暴露行为模式研究。

参考文献

国家体育总局. 2005. 第二次国民体质监测公报. http：//www.sport.gov.cn/n16/n1077/n1467/n1587/616932.html.

国家体育总局. 2011. 2010 年国民体质监测公报. http：//www.sport.gov.cn/n16/n1077/n297454/2052709.html.

国家体育总局. 2015. 2014 年国民体质监测公报. http：//www.sport.gov.cn/n16/n1077/n1422/7331093.html.

翟凤英. 2007. 中国居民膳食结构与营养状况变迁的追踪研究[M]. 北京：科学出版社.

中国学生体质与健康研究组. 2012. 2010 年中国学生体质与健康研究报告. 北京：高等教育出版社.

朱广瑾. 2006. 中国人群生理常数与心理状况[M]. 北京：中国协和医科大学出版社：219-250.

12 皮肤暴露参数

12.1 参数说明

皮肤表面积（Body Surface Areas，SA），或称体表面积，指人体皮肤的总表面积，是计算皮肤暴露的必要参数（USEPA，2008）。在暴露评价工作中主要将人的皮肤表面积分为 7 个部位，即头部、躯干、上肢（包括上臂和手）和下肢（包括大腿、小腿和足）。皮肤暴露可能发生在不同环境介质的行为活动中，包括：水（洗澡、洗漱、洗衣、游泳等）、土（农业活动、户外娱乐等）、沉积物（渔业活动、涉水活动等）、其他液体（化学产品的使用）、蒸气或气体（化学产品的使用）、其他固体或残渣（打扫卫生等）。

皮肤暴露剂量计算方法见公式（12-1）。

$$ADD = \frac{C \times AF \times ET \times ED \times EF \times SA}{BW \times AT} \tag{12-1}$$

式中：ADD——皮肤对污染物的日均暴露剂量，mg/（kg·d）；

      C——水中污染物的浓度，mg/L；

      AF——皮肤渗透系数，cm/h；

      ET——暴露时间，min/d；

      ED——暴露持续时间，a；

      EF——暴露频率，d/a；

      SA——与污染介质接触的皮肤表面积，cm^2；

      BW——体重，kg；

      AT——平均暴露时间，d。

由公式（12-1）可见，皮肤表面积是计算皮肤暴露剂量的必要参数。皮肤表面积的确定方法分为两类，一是直接测量法，二是模型估算法。直接测量法主要有等覆盖法（Coating Method）、三角测量法（Triangulation）、表面整合法（Surface Integration）三种方法。等覆盖法是采用已知体积的材料覆盖到全身或身体某些部位；然后根据单位面积消耗的材料来进行推算；三角测量法是将身体划分为不同的几何图形，根据图形尺寸计算出每个图形的面积；表面整合法是应用求积计逐渐增加面积得到。由于这些方法在实际操作中存在一定限制和困难，因此人们开始探讨通过人体的其他指标利用相关模型来估算体表面积的方法。利用蒙特卡罗统计方法，通过大规模的皮肤面积与体重、身高的一元或二元回归分析，得到模型估算公式（12-2）。

$$SA = a_0 \times H^{a_1} \times W^{a_2} \qquad （12-2）$$

式中：SA——皮肤表面积，m^2；

    H——身高，cm；

    W——体重，kg。

a_0、a_1、a_2取值如表 12-1 所示：

表 12-1　儿童体表面积系数取值

年龄	a_0	a_1	a_2
0～<5 岁	0.026 67	0.382 17	0.539 37
5～<18 岁	0.030 50	0.351 29	0.543 75

数据来源：USEPA，2008。

12.2　资料与数据来源

关于我国儿童皮肤表面积的研究有：中国儿童环境暴露行为模式研究。《概要》的数据来源于中国儿童环境暴露行为模式研究，是在中国儿童环境暴露行为模式研究实测身长/身高和体重数据的基础上，通过皮肤表面积公式计算获得的。我国儿童皮肤表面积推荐值见表 12-2～表 12-15。

12.3 参数推荐值

表 12-2 中国儿童总皮肤表面积推荐值

分类			总皮肤表面积/m²					
			Mean	P5	P25	P50	P75	P95
0～<3 月	小计		0.34	0.27	0.31	0.34	0.38	0.43
	性别	男	0.36	0.27	0.32	0.36	0.39	0.43
		女	0.33	0.25	0.30	0.33	0.36	0.42
	城乡	城市	0.35	0.28	0.32	0.35	0.38	0.44
		农村	0.34	0.26	0.30	0.34	0.37	0.42
	片区	华北	0.35	0.27	0.31	0.35	0.38	0.46
		华东	0.35	0.27	0.32	0.36	0.39	0.44
		华南	0.34	0.24	0.30	0.34	0.38	0.42
		西北	0.34	0.27	0.31	0.34	0.37	0.41
		东北	0.34	0.25	0.31	0.34	0.37	0.40
		西南	0.33	0.27	0.30	0.33	0.37	0.40
3～<6 月	小计		0.40	0.34	0.37	0.40	0.43	0.48
	性别	男	0.41	0.36	0.38	0.41	0.44	0.49
		女	0.39	0.33	0.36	0.38	0.42	0.46
	城乡	城市	0.41	0.35	0.38	0.41	0.44	0.48
		农村	0.40	0.33	0.37	0.39	0.42	0.48
	片区	华北	0.41	0.35	0.38	0.41	0.43	0.47
		华东	0.42	0.35	0.40	0.42	0.44	0.48
		华南	0.39	0.33	0.36	0.37	0.41	0.48
		西北	0.40	0.34	0.37	0.39	0.42	0.48
		东北	0.40	0.33	0.37	0.41	0.43	0.46
		西南	0.39	0.33	0.37	0.39	0.42	0.47
6～<9 月	小计		0.45	0.38	0.42	0.44	0.47	0.52
	性别	男	0.46	0.38	0.43	0.46	0.48	0.54
		女	0.43	0.38	0.41	0.43	0.45	0.50
	城乡	城市	0.45	0.39	0.43	0.45	0.48	0.54
		农村	0.44	0.37	0.41	0.44	0.46	0.50
	片区	华北	0.45	0.39	0.42	0.45	0.48	0.51
		华东	0.46	0.39	0.43	0.46	0.48	0.55
		华南	0.43	0.37	0.41	0.43	0.45	0.48
		西北	0.44	0.38	0.41	0.44	0.46	0.50
		东北	0.45	0.38	0.43	0.46	0.48	0.52
		西南	0.43	0.36	0.41	0.43	0.46	0.51

分类			总皮肤表面积/m²					
			Mean	P5	P25	P50	P75	P95
9月~<1岁		小计	0.47	0.41	0.45	0.47	0.50	0.54
	性别	男	0.48	0.41	0.45	0.48	0.51	0.55
		女	0.46	0.40	0.44	0.46	0.49	0.53
	城乡	城市	0.48	0.42	0.45	0.48	0.51	0.55
		农村	0.47	0.40	0.44	0.47	0.49	0.54
	片区	华北	0.48	0.42	0.46	0.48	0.51	0.56
		华东	0.48	0.42	0.46	0.49	0.51	0.55
		华南	0.46	0.40	0.43	0.45	0.48	0.50
		西北	0.47	0.40	0.45	0.46	0.49	0.53
		东北	0.49	0.43	0.46	0.49	0.52	0.56
		西南	0.46	0.39	0.44	0.46	0.48	0.53
1~<2岁		小计	0.52	0.44	0.49	0.52	0.56	0.61
	性别	男	0.53	0.45	0.49	0.53	0.57	0.62
		女	0.51	0.43	0.48	0.51	0.55	0.60
	城乡	城市	0.53	0.45	0.50	0.53	0.57	0.62
		农村	0.52	0.44	0.48	0.51	0.55	0.60
	片区	华北	0.53	0.46	0.50	0.53	0.57	0.62
		华东	0.54	0.46	0.51	0.54	0.57	0.62
		华南	0.50	0.43	0.47	0.50	0.53	0.57
		西北	0.52	0.44	0.48	0.51	0.55	0.60
		东北	0.54	0.45	0.50	0.54	0.57	0.63
		西南	0.51	0.42	0.47	0.50	0.54	0.61
2~<3岁		小计	0.61	0.51	0.57	0.61	0.64	0.71
	性别	男	0.61	0.52	0.58	0.61	0.65	0.71
		女	0.60	0.50	0.56	0.60	0.64	0.70
	城乡	城市	0.62	0.52	0.58	0.62	0.65	0.71
		农村	0.60	0.50	0.56	0.60	0.63	0.69
	片区	华北	0.62	0.54	0.58	0.62	0.65	0.71
		华东	0.63	0.54	0.59	0.63	0.66	0.72
		华南	0.58	0.49	0.54	0.57	0.61	0.67
		西北	0.60	0.52	0.57	0.60	0.63	0.69
		东北	0.63	0.54	0.58	0.63	0.67	0.72
		西南	0.59	0.49	0.55	0.59	0.63	0.68
3~<4岁		小计	0.68	0.58	0.63	0.67	0.71	0.79
	性别	男	0.68	0.58	0.64	0.68	0.72	0.80
		女	0.67	0.57	0.63	0.66	0.71	0.77
	城乡	城市	0.69	0.59	0.65	0.69	0.73	0.80
		农村	0.66	0.57	0.62	0.66	0.70	0.77

分类			总皮肤表面积/m²					
			Mean	P5	P25	P50	P75	P95
3～<4 岁	片区	华北	0.68	0.59	0.64	0.68	0.72	0.78
		华东	0.70	0.61	0.66	0.69	0.74	0.81
		华南	0.65	0.56	0.61	0.64	0.69	0.76
		西北	0.66	0.57	0.62	0.66	0.70	0.76
		东北	0.70	0.61	0.65	0.70	0.73	0.81
		西南	0.66	0.56	0.62	0.66	0.70	0.76
4～<5 岁	小计		0.74	0.63	0.69	0.74	0.79	0.88
	性别	男	0.75	0.63	0.70	0.75	0.80	0.89
		女	0.74	0.62	0.69	0.73	0.78	0.87
	城乡	城市	0.76	0.65	0.71	0.76	0.81	0.90
		农村	0.73	0.62	0.68	0.73	0.78	0.85
	片区	华北	0.76	0.66	0.72	0.76	0.81	0.89
		华东	0.76	0.66	0.72	0.76	0.81	0.90
		华南	0.72	0.61	0.66	0.71	0.77	0.84
		西北	0.72	0.63	0.68	0.72	0.76	0.84
		东北	0.77	0.63	0.71	0.77	0.81	0.91
		西南	0.71	0.60	0.67	0.71	0.76	0.82
5～<6 岁	小计		0.80	0.67	0.75	0.80	0.85	0.95
	性别	男	0.81	0.68	0.76	0.81	0.86	0.95
		女	0.79	0.67	0.73	0.79	0.83	0.94
	城乡	城市	0.82	0.70	0.77	0.82	0.86	0.97
		农村	0.79	0.66	0.73	0.78	0.83	0.92
	片区	华北	0.81	0.67	0.75	0.80	0.86	0.95
		华东	0.83	0.72	0.78	0.82	0.87	0.97
		华南	0.77	0.66	0.72	0.76	0.82	0.90
		西北	0.79	0.68	0.74	0.79	0.82	0.90
		东北	0.85	0.72	0.79	0.84	0.89	1.01
		西南	0.78	0.66	0.73	0.77	0.82	0.91
6～<9 岁	小计		0.99	0.82	0.90	0.97	1.06	1.25
	性别	男	1.01	0.83	0.91	0.98	1.08	1.27
		女	0.97	0.81	0.88	0.95	1.03	1.20
	城乡	城市	0.99	0.81	0.89	0.97	1.07	1.25
		农村	0.99	0.82	0.90	0.97	1.06	1.25
	片区	华北	1.01	0.83	0.91	0.98	1.08	1.29
		华东	0.98	0.82	0.89	0.96	1.04	1.22
		华南	0.95	0.79	0.87	0.93	1.01	1.17
		西北	0.98	0.82	0.90	0.96	1.04	1.18
		东北	1.02	0.84	0.92	1.00	1.10	1.28
		西南	0.99	0.83	0.91	0.96	1.04	1.23

分类		总皮肤表面积/m²					
		Mean	P5	P25	P50	P75	P95
9～＜12 岁	小计	1.23	0.97	1.10	1.21	1.34	1.58
	性别 男	1.25	0.99	1.11	1.22	1.36	1.61
	女	1.21	0.95	1.08	1.19	1.32	1.53
	城乡 城市	1.24	0.97	1.10	1.21	1.35	1.59
	农村	1.23	0.97	1.09	1.20	1.33	1.58
	片区 华北	1.27	1.01	1.13	1.25	1.38	1.65
	华东	1.22	0.98	1.10	1.19	1.32	1.52
	华南	1.16	0.92	1.03	1.15	1.26	1.46
	西北	1.20	0.97	1.08	1.19	1.28	1.54
	东北	1.32	1.03	1.18	1.29	1.45	1.71
	西南	1.19	0.95	1.06	1.17	1.29	1.52
12～＜15 岁	小计	1.46	1.14	1.33	1.46	1.57	1.79
	性别 男	1.48	1.14	1.34	1.48	1.61	1.86
	女	1.43	1.16	1.32	1.43	1.54	1.70
	城乡 城市	1.49	1.20	1.36	1.47	1.60	1.82
	农村	1.44	1.13	1.30	1.45	1.56	1.77
	片区 华北	1.53	1.21	1.40	1.52	1.65	1.89
	华东	1.48	1.14	1.35	1.48	1.59	1.81
	华南	1.41	1.13	1.30	1.41	1.52	1.70
	西北	1.40	1.12	1.27	1.40	1.53	1.68
	东北	1.58	1.29	1.44	1.56	1.70	1.93
	西南	1.42	1.14	1.30	1.43	1.53	1.70
15～＜18 岁	小计	1.61	1.38	1.51	1.59	1.70	1.90
	性别 男	1.68	1.45	1.56	1.65	1.77	1.97
	女	1.54	1.35	1.45	1.53	1.61	1.76
	城乡 城市	1.62	1.37	1.51	1.59	1.71	1.93
	农村	1.61	1.39	1.51	1.59	1.70	1.89
	片区 华北	1.68	1.43	1.56	1.66	1.78	2.01
	华东	1.64	1.39	1.52	1.61	1.73	1.99
	华南	1.55	1.35	1.44	1.54	1.63	1.83
	西北	1.58	1.38	1.51	1.58	1.66	1.79
	东北	1.66	1.44	1.54	1.63	1.76	1.99
	西南	1.60	1.39	1.50	1.58	1.69	1.86

数据来源：中国儿童环境暴露行为模式研究。

表 12-3　中国儿童皮肤表面积（头部）推荐值

分类		皮肤表面积（头部）/m²					
		Mean	P5	P25	P50	P75	P95
0～<3 月	小计	0.06	0.05	0.06	0.06	0.07	0.08
	性别 男	0.06	0.05	0.06	0.07	0.07	0.08
	女	0.06	0.05	0.05	0.06	0.07	0.08
	城乡 城市	0.06	0.05	0.06	0.06	0.07	0.08
	农村	0.06	0.05	0.05	0.06	0.07	0.08
	片区 华北	0.06	0.05	0.06	0.06	0.07	0.08
	华东	0.06	0.05	0.06	0.06	0.07	0.08
	华南	0.06	0.04	0.05	0.06	0.07	0.08
	西北	0.06	0.05	0.06	0.06	0.07	0.08
	东北	0.06	0.05	0.06	0.06	0.07	0.07
	西南	0.06	0.05	0.05	0.06	0.07	0.07
3～<6 月	小计	0.07	0.06	0.07	0.07	0.08	0.09
	性别 男	0.08	0.06	0.07	0.07	0.08	0.09
	女	0.07	0.06	0.07	0.07	0.08	0.08
	城乡 城市	0.07	0.06	0.07	0.07	0.08	0.09
	农村	0.07	0.06	0.07	0.07	0.08	0.09
	片区 华北	0.07	0.06	0.07	0.07	0.08	0.08
	华东	0.08	0.06	0.07	0.08	0.08	0.09
	华南	0.07	0.06	0.07	0.07	0.07	0.09
	西北	0.07	0.06	0.07	0.07	0.08	0.09
	东北	0.07	0.06	0.07	0.07	0.08	0.09
	西南	0.07	0.06	0.07	0.07	0.08	0.09
6～<9 月	小计	0.08	0.07	0.08	0.08	0.09	0.09
	性别 男	0.08	0.07	0.08	0.08	0.09	0.10
	女	0.08	0.07	0.07	0.08	0.09	0.09
	城乡 城市	0.08	0.07	0.08	0.08	0.09	0.10
	农村	0.08	0.07	0.08	0.08	0.08	0.09
	片区 华北	0.08	0.07	0.08	0.08	0.09	0.09
	华东	0.08	0.07	0.08	0.08	0.09	0.10
	华南	0.08	0.07	0.07	0.08	0.08	0.09
	西北	0.08	0.07	0.07	0.08	0.08	0.09
	东北	0.08	0.07	0.08	0.08	0.08	0.09
	西南	0.08	0.07	0.07	0.08	0.09	0.09
9 月～<1 岁	小计	0.09	0.07	0.08	0.09	0.09	0.10
	性别 男	0.09	0.08	0.08	0.09	0.09	0.10
	女	0.08	0.07	0.08	0.08	0.09	0.10

分类			皮肤表面积（头部）/m²					
			Mean	P5	P25	P50	P75	P95
9月～<1岁	城乡	城市	0.09	0.08	0.08	0.09	0.09	0.10
		农村	0.09	0.07	0.08	0.09	0.09	0.10
	片区	华北	0.09	0.08	0.08	0.09	0.09	0.10
		华东	0.09	0.08	0.08	0.09	0.09	0.10
		华南	0.08	0.07	0.08	0.08	0.09	0.09
		西北	0.08	0.07	0.08	0.08	0.09	0.10
		东北	0.09	0.08	0.08	0.09	0.09	0.10
		西南	0.08	0.07	0.08	0.08	0.09	0.10
1～<2岁	小计		0.09	0.07	0.08	0.09	0.09	0.10
	性别	男	0.09	0.07	0.08	0.09	0.09	0.10
		女	0.08	0.07	0.08	0.08	0.09	0.10
	城乡	城市	0.09	0.07	0.08	0.09	0.09	0.10
		农村	0.09	0.07	0.08	0.08	0.09	0.10
	片区	华北	0.09	0.08	0.08	0.09	0.09	0.10
		华东	0.09	0.08	0.08	0.09	0.09	0.10
		华南	0.08	0.07	0.08	0.08	0.09	0.09
		西北	0.08	0.07	0.08	0.08	0.09	0.10
		东北	0.09	0.07	0.08	0.09	0.09	0.10
		西南	0.08	0.07	0.08	0.08	0.09	0.10
2～<3岁	小计		0.09	0.07	0.08	0.09	0.09	0.10
	性别	男	0.09	0.07	0.08	0.09	0.09	0.10
		女	0.08	0.07	0.08	0.08	0.09	0.10
	城乡	城市	0.09	0.07	0.08	0.09	0.09	0.10
		农村	0.08	0.07	0.08	0.08	0.09	0.10
	片区	华北	0.09	0.08	0.08	0.09	0.09	0.10
		华东	0.09	0.08	0.08	0.09	0.09	0.10
		华南	0.08	0.07	0.08	0.08	0.09	0.09
		西北	0.09	0.07	0.08	0.09	0.09	0.10
		东北	0.09	0.08	0.08	0.09	0.09	0.10
		西南	0.08	0.07	0.08	0.08	0.09	0.10
3～<4岁	小计		0.09	0.08	0.09	0.09	0.10	0.11
	性别	男	0.09	0.08	0.09	0.09	0.10	0.11
		女	0.09	0.08	0.09	0.09	0.10	0.10
	城乡	城市	0.09	0.08	0.09	0.09	0.10	0.11
		农村	0.09	0.08	0.08	0.09	0.10	0.10
	片区	华北	0.09	0.08	0.09	0.09	0.10	0.11
		华东	0.10	0.08	0.09	0.09	0.10	0.11

分类			皮肤表面积（头部）/m²					
			Mean	P5	P25	P50	P75	P95
3～<4 岁	片区	华南	0.09	0.08	0.08	0.09	0.09	0.10
		西北	0.09	0.08	0.08	0.09	0.10	0.10
		东北	0.09	0.08	0.09	0.09	0.10	0.11
		西南	0.09	0.08	0.08	0.09	0.09	0.10
4～<5 岁		小计	0.10	0.09	0.10	0.10	0.11	0.12
	性别	男	0.10	0.09	0.10	0.10	0.11	0.12
		女	0.10	0.09	0.09	0.10	0.11	0.12
	城乡	城市	0.11	0.09	0.10	0.10	0.11	0.12
		农村	0.10	0.09	0.09	0.10	0.11	0.12
	片区	华北	0.11	0.09	0.10	0.10	0.11	0.12
		华东	0.11	0.09	0.10	0.11	0.11	0.12
		华南	0.10	0.08	0.09	0.10	0.11	0.12
		西北	0.10	0.09	0.09	0.10	0.11	0.12
		东北	0.11	0.09	0.10	0.11	0.11	0.13
		西南	0.10	0.08	0.09	0.10	0.10	0.11
5～<6 岁		小计	0.11	0.09	0.10	0.10	0.11	0.12
	性别	男	0.11	0.09	0.10	0.11	0.11	0.12
		女	0.10	0.09	0.10	0.10	0.11	0.12
	城乡	城市	0.11	0.09	0.10	0.11	0.11	0.13
		农村	0.10	0.09	0.10	0.10	0.11	0.12
	片区	华北	0.11	0.09	0.10	0.10	0.11	0.12
		华东	0.11	0.09	0.10	0.11	0.11	0.13
		华南	0.10	0.09	0.09	0.10	0.11	0.12
		西北	0.10	0.09	0.10	0.10	0.11	0.12
		东北	0.11	0.09	0.10	0.11	0.12	0.13
		西南	0.10	0.09	0.10	0.10	0.11	0.12
6～<9 岁		小计	0.13	0.11	0.12	0.13	0.14	0.16
	性别	男	0.13	0.11	0.12	0.13	0.14	0.17
		女	0.13	0.11	0.12	0.12	0.14	0.16
	城乡	城市	0.13	0.11	0.12	0.13	0.14	0.16
		农村	0.13	0.11	0.12	0.13	0.14	0.16
	片区	华北	0.13	0.11	0.12	0.13	0.14	0.17
		华东	0.13	0.11	0.12	0.13	0.14	0.16
		华南	0.12	0.10	0.11	0.12	0.13	0.15
		西北	0.13	0.11	0.12	0.13	0.14	0.16
		东北	0.13	0.11	0.12	0.13	0.14	0.17
		西南	0.13	0.11	0.12	0.13	0.14	0.16

分类			皮肤表面积（头部）/m²					
			Mean	P5	P25	P50	P75	P95
9～<12岁	小计		0.13	0.10	0.12	0.13	0.15	0.17
	性别	男	0.14	0.10	0.12	0.13	0.15	0.18
		女	0.13	0.10	0.12	0.13	0.14	0.17
	城乡	城市	0.13	0.10	0.12	0.13	0.15	0.18
		农村	0.13	0.10	0.12	0.13	0.15	0.17
	片区	华北	0.14	0.11	0.12	0.14	0.15	0.17
		华东	0.13	0.10	0.12	0.13	0.14	0.17
		华南	0.13	0.10	0.11	0.12	0.14	0.16
		西北	0.13	0.09	0.11	0.13	0.14	0.16
		东北	0.14	0.10	0.12	0.14	0.16	0.19
		西南	0.13	0.10	0.11	0.13	0.14	0.17
12～<15岁	小计		0.14	0.11	0.12	0.13	0.15	0.17
	性别	男	0.14	0.11	0.12	0.14	0.15	0.18
		女	0.13	0.11	0.12	0.13	0.14	0.16
	城乡	城市	0.14	0.11	0.12	0.14	0.15	0.17
		农村	0.13	0.11	0.12	0.13	0.15	0.17
	片区	华北	0.14	0.11	0.13	0.14	0.15	0.18
		华东	0.14	0.11	0.12	0.14	0.15	0.17
		华南	0.13	0.11	0.12	0.13	0.15	0.16
		西北	0.13	0.10	0.12	0.13	0.14	0.16
		东北	0.15	0.12	0.13	0.14	0.16	0.18
		西南	0.13	0.10	0.12	0.13	0.15	0.16
15～<18岁	小计		0.13	0.11	0.12	0.12	0.13	0.15
	性别	男	0.13	0.11	0.12	0.13	0.14	0.16
		女	0.12	0.11	0.11	0.12	0.13	0.14
	城乡	城市	0.13	0.11	0.12	0.13	0.13	0.15
		农村	0.13	0.11	0.12	0.12	0.13	0.15
	片区	华北	0.13	0.11	0.12	0.13	0.14	0.16
		华东	0.13	0.11	0.12	0.13	0.14	0.16
		华南	0.12	0.10	0.11	0.12	0.13	0.14
		西北	0.12	0.11	0.12	0.12	0.13	0.14
		东北	0.13	0.11	0.12	0.13	0.14	0.16
		西南	0.13	0.11	0.12	0.12	0.13	0.14

数据来源：中国儿童环境暴露行为模式研究。

表 12-4　中国儿童皮肤表面积（躯干）推荐值

分类			皮肤表面积（躯干）/m²					
			Mean	P5	P25	P50	P75	P95
0～<3 月	小计		0.12	0.09	0.11	0.12	0.13	0.15
	性别	男	0.13	0.10	0.12	0.13	0.14	0.15
		女	0.12	0.09	0.11	0.12	0.13	0.15
	城乡	城市	0.13	0.10	0.12	0.13	0.14	0.16
		农村	0.12	0.09	0.11	0.12	0.13	0.15
	片区	华北	0.12	0.09	0.11	0.12	0.13	0.16
		华东	0.13	0.10	0.12	0.13	0.14	0.16
		华南	0.12	0.08	0.11	0.12	0.14	0.15
		西北	0.12	0.09	0.11	0.12	0.13	0.15
		东北	0.12	0.09	0.11	0.12	0.13	0.14
		西南	0.12	0.09	0.11	0.12	0.13	0.14
3～<6 月	小计		0.14	0.12	0.13	0.14	0.15	0.17
	性别	男	0.15	0.13	0.14	0.15	0.16	0.17
		女	0.14	0.12	0.13	0.14	0.15	0.17
	城乡	城市	0.15	0.12	0.14	0.15	0.16	0.17
		农村	0.14	0.12	0.13	0.14	0.15	0.17
	片区	华北	0.15	0.12	0.14	0.15	0.16	0.17
		华东	0.15	0.13	0.14	0.15	0.16	0.17
		华南	0.14	0.12	0.13	0.13	0.15	0.17
		西北	0.14	0.12	0.13	0.14	0.15	0.17
		东北	0.14	0.12	0.13	0.14	0.15	0.17
		西南	0.14	0.12	0.13	0.14	0.15	0.17
6～<9 月	小计		0.16	0.13	0.15	0.16	0.17	0.19
	性别	男	0.16	0.14	0.15	0.16	0.17	0.19
		女	0.15	0.13	0.15	0.15	0.16	0.18
	城乡	城市	0.16	0.14	0.15	0.16	0.17	0.19
		农村	0.16	0.13	0.15	0.16	0.17	0.18
	片区	华北	0.16	0.14	0.15	0.16	0.17	0.18
		华东	0.16	0.14	0.15	0.16	0.17	0.20
		华南	0.15	0.13	0.15	0.15	0.16	0.17
		西北	0.16	0.14	0.15	0.16	0.16	0.18
		东北	0.16	0.13	0.15	0.16	0.17	0.19
		西南	0.15	0.13	0.15	0.15	0.16	0.18
9 月～<1 岁	小计		0.17	0.15	0.16	0.17	0.18	0.19
	性别	男	0.17	0.15	0.16	0.17	0.18	0.20
		女	0.17	0.14	0.16	0.17	0.17	0.19

分类			皮肤表面积（躯干）/m²					
			Mean	P5	P25	P50	P75	P95
9月~<1岁	城乡	城市	0.17	0.15	0.16	0.17	0.18	0.19
		农村	0.17	0.14	0.16	0.17	0.18	0.19
	片区	华北	0.17	0.15	0.16	0.17	0.18	0.20
		华东	0.17	0.15	0.16	0.17	0.18	0.20
		华南	0.16	0.14	0.16	0.16	0.17	0.18
		西北	0.17	0.14	0.16	0.17	0.17	0.19
		东北	0.18	0.15	0.17	0.17	0.18	0.20
		西南	0.16	0.14	0.16	0.16	0.17	0.19
1~<2岁	小计		0.19	0.16	0.17	0.19	0.20	0.22
	性别	男	0.19	0.16	0.18	0.19	0.20	0.22
		女	0.18	0.15	0.17	0.18	0.19	0.21
	城乡	城市	0.19	0.16	0.18	0.19	0.20	0.22
		农村	0.18	0.16	0.17	0.18	0.20	0.21
	片区	华北	0.19	0.16	0.18	0.19	0.20	0.22
		华东	0.19	0.16	0.18	0.19	0.20	0.22
		华南	0.18	0.15	0.17	0.18	0.19	0.20
		西北	0.18	0.15	0.17	0.18	0.19	0.21
		东北	0.19	0.16	0.18	0.19	0.20	0.22
		西南	0.18	0.15	0.17	0.18	0.19	0.22
2~<3岁	小计		0.23	0.20	0.22	0.23	0.25	0.27
	性别	男	0.24	0.20	0.22	0.24	0.25	0.27
		女	0.23	0.19	0.21	0.23	0.24	0.27
	城乡	城市	0.24	0.20	0.22	0.24	0.25	0.28
		农村	0.23	0.19	0.21	0.23	0.24	0.27
	片区	华北	0.24	0.21	0.22	0.24	0.25	0.27
		华东	0.24	0.21	0.23	0.24	0.25	0.28
		华南	0.22	0.19	0.21	0.22	0.24	0.26
		西北	0.23	0.20	0.22	0.23	0.24	0.26
		东北	0.24	0.21	0.22	0.24	0.26	0.28
		西南	0.23	0.19	0.21	0.23	0.24	0.26
3~<4岁	小计		0.22	0.18	0.20	0.21	0.23	0.25
	性别	男	0.22	0.18	0.20	0.22	0.23	0.25
		女	0.21	0.18	0.20	0.21	0.22	0.25
	城乡	城市	0.22	0.19	0.21	0.22	0.23	0.26
		农村	0.21	0.18	0.20	0.21	0.22	0.24
	片区	华北	0.22	0.19	0.20	0.22	0.23	0.25
		华东	0.22	0.19	0.21	0.22	0.24	0.26

分类			皮肤表面积（躯干）/m²					
			Mean	P5	P25	P50	P75	P95
3～<4岁	片区	华南	0.21	0.18	0.19	0.20	0.22	0.24
		西北	0.21	0.18	0.20	0.21	0.22	0.24
		东北	0.22	0.19	0.21	0.22	0.23	0.26
		西南	0.21	0.18	0.20	0.21	0.22	0.24
4～<5岁	小计		0.23	0.20	0.22	0.23	0.25	0.28
	性别	男	0.24	0.20	0.22	0.24	0.25	0.28
		女	0.23	0.19	0.22	0.23	0.25	0.27
	城乡	城市	0.24	0.20	0.22	0.24	0.25	0.28
		农村	0.23	0.19	0.21	0.23	0.25	0.27
	片区	华北	0.24	0.21	0.23	0.24	0.26	0.28
		华东	0.24	0.21	0.23	0.24	0.25	0.28
		华南	0.23	0.19	0.21	0.22	0.24	0.27
		西北	0.23	0.20	0.21	0.23	0.24	0.26
		东北	0.24	0.20	0.23	0.24	0.26	0.29
		西南	0.22	0.19	0.21	0.22	0.24	0.26
5～<6岁	小计		0.28	0.24	0.26	0.28	0.30	0.33
	性别	男	0.28	0.24	0.27	0.28	0.30	0.33
		女	0.28	0.23	0.26	0.28	0.29	0.33
	城乡	城市	0.29	0.25	0.27	0.29	0.30	0.34
		农村	0.28	0.23	0.26	0.27	0.29	0.32
	片区	华北	0.28	0.23	0.26	0.28	0.30	0.33
		华东	0.29	0.25	0.28	0.29	0.30	0.34
		华南	0.27	0.23	0.25	0.27	0.29	0.32
		西北	0.28	0.24	0.26	0.28	0.29	0.32
		东北	0.30	0.25	0.28	0.29	0.31	0.36
		西南	0.27	0.23	0.26	0.27	0.29	0.32
6～<9岁	小计		0.35	0.29	0.32	0.34	0.37	0.44
	性别	男	0.35	0.29	0.32	0.34	0.38	0.45
		女	0.34	0.29	0.31	0.33	0.36	0.42
	城乡	城市	0.35	0.28	0.31	0.34	0.37	0.44
		农村	0.35	0.29	0.32	0.34	0.37	0.44
	片区	华北	0.35	0.29	0.32	0.35	0.38	0.45
		华东	0.34	0.29	0.31	0.34	0.36	0.43
		华南	0.33	0.28	0.31	0.33	0.36	0.41
		西北	0.34	0.29	0.32	0.34	0.37	0.42
		东北	0.36	0.29	0.32	0.35	0.39	0.45
		西南	0.35	0.29	0.32	0.34	0.36	0.43

分类			皮肤表面积（躯干）/m²					
			Mean	P5	P25	P50	P75	P95
9～<12岁		小计	0.42	0.33	0.38	0.41	0.46	0.55
	性别	男	0.43	0.34	0.38	0.42	0.47	0.56
		女	0.42	0.32	0.37	0.41	0.46	0.53
	城乡	城市	0.43	0.33	0.38	0.42	0.47	0.55
		农村	0.42	0.33	0.38	0.41	0.46	0.55
	片区	华北	0.44	0.35	0.39	0.43	0.48	0.57
		华东	0.42	0.34	0.38	0.41	0.45	0.52
		华南	0.40	0.32	0.35	0.40	0.44	0.50
		西北	0.41	0.33	0.37	0.41	0.44	0.53
		东北	0.45	0.35	0.40	0.44	0.50	0.59
		西南	0.41	0.33	0.36	0.40	0.44	0.53
12～<15岁		小计	0.48	0.37	0.43	0.48	0.51	0.58
	性别	男	0.49	0.37	0.44	0.48	0.53	0.61
		女	0.47	0.38	0.43	0.47	0.50	0.56
	城乡	城市	0.49	0.39	0.44	0.48	0.52	0.59
		农村	0.47	0.37	0.43	0.47	0.51	0.58
	片区	华北	0.50	0.40	0.46	0.50	0.54	0.62
		华东	0.48	0.37	0.44	0.48	0.52	0.59
		华南	0.46	0.37	0.42	0.46	0.50	0.56
		西北	0.46	0.37	0.42	0.46	0.50	0.55
		东北	0.52	0.42	0.47	0.51	0.56	0.63
		西南	0.46	0.37	0.43	0.47	0.50	0.56
15～<18岁		小计	0.52	0.45	0.49	0.51	0.55	0.62
	性别	男	0.54	0.47	0.51	0.54	0.57	0.64
		女	0.50	0.44	0.47	0.49	0.52	0.57
	城乡	城市	0.52	0.45	0.49	0.52	0.55	0.63
		农村	0.52	0.45	0.49	0.51	0.55	0.61
	片区	华北	0.55	0.47	0.50	0.54	0.58	0.65
		华东	0.53	0.45	0.49	0.52	0.56	0.64
		华南	0.50	0.43	0.47	0.50	0.53	0.59
		西北	0.51	0.44	0.48	0.51	0.54	0.58
		东北	0.54	0.46	0.50	0.53	0.56	0.65
		西南	0.52	0.45	0.48	0.51	0.54	0.59

数据来源：中国儿童环境暴露行为模式研究。

表 12-5　中国儿童皮肤表面积（手臂）推荐值

分类			皮肤表面积（手臂）/m²					
			Mean	P5	P25	P50	P75	P95
0～<3 月	小计		0.05	0.04	0.04	0.05	0.05	0.06
	性别	男	0.05	0.04	0.04	0.05	0.05	0.06
		女	0.05	0.03	0.04	0.05	0.05	0.06
	城乡	城市	0.05	0.04	0.04	0.05	0.05	0.06
		农村	0.05	0.03	0.04	0.05	0.05	0.06
	片区	华北	0.05	0.04	0.04	0.05	0.05	0.06
		华东	0.05	0.04	0.04	0.05	0.05	0.06
		华南	0.05	0.03	0.04	0.05	0.05	0.06
		西北	0.05	0.04	0.04	0.05	0.05	0.06
		东北	0.05	0.03	0.04	0.05	0.05	0.06
		西南	0.05	0.04	0.04	0.05	0.05	0.05
3～<6 月	小计		0.06	0.05	0.05	0.06	0.06	0.07
	性别	男	0.06	0.05	0.05	0.06	0.06	0.07
		女	0.05	0.04	0.05	0.05	0.06	0.06
	城乡	城市	0.06	0.05	0.05	0.06	0.06	0.07
		农村	0.05	0.05	0.05	0.05	0.06	0.07
	片区	华北	0.06	0.05	0.05	0.06	0.06	0.06
		华东	0.06	0.05	0.05	0.06	0.06	0.07
		华南	0.05	0.04	0.05	0.05	0.05	0.07
		西北	0.05	0.05	0.05	0.05	0.06	0.07
		东北	0.06	0.05	0.05	0.06	0.06	0.06
		西南	0.05	0.05	0.05	0.05	0.06	0.06
6～<9 月	小计		0.06	0.05	0.06	0.06	0.06	0.07
	性别	男	0.06	0.05	0.06	0.06	0.07	0.07
		女	0.06	0.05	0.06	0.06	0.06	0.07
	城乡	城市	0.06	0.05	0.06	0.06	0.07	0.07
		农村	0.06	0.05	0.06	0.06	0.06	0.07
	片区	华北	0.06	0.05	0.06	0.06	0.07	0.07
		华东	0.06	0.05	0.06	0.06	0.07	0.08
		华南	0.06	0.05	0.06	0.06	0.06	0.07
		西北	0.06	0.05	0.06	0.06	0.06	0.07
		东北	0.06	0.05	0.06	0.06	0.07	0.07
		西南	0.06	0.05	0.06	0.06	0.06	0.07

分类			皮肤表面积（手臂）/m²					
			Mean	P5	P25	P50	P75	P95
9 月～<1 岁	小计		0.06	0.06	0.06	0.06	0.07	0.07
	性别	男	0.07	0.06	0.06	0.07	0.07	0.08
		女	0.06	0.06	0.06	0.06	0.07	0.07
	城乡	城市	0.07	0.06	0.06	0.07	0.07	0.07
		农村	0.06	0.06	0.06	0.06	0.07	0.07
	片区	华北	0.07	0.06	0.06	0.07	0.07	0.08
		华东	0.07	0.06	0.06	0.07	0.07	0.07
		华南	0.06	0.05	0.06	0.06	0.07	0.07
		西北	0.06	0.05	0.06	0.06	0.07	0.07
		东北	0.07	0.06	0.06	0.07	0.07	0.08
		西南	0.06	0.05	0.06	0.06	0.07	0.07
1～<2 岁	小计		0.07	0.06	0.06	0.07	0.07	0.08
	性别	男	0.07	0.06	0.06	0.07	0.07	0.08
		女	0.07	0.06	0.06	0.07	0.07	0.08
	城乡	城市	0.07	0.06	0.06	0.07	0.07	0.08
		农村	0.07	0.06	0.06	0.07	0.07	0.08
	片区	华北	0.07	0.06	0.06	0.07	0.07	0.08
		华东	0.07	0.06	0.07	0.07	0.07	0.08
		华南	0.07	0.06	0.06	0.06	0.07	0.07
		西北	0.07	0.06	0.06	0.07	0.07	0.08
		东北	0.07	0.06	0.07	0.07	0.07	0.08
		西南	0.07	0.05	0.06	0.07	0.07	0.08
2～<3 岁	小计		0.07	0.06	0.07	0.07	0.08	0.08
	性别	男	0.07	0.06	0.07	0.07	0.08	0.08
		女	0.07	0.06	0.07	0.07	0.07	0.08
	城乡	城市	0.07	0.06	0.07	0.07	0.08	0.08
		农村	0.07	0.06	0.07	0.07	0.07	0.08
	片区	华北	0.07	0.06	0.07	0.07	0.08	0.08
		华东	0.07	0.06	0.07	0.07	0.08	0.08
		华南	0.07	0.06	0.06	0.07	0.07	0.08
		西北	0.07	0.06	0.07	0.07	0.07	0.08
		东北	0.07	0.06	0.07	0.07	0.08	0.08
		西南	0.07	0.06	0.06	0.07	0.07	0.08
3～<4 岁	小计		0.10	0.08	0.09	0.10	0.10	0.11
	性别	男	0.10	0.08	0.09	0.10	0.10	0.11
		女	0.10	0.08	0.09	0.10	0.10	0.11
	城乡	城市	0.10	0.09	0.09	0.10	0.11	0.12
		农村	0.10	0.08	0.09	0.09	0.10	0.11

分类			皮肤表面积（手臂）/m²					
			Mean	P5	P25	P50	P75	P95
3～<4岁	片区	华北	0.10	0.08	0.09	0.10	0.10	0.11
		华东	0.10	0.09	0.10	0.10	0.11	0.12
		华南	0.09	0.08	0.09	0.09	0.10	0.11
		西北	0.10	0.08	0.09	0.10	0.10	0.11
		东北	0.10	0.09	0.09	0.10	0.11	0.12
		西南	0.10	0.08	0.09	0.09	0.10	0.11
4～<5岁	小计		0.10	0.09	0.10	0.10	0.11	0.12
	性别	男	0.11	0.09	0.10	0.10	0.11	0.12
		女	0.10	0.09	0.10	0.10	0.11	0.12
	城乡	城市	0.11	0.09	0.10	0.11	0.11	0.13
		农村	0.10	0.09	0.10	0.10	0.11	0.12
	片区	华北	0.11	0.09	0.10	0.11	0.11	0.12
		华东	0.11	0.09	0.10	0.11	0.11	0.13
		华南	0.10	0.08	0.09	0.10	0.11	0.12
		西北	0.10	0.09	0.10	0.10	0.11	0.12
		东北	0.11	0.09	0.10	0.11	0.11	0.13
		西南	0.10	0.08	0.09	0.10	0.11	0.12
5～<6岁	小计		0.11	0.09	0.10	0.10	0.11	0.12
	性别	男	0.11	0.09	0.10	0.11	0.11	0.12
		女	0.10	0.09	0.10	0.10	0.11	0.12
	城乡	城市	0.11	0.09	0.10	0.11	0.11	0.13
		农村	0.10	0.09	0.10	0.10	0.11	0.12
	片区	华北	0.11	0.09	0.10	0.10	0.11	0.12
		华东	0.11	0.09	0.10	0.11	0.11	0.13
		华南	0.10	0.09	0.09	0.10	0.11	0.12
		西北	0.10	0.09	0.10	0.10	0.11	0.12
		东北	0.11	0.09	0.10	0.11	0.12	0.13
		西南	0.10	0.09	0.10	0.10	0.11	0.12
6～<9岁	小计		0.13	0.11	0.12	0.13	0.14	0.16
	性别	男	0.13	0.11	0.12	0.13	0.14	0.17
		女	0.13	0.11	0.12	0.12	0.14	0.16
	城乡	城市	0.13	0.11	0.12	0.13	0.14	0.16
		农村	0.13	0.11	0.12	0.13	0.14	0.16
	片区	华北	0.13	0.11	0.12	0.13	0.14	0.17
		华东	0.13	0.11	0.12	0.13	0.14	0.16
		华南	0.12	0.10	0.11	0.12	0.13	0.15
		西北	0.13	0.11	0.12	0.13	0.14	0.16

分类			皮肤表面积（手臂）/m²					
			Mean	P5	P25	P50	P75	P95
6～<9岁	片区	东北	0.13	0.11	0.12	0.13	0.14	0.17
		西南	0.13	0.11	0.12	0.13	0.14	0.16
9～<12岁	小计		0.16	0.12	0.14	0.15	0.18	0.21
	性别	男	0.16	0.12	0.14	0.15	0.18	0.22
		女	0.15	0.12	0.13	0.15	0.17	0.20
	城乡	城市	0.16	0.12	0.14	0.15	0.18	0.21
		农村	0.16	0.12	0.14	0.15	0.17	0.21
	片区	华北	0.16	0.13	0.14	0.16	0.18	0.22
		华东	0.16	0.12	0.14	0.15	0.17	0.20
		华南	0.15	0.11	0.13	0.14	0.16	0.19
		西北	0.15	0.12	0.13	0.15	0.17	0.20
		东北	0.17	0.13	0.15	0.17	0.19	0.22
		西南	0.15	0.12	0.13	0.15	0.17	0.20
12～<15岁	小计		0.18	0.14	0.16	0.18	0.20	0.23
	性别	男	0.18	0.14	0.16	0.18	0.20	0.23
		女	0.18	0.14	0.16	0.18	0.19	0.22
	城乡	城市	0.19	0.14	0.17	0.18	0.20	0.23
		农村	0.18	0.14	0.16	0.18	0.20	0.23
	片区	华北	0.19	0.15	0.17	0.19	0.21	0.24
		华东	0.18	0.14	0.17	0.18	0.20	0.23
		华南	0.18	0.14	0.16	0.18	0.19	0.22
		西北	0.18	0.14	0.16	0.18	0.19	0.21
		东北	0.20	0.16	0.18	0.20	0.21	0.24
		西南	0.18	0.14	0.16	0.18	0.19	0.22
15～<18岁	小计		0.24	0.18	0.20	0.22	0.27	0.31
	性别	男	0.25	0.19	0.21	0.23	0.28	0.32
		女	0.23	0.18	0.20	0.21	0.26	0.29
	城乡	城市	0.23	0.18	0.20	0.22	0.27	0.31
		农村	0.24	0.19	0.20	0.23	0.27	0.31
	片区	华北	0.24	0.19	0.21	0.23	0.27	0.32
		华东	0.24	0.19	0.20	0.22	0.27	0.31
		华南	0.23	0.18	0.20	0.22	0.26	0.30
		西北	0.24	0.19	0.20	0.24	0.28	0.31
		东北	0.25	0.19	0.21	0.24	0.28	0.31
		西南	0.23	0.18	0.20	0.22	0.27	0.32

数据来源：中国儿童环境暴露行为模式研究。

表 12-6　中国儿童皮肤表面积（手部）推荐值

分类			皮肤表面积（手部）/m²					
			Mean	P5	P25	P50	P75	P95
0～<3 月	小计		0.02	0.01	0.02	0.02	0.02	0.02
	性别	男	0.02	0.01	0.02	0.02	0.02	0.02
		女	0.02	0.01	0.02	0.02	0.02	0.02
	城乡	城市	0.02	0.01	0.02	0.02	0.02	0.02
		农村	0.02	0.01	0.02	0.02	0.02	0.02
	片区	华北	0.02	0.01	0.02	0.02	0.02	0.02
		华东	0.02	0.01	0.02	0.02	0.02	0.02
		华南	0.02	0.01	0.02	0.02	0.02	0.02
		西北	0.02	0.01	0.02	0.02	0.02	0.02
		东北	0.02	0.01	0.02	0.02	0.02	0.02
		西南	0.02	0.01	0.02	0.02	0.02	0.02
3～<6 月	小计		0.02	0.02	0.02	0.02	0.02	0.03
	性别	男	0.02	0.02	0.02	0.02	0.02	0.03
		女	0.02	0.02	0.02	0.02	0.02	0.02
	城乡	城市	0.02	0.02	0.02	0.02	0.02	0.03
		农村	0.02	0.02	0.02	0.02	0.02	0.03
	片区	华北	0.02	0.02	0.02	0.02	0.02	0.02
		华东	0.02	0.02	0.02	0.02	0.02	0.03
		华南	0.02	0.02	0.02	0.02	0.02	0.03
		西北	0.02	0.02	0.02	0.02	0.02	0.03
		东北	0.02	0.02	0.02	0.02	0.02	0.02
		西南	0.02	0.02	0.02	0.02	0.02	0.02
6～<9 月	小计		0.02	0.02	0.02	0.02	0.02	0.03
	性别	男	0.02	0.02	0.02	0.02	0.03	0.03
		女	0.02	0.02	0.02	0.02	0.02	0.03
	城乡	城市	0.02	0.02	0.02	0.02	0.03	0.03
		农村	0.02	0.02	0.02	0.02	0.02	0.03
	片区	华北	0.02	0.02	0.02	0.02	0.03	0.03
		华东	0.02	0.02	0.02	0.02	0.03	0.03
		华南	0.02	0.02	0.02	0.02	0.02	0.03
		西北	0.02	0.02	0.02	0.02	0.02	0.03
		东北	0.02	0.02	0.02	0.02	0.03	0.03
		西南	0.02	0.02	0.02	0.02	0.02	0.03
9 月～<1 岁	小计		0.03	0.02	0.02	0.03	0.03	0.03
	性别	男	0.03	0.02	0.02	0.03	0.03	0.03
		女	0.02	0.02	0.02	0.02	0.03	0.03

分类			皮肤表面积（手部）/m²					
			Mean	P5	P25	P50	P75	P95
9月~<1岁	城乡	城市	0.03	0.02	0.02	0.03	0.03	0.03
		农村	0.02	0.02	0.02	0.02	0.03	0.03
	片区	华北	0.03	0.02	0.02	0.03	0.03	0.03
		华东	0.03	0.02	0.02	0.03	0.03	0.03
		华南	0.02	0.02	0.02	0.02	0.03	0.03
		西北	0.02	0.02	0.02	0.02	0.03	0.03
		东北	0.03	0.02	0.02	0.03	0.03	0.03
		西南	0.02	0.02	0.02	0.02	0.03	0.03
1~<2岁	小计		0.03	0.03	0.03	0.03	0.03	0.03
	性别	男	0.03	0.03	0.03	0.03	0.03	0.04
		女	0.03	0.02	0.03	0.03	0.03	0.03
	城乡	城市	0.03	0.03	0.03	0.03	0.03	0.04
		农村	0.03	0.02	0.03	0.03	0.03	0.03
	片区	华北	0.03	0.03	0.03	0.03	0.03	0.04
		华东	0.03	0.03	0.03	0.03	0.03	0.04
		华南	0.03	0.02	0.03	0.03	0.03	0.03
		西北	0.03	0.02	0.03	0.03	0.03	0.03
		东北	0.03	0.03	0.03	0.03	0.03	0.04
		西南	0.03	0.02	0.03	0.03	0.03	0.03
2~<3岁	小计		0.03	0.03	0.03	0.03	0.03	0.04
	性别	男	0.03	0.03	0.03	0.03	0.03	0.04
		女	0.03	0.03	0.03	0.03	0.03	0.04
	城乡	城市	0.03	0.03	0.03	0.03	0.03	0.04
		农村	0.03	0.03	0.03	0.03	0.03	0.04
	片区	华北	0.03	0.03	0.03	0.03	0.03	0.04
		华东	0.03	0.03	0.03	0.03	0.03	0.04
		华南	0.03	0.03	0.03	0.03	0.03	0.04
		西北	0.03	0.03	0.03	0.03	0.03	0.04
		东北	0.03	0.03	0.03	0.03	0.04	0.04
		西南	0.03	0.03	0.03	0.03	0.03	0.04
3~<4岁	小计		0.04	0.04	0.04	0.04	0.04	0.05
	性别	男	0.04	0.04	0.04	0.04	0.04	0.05
		女	0.04	0.03	0.04	0.04	0.04	0.05
	城乡	城市	0.04	0.04	0.04	0.04	0.04	0.05
		农村	0.04	0.03	0.04	0.04	0.04	0.05
	片区	华北	0.04	0.04	0.04	0.04	0.04	0.05
		华东	0.04	0.04	0.04	0.04	0.05	0.05

分类			皮肤表面积（手部）/m²					
			Mean	P5	P25	P50	P75	P95
3～<4岁	片区	华南	0.04	0.03	0.04	0.04	0.04	0.05
		西北	0.04	0.04	0.04	0.04	0.04	0.05
		东北	0.04	0.04	0.04	0.04	0.04	0.05
		西南	0.04	0.03	0.04	0.04	0.04	0.05
4～<5岁	小计		0.04	0.04	0.04	0.04	0.05	0.05
	性别	男	0.04	0.04	0.04	0.04	0.05	0.05
		女	0.04	0.04	0.04	0.04	0.04	0.05
	城乡	城市	0.04	0.04	0.04	0.04	0.05	0.05
		农村	0.04	0.04	0.04	0.04	0.04	0.05
	片区	华北	0.04	0.04	0.04	0.04	0.05	0.05
		华东	0.04	0.04	0.04	0.04	0.05	0.05
		华南	0.04	0.03	0.04	0.04	0.04	0.05
		西北	0.04	0.04	0.04	0.04	0.04	0.05
		东北	0.04	0.04	0.04	0.04	0.05	0.05
		西南	0.04	0.03	0.04	0.04	0.04	0.05
5～<6岁	小计		0.04	0.03	0.04	0.04	0.04	0.04
	性别	男	0.04	0.03	0.04	0.04	0.04	0.04
		女	0.04	0.03	0.03	0.04	0.04	0.04
	城乡	城市	0.04	0.03	0.04	0.04	0.04	0.05
		农村	0.04	0.03	0.03	0.04	0.04	0.04
	片区	华北	0.04	0.03	0.04	0.04	0.04	0.04
		华东	0.04	0.03	0.04	0.04	0.04	0.05
		华南	0.04	0.03	0.03	0.04	0.04	0.04
		西北	0.04	0.03	0.03	0.04	0.04	0.04
		东北	0.04	0.03	0.04	0.04	0.04	0.05
		西南	0.04	0.03	0.03	0.04	0.04	0.04
6～<9岁	小计		0.05	0.04	0.04	0.05	0.05	0.06
	性别	男	0.05	0.04	0.04	0.05	0.05	0.06
		女	0.05	0.04	0.04	0.04	0.05	0.06
	城乡	城市	0.05	0.04	0.04	0.05	0.05	0.06
		农村	0.05	0.04	0.04	0.05	0.05	0.06
	片区	华北	0.05	0.04	0.04	0.05	0.05	0.06
		华东	0.05	0.04	0.04	0.05	0.05	0.06
		华南	0.04	0.04	0.04	0.04	0.05	0.06
		西北	0.05	0.04	0.04	0.05	0.05	0.06
		东北	0.05	0.04	0.04	0.05	0.05	0.06
		西南	0.05	0.04	0.04	0.05	0.05	0.06

分类			皮肤表面积（手部）/m²					
			Mean	P5	P25	P50	P75	P95
9～<12 岁	小计		0.07	0.05	0.06	0.06	0.07	0.09
	性别	男	0.07	0.05	0.06	0.06	0.07	0.09
		女	0.06	0.05	0.06	0.06	0.07	0.08
	城乡	城市	0.07	0.05	0.06	0.06	0.07	0.08
		农村	0.07	0.05	0.06	0.06	0.07	0.09
	片区	华北	0.07	0.05	0.06	0.07	0.07	0.09
		华东	0.07	0.05	0.06	0.06	0.07	0.08
		华南	0.06	0.05	0.05	0.06	0.07	0.08
		西北	0.06	0.05	0.06	0.06	0.07	0.08
		东北	0.07	0.05	0.06	0.07	0.08	0.09
		西南	0.06	0.05	0.06	0.06	0.07	0.08
12～<15 岁	小计		0.08	0.06	0.07	0.08	0.09	0.10
	性别	男	0.08	0.06	0.07	0.08	0.09	0.10
		女	0.08	0.06	0.07	0.08	0.08	0.09
	城乡	城市	0.08	0.06	0.07	0.08	0.09	0.10
		农村	0.08	0.06	0.07	0.08	0.08	0.10
	片区	华北	0.08	0.06	0.07	0.08	0.09	0.10
		华东	0.08	0.06	0.07	0.08	0.09	0.10
		华南	0.07	0.06	0.07	0.07	0.08	0.09
		西北	0.08	0.06	0.07	0.08	0.09	0.09
		东北	0.08	0.07	0.08	0.08	0.09	0.10
		西南	0.08	0.06	0.07	0.08	0.08	0.09
15～<18 岁	小计		0.09	0.07	0.08	0.09	0.09	0.11
	性别	男	0.09	0.08	0.09	0.09	0.10	0.11
		女	0.08	0.07	0.08	0.08	0.09	0.10
	城乡	城市	0.09	0.07	0.08	0.09	0.09	0.11
		农村	0.09	0.07	0.08	0.09	0.09	0.11
	片区	华北	0.09	0.08	0.09	0.09	0.10	0.11
		华东	0.09	0.07	0.08	0.09	0.10	0.11
		华南	0.08	0.07	0.08	0.08	0.09	0.10
		西北	0.09	0.07	0.08	0.08	0.09	0.10
		东北	0.09	0.08	0.08	0.09	0.10	0.11
		西南	0.09	0.07	0.08	0.09	0.09	0.10

数据来源：中国儿童环境暴露行为模式研究。

表 12-7   中国儿童皮肤表面积（腿）推荐值

分类			皮肤表面积（腿）/m²					
			Mean	P5	P25	P50	P75	P95
0～<3 月		小计	0.07	0.05	0.06	0.07	0.08	0.09
	性别	男	0.07	0.06	0.07	0.07	0.08	0.09
		女	0.07	0.05	0.06	0.07	0.07	0.09
	城乡	城市	0.07	0.06	0.07	0.07	0.08	0.09
		农村	0.07	0.05	0.06	0.07	0.08	0.09
	片区	华北	0.07	0.05	0.06	0.07	0.08	0.09
		华东	0.07	0.06	0.07	0.07	0.08	0.09
		华南	0.07	0.05	0.06	0.07	0.08	0.09
		西北	0.07	0.05	0.06	0.07	0.08	0.09
		东北	0.07	0.05	0.06	0.07	0.08	0.08
		西南	0.07	0.05	0.06	0.07	0.08	0.08
3～<6 月		小计	0.08	0.07	0.08	0.08	0.09	0.10
	性别	男	0.09	0.07	0.08	0.08	0.09	0.10
		女	0.08	0.07	0.07	0.08	0.09	0.10
	城乡	城市	0.08	0.07	0.08	0.08	0.09	0.10
		农村	0.08	0.07	0.08	0.08	0.09	0.10
	片区	华北	0.08	0.07	0.08	0.08	0.09	0.10
		华东	0.09	0.07	0.08	0.09	0.09	0.10
		华南	0.08	0.07	0.07	0.08	0.08	0.10
		西北	0.08	0.07	0.08	0.08	0.09	0.10
		东北	0.08	0.07	0.08	0.08	0.09	0.10
		西南	0.08	0.07	0.08	0.08	0.09	0.10
6～<9 月		小计	0.09	0.08	0.09	0.09	0.10	0.11
	性别	男	0.09	0.08	0.09	0.09	0.10	0.11
		女	0.09	0.08	0.08	0.09	0.10	0.10
	城乡	城市	0.09	0.08	0.09	0.09	0.10	0.11
		农村	0.09	0.08	0.08	0.09	0.10	0.10
	片区	华北	0.09	0.08	0.09	0.09	0.10	0.11
		华东	0.09	0.08	0.09	0.09	0.10	0.11
		华南	0.09	0.08	0.08	0.09	0.09	0.10
		西北	0.09	0.08	0.08	0.09	0.09	0.10
		东北	0.09	0.08	0.09	0.09	0.10	0.11
		西南	0.09	0.07	0.08	0.09	0.09	0.10
9 月～<1 岁		小计	0.10	0.08	0.09	0.10	0.10	0.11
	性别	男	0.10	0.09	0.09	0.10	0.10	0.11
		女	0.10	0.08	0.09	0.10	0.10	0.11

分类			皮肤表面积（腿）/m²					
			Mean	P5	P25	P50	P75	P95
9月～<1岁	城乡	城市	0.10	0.09	0.09	0.10	0.10	0.11
		农村	0.10	0.08	0.09	0.10	0.10	0.11
	片区	华北	0.10	0.09	0.09	0.10	0.11	0.12
		华东	0.10	0.09	0.09	0.10	0.11	0.11
		华南	0.09	0.08	0.09	0.09	0.10	0.10
		西北	0.10	0.08	0.09	0.10	0.10	0.11
		东北	0.10	0.09	0.10	0.10	0.11	0.12
		西南	0.09	0.08	0.09	0.09	0.10	0.11
1～<2岁	小计		0.12	0.10	0.11	0.12	0.13	0.14
	性别	男	0.12	0.10	0.11	0.12	0.13	0.14
		女	0.12	0.10	0.11	0.12	0.13	0.14
	城乡	城市	0.12	0.10	0.11	0.12	0.13	0.14
		农村	0.12	0.10	0.11	0.12	0.13	0.14
	片区	华北	0.12	0.11	0.11	0.12	0.13	0.14
		华东	0.12	0.11	0.12	0.12	0.13	0.14
		华南	0.12	0.10	0.11	0.11	0.12	0.13
		西北	0.12	0.10	0.11	0.12	0.13	0.14
		东北	0.12	0.10	0.12	0.12	0.13	0.14
		西南	0.12	0.10	0.11	0.12	0.13	0.14
2～<3岁	小计		0.14	0.12	0.13	0.14	0.15	0.16
	性别	男	0.14	0.12	0.13	0.14	0.15	0.16
		女	0.14	0.12	0.13	0.14	0.15	0.16
	城乡	城市	0.14	0.12	0.13	0.14	0.15	0.17
		农村	0.14	0.12	0.13	0.14	0.15	0.16
	片区	华北	0.14	0.12	0.13	0.14	0.15	0.16
		华东	0.15	0.12	0.14	0.15	0.15	0.17
		华南	0.13	0.11	0.13	0.13	0.14	0.15
		西北	0.14	0.12	0.13	0.14	0.15	0.16
		东北	0.15	0.13	0.14	0.15	0.15	0.17
		西南	0.14	0.11	0.13	0.14	0.15	0.16
3～<4岁	小计		0.18	0.15	0.17	0.18	0.19	0.21
	性别	男	0.18	0.16	0.17	0.18	0.19	0.21
		女	0.18	0.15	0.17	0.18	0.19	0.21
	城乡	城市	0.18	0.16	0.17	0.18	0.20	0.21
		农村	0.18	0.15	0.17	0.18	0.19	0.21
	片区	华北	0.18	0.16	0.17	0.18	0.19	0.21
		华东	0.19	0.16	0.18	0.19	0.20	0.22

分类			皮肤表面积（腿）/m²					
			Mean	P5	P25	P50	P75	P95
3～<4 岁	片区	华南	0.17	0.15	0.16	0.17	0.18	0.20
		西北	0.18	0.15	0.17	0.18	0.19	0.20
		东北	0.19	0.16	0.18	0.19	0.20	0.22
		西南	0.18	0.15	0.17	0.18	0.19	0.20
4～<5 岁	小计		0.21	0.17	0.19	0.21	0.22	0.24
	性别	男	0.21	0.18	0.19	0.21	0.22	0.25
		女	0.20	0.17	0.19	0.20	0.22	0.24
	城乡	城市	0.21	0.18	0.20	0.21	0.22	0.25
		农村	0.20	0.17	0.19	0.20	0.22	0.24
	片区	华北	0.21	0.18	0.20	0.21	0.23	0.25
		华东	0.21	0.18	0.20	0.21	0.22	0.25
		华南	0.20	0.17	0.18	0.20	0.21	0.23
		西北	0.20	0.17	0.19	0.20	0.21	0.23
		东北	0.21	0.18	0.20	0.21	0.23	0.25
		西南	0.20	0.17	0.19	0.20	0.21	0.23
5～<6 岁	小计		0.22	0.18	0.20	0.22	0.23	0.26
	性别	男	0.22	0.18	0.21	0.22	0.23	0.26
		女	0.21	0.18	0.20	0.21	0.23	0.25
	城乡	城市	0.22	0.19	0.21	0.22	0.23	0.26
		农村	0.21	0.18	0.20	0.21	0.22	0.24
	片区	华北	0.22	0.18	0.20	0.22	0.23	0.26
		华东	0.23	0.20	0.21	0.22	0.23	0.26
		华南	0.21	0.18	0.19	0.21	0.22	0.24
		西北	0.21	0.18	0.20	0.21	0.22	0.24
		东北	0.23	0.19	0.21	0.23	0.24	0.27
		西南	0.21	0.18	0.20	0.21	0.22	0.25
6～<9 岁	小计		0.27	0.22	0.24	0.26	0.29	0.34
	性别	男	0.27	0.23	0.25	0.27	0.29	0.34
		女	0.26	0.22	0.24	0.26	0.28	0.32
	城乡	城市	0.27	0.22	0.24	0.26	0.29	0.34
		农村	0.27	0.22	0.24	0.26	0.29	0.34
	片区	华北	0.27	0.22	0.25	0.27	0.29	0.35
		华东	0.27	0.22	0.24	0.26	0.28	0.33
		华南	0.26	0.22	0.24	0.25	0.27	0.32
		西北	0.26	0.22	0.24	0.26	0.28	0.32
		东北	0.28	0.23	0.25	0.27	0.30	0.35
		西南	0.27	0.23	0.25	0.26	0.28	0.33

分类			皮肤表面积（腿）/m²					
			Mean	P5	P25	P50	P75	P95
9～<12岁	小计		0.36	0.28	0.32	0.35	0.40	0.47
	性别	男	0.37	0.28	0.32	0.35	0.40	0.48
		女	0.35	0.27	0.31	0.35	0.39	0.46
	城乡	城市	0.36	0.28	0.32	0.35	0.40	0.47
		农村	0.36	0.28	0.32	0.35	0.40	0.47
	片区	华北	0.37	0.29	0.33	0.37	0.41	0.49
		华东	0.36	0.28	0.32	0.35	0.39	0.46
		华南	0.34	0.27	0.30	0.33	0.37	0.43
		西北	0.35	0.28	0.31	0.35	0.38	0.46
		东北	0.39	0.30	0.34	0.38	0.43	0.50
		西南	0.35	0.27	0.31	0.34	0.38	0.45
12～<15岁	小计		0.48	0.37	0.43	0.47	0.52	0.59
	性别	男	0.48	0.37	0.43	0.48	0.53	0.61
		女	0.47	0.37	0.43	0.47	0.50	0.57
	城乡	城市	0.48	0.38	0.44	0.48	0.52	0.60
		农村	0.47	0.36	0.42	0.47	0.51	0.58
	片区	华北	0.50	0.39	0.45	0.49	0.54	0.62
		华东	0.48	0.36	0.44	0.48	0.53	0.60
		华南	0.46	0.36	0.42	0.46	0.49	0.56
		西北	0.46	0.36	0.41	0.46	0.50	0.55
		东北	0.51	0.41	0.46	0.51	0.56	0.63
		西南	0.46	0.37	0.42	0.47	0.50	0.57
15～<18岁	小计		0.53	0.44	0.49	0.52	0.56	0.63
	性别	男	0.55	0.47	0.51	0.54	0.58	0.65
		女	0.50	0.43	0.47	0.50	0.53	0.58
	城乡	城市	0.53	0.44	0.49	0.52	0.56	0.64
		农村	0.52	0.44	0.49	0.52	0.55	0.62
	片区	华北	0.55	0.46	0.51	0.55	0.59	0.66
		华东	0.54	0.45	0.50	0.53	0.57	0.66
		华南	0.51	0.43	0.47	0.50	0.53	0.60
		西北	0.51	0.44	0.48	0.51	0.54	0.58
		东北	0.54	0.45	0.49	0.53	0.57	0.66
		西南	0.52	0.45	0.49	0.52	0.55	0.61

数据来源：中国儿童环境暴露行为模式研究。

表 12-8　中国儿童皮肤表面积（脚）推荐值

分类			皮肤表面积（脚）/m²					
			Mean	P5	P25	P50	P75	P95
0～<3 月	小计		0.02	0.02	0.02	0.02	0.02	0.03
	性别	男	0.02	0.02	0.02	0.02	0.03	0.03
		女	0.02	0.02	0.02	0.02	0.02	0.03
	城乡	城市	0.02	0.02	0.02	0.02	0.02	0.03
		农村	0.02	0.02	0.02	0.02	0.02	0.03
	片区	华北	0.02	0.02	0.02	0.02	0.02	0.03
		华东	0.02	0.02	0.02	0.02	0.03	0.03
		华南	0.02	0.02	0.02	0.02	0.02	0.03
		西北	0.02	0.02	0.02	0.02	0.02	0.03
		东北	0.02	0.02	0.02	0.02	0.02	0.03
		西南	0.02	0.02	0.02	0.02	0.02	0.03
3～<6 月	小计		0.03	0.02	0.02	0.03	0.03	0.03
	性别	男	0.03	0.02	0.02	0.03	0.03	0.03
		女	0.03	0.02	0.02	0.02	0.03	0.03
	城乡	城市	0.03	0.02	0.02	0.03	0.03	0.03
		农村	0.03	0.02	0.02	0.03	0.03	0.03
	片区	华北	0.03	0.02	0.02	0.03	0.03	0.03
		华东	0.03	0.02	0.03	0.03	0.03	0.03
		华南	0.03	0.02	0.02	0.03	0.03	0.03
		西北	0.03	0.02	0.02	0.03	0.03	0.03
		东北	0.03	0.02	0.02	0.03	0.03	0.03
		西南	0.03	0.02	0.02	0.03	0.03	0.03
6～<9 月	小计		0.03	0.02	0.03	0.03	0.03	0.03
	性别	男	0.03	0.02	0.03	0.03	0.03	0.04
		女	0.03	0.02	0.03	0.03	0.03	0.03
	城乡	城市	0.03	0.03	0.03	0.03	0.03	0.04
		农村	0.03	0.02	0.03	0.03	0.03	0.03
	片区	华北	0.03	0.03	0.03	0.03	0.03	0.03
		华东	0.03	0.03	0.03	0.03	0.03	0.04
		华南	0.03	0.02	0.03	0.03	0.03	0.03
		西北	0.03	0.02	0.03	0.03	0.03	0.03
		东北	0.03	0.02	0.03	0.03	0.03	0.03
		西南	0.03	0.02	0.03	0.03	0.03	0.03
9 月～<1 岁	小计		0.03	0.03	0.03	0.03	0.03	0.04
	性别	男	0.03	0.03	0.03	0.03	0.03	0.04
		女	0.03	0.03	0.03	0.03	0.03	0.03

分类			皮肤表面积（脚）/m²					
			Mean	P5	P25	P50	P75	P95
9月～<1岁	城乡	城市	0.03	0.03	0.03	0.03	0.03	0.04
		农村	0.03	0.03	0.03	0.03	0.03	0.04
	片区	华北	0.03	0.03	0.03	0.03	0.03	0.04
		华东	0.03	0.03	0.03	0.03	0.03	0.04
		华南	0.03	0.03	0.03	0.03	0.03	0.03
		西北	0.03	0.03	0.03	0.03	0.03	0.03
		东北	0.03	0.03	0.03	0.03	0.03	0.04
		西南	0.03	0.03	0.03	0.03	0.03	0.03
1～<2岁	小计		0.03	0.03	0.03	0.03	0.04	0.04
	性别	男	0.03	0.03	0.03	0.03	0.04	0.04
		女	0.03	0.03	0.03	0.03	0.03	0.04
	城乡	城市	0.03	0.03	0.03	0.03	0.04	0.04
		农村	0.03	0.03	0.03	0.03	0.03	0.04
	片区	华北	0.03	0.03	0.03	0.03	0.04	0.04
		华东	0.03	0.03	0.03	0.03	0.04	0.04
		华南	0.03	0.03	0.03	0.03	0.03	0.04
		西北	0.03	0.03	0.03	0.03	0.03	0.04
		东北	0.03	0.03	0.03	0.03	0.04	0.04
		西南	0.03	0.03	0.03	0.03	0.03	0.04
2～<3岁	小计		0.04	0.04	0.04	0.04	0.05	0.05
	性别	男	0.04	0.04	0.04	0.04	0.05	0.05
		女	0.04	0.04	0.04	0.04	0.05	0.05
	城乡	城市	0.04	0.04	0.04	0.04	0.05	0.05
		农村	0.04	0.04	0.04	0.04	0.04	0.05
	片区	华北	0.04	0.04	0.04	0.04	0.05	0.05
		华东	0.04	0.04	0.04	0.04	0.05	0.05
		华南	0.04	0.03	0.04	0.04	0.04	0.05
		西北	0.04	0.04	0.04	0.04	0.04	0.05
		东北	0.04	0.04	0.04	0.04	0.05	0.05
		西南	0.04	0.03	0.04	0.04	0.04	0.05
3～<4岁	小计		0.05	0.04	0.05	0.05	0.05	0.06
	性别	男	0.05	0.04	0.05	0.05	0.05	0.06
		女	0.05	0.04	0.05	0.05	0.05	0.06
	城乡	城市	0.05	0.04	0.05	0.05	0.05	0.06
		农村	0.05	0.04	0.04	0.05	0.05	0.06
	片区	华北	0.05	0.04	0.05	0.05	0.05	0.06
		华东	0.05	0.04	0.05	0.05	0.05	0.06

分类			皮肤表面积（脚）/m²					
			Mean	P5	P25	P50	P75	P95
3～<4 岁	片区	华南	0.05	0.04	0.04	0.05	0.05	0.05
		西北	0.05	0.04	0.04	0.05	0.05	0.05
		东北	0.05	0.04	0.05	0.05	0.05	0.06
		西南	0.05	0.04	0.04	0.05	0.05	0.06
4～<5 岁	小计		0.05	0.05	0.05	0.05	0.06	0.06
	性别	男	0.05	0.05	0.05	0.05	0.06	0.06
		女	0.05	0.05	0.05	0.05	0.06	0.06
	城乡	城市	0.06	0.05	0.05	0.06	0.06	0.07
		农村	0.05	0.05	0.05	0.05	0.06	0.06
	片区	华北	0.06	0.05	0.05	0.06	0.06	0.06
		华东	0.06	0.05	0.05	0.06	0.06	0.07
		华南	0.05	0.04	0.05	0.05	0.06	0.06
		西北	0.05	0.05	0.05	0.05	0.06	0.06
		东北	0.06	0.05	0.05	0.06	0.06	0.07
		西南	0.05	0.04	0.05	0.05	0.06	0.06
5～<6 岁	小计		0.06	0.05	0.05	0.06	0.06	0.07
	性别	男	0.06	0.05	0.05	0.06	0.06	0.07
		女	0.05	0.05	0.05	0.06	0.06	0.06
	城乡	城市	0.06	0.05	0.05	0.06	0.06	0.07
		农村	0.05	0.05	0.05	0.05	0.06	0.06
	片区	华北	0.06	0.05	0.05	0.06	0.06	0.07
		华东	0.06	0.05	0.05	0.06	0.06	0.07
		华南	0.05	0.05	0.05	0.05	0.06	0.06
		西北	0.05	0.05	0.05	0.05	0.06	0.06
		东北	0.06	0.05	0.05	0.06	0.06	0.07
		西南	0.05	0.05	0.05	0.05	0.06	0.06
6～<9 岁	小计		0.07	0.06	0.06	0.07	0.07	0.09
	性别	男	0.07	0.06	0.06	0.07	0.07	0.09
		女	0.07	0.06	0.06	0.07	0.07	0.08
	城乡	城市	0.07	0.06	0.06	0.07	0.07	0.09
		农村	0.07	0.06	0.06	0.07	0.07	0.09
	片区	华北	0.07	0.06	0.06	0.07	0.07	0.09
		华东	0.07	0.06	0.06	0.07	0.07	0.08
		华南	0.07	0.05	0.06	0.06	0.07	0.08
		西北	0.07	0.06	0.06	0.07	0.07	0.08
		东北	0.07	0.06	0.06	0.07	0.08	0.09
		西南	0.07	0.06	0.06	0.07	0.07	0.08

分类			皮肤表面积（脚）/m²					
			Mean	P5	P25	P50	P75	P95
9～<12岁	小计		0.09	0.07	0.08	0.09	0.10	0.12
	性别	男	0.09	0.07	0.08	0.09	0.10	0.12
		女	0.09	0.07	0.08	0.09	0.10	0.11
	城乡	城市	0.09	0.07	0.08	0.09	0.10	0.12
		农村	0.09	0.07	0.08	0.09	0.10	0.11
	片区	华北	0.09	0.08	0.08	0.09	0.10	0.12
		华东	0.09	0.07	0.08	0.09	0.10	0.11
		华南	0.09	0.07	0.08	0.08	0.09	0.11
		西北	0.09	0.07	0.08	0.09	0.10	0.11
		东北	0.10	0.08	0.09	0.09	0.11	0.12
		西南	0.09	0.07	0.08	0.09	0.09	0.11
12～<15岁	小计		0.11	0.09	0.10	0.11	0.12	0.14
	性别	男	0.11	0.09	0.10	0.11	0.12	0.14
		女	0.11	0.09	0.10	0.11	0.12	0.13
	城乡	城市	0.11	0.09	0.10	0.11	0.12	0.14
		农村	0.11	0.09	0.10	0.11	0.12	0.14
	片区	华北	0.12	0.09	0.11	0.11	0.12	0.15
		华东	0.11	0.09	0.10	0.11	0.12	0.14
		华南	0.11	0.09	0.10	0.11	0.12	0.13
		西北	0.11	0.09	0.10	0.10	0.11	0.13
		东北	0.12	0.10	0.11	0.12	0.13	0.15
		西南	0.11	0.09	0.10	0.11	0.12	0.13
15～<18岁	小计		0.11	0.10	0.11	0.11	0.12	0.13
	性别	男	0.12	0.10	0.11	0.12	0.13	0.14
		女	0.11	0.09	0.10	0.11	0.11	0.12
	城乡	城市	0.11	0.10	0.11	0.11	0.12	0.14
		农村	0.11	0.10	0.11	0.11	0.12	0.13
	片区	华北	0.12	0.10	0.11	0.12	0.13	0.14
		华东	0.11	0.10	0.11	0.11	0.12	0.14
		华南	0.11	0.09	0.10	0.11	0.12	0.13
		西北	0.11	0.10	0.11	0.11	0.12	0.13
		东北	0.12	0.10	0.11	0.12	0.12	0.14
		西南	0.11	0.10	0.10	0.11	0.12	0.13

数据来源：中国儿童环境暴露行为模式研究。

表 12-9 中国儿童分省的总皮肤表面积推荐值

省(区、市)	总皮肤表面积/m²												
	0~<3月	3~<6月	6~<9月	9月~<1岁	1~<2岁	2~<3岁	3~<4岁	4~<5岁	5~<6岁	6~<9岁	9~<12岁	12~<15岁	15~<18岁
合计	0.34	0.40	0.45	0.47	0.52	0.61	0.68	0.74	0.80	0.99	1.23	1.46	1.61
北京	0.36	0.42	0.45	0.48	0.54	0.62	0.72	0.78	0.86	1.03	1.30	1.53	1.61
天津	0.35	0.41	0.45	0.48	0.54	0.61	0.69	0.77	0.83	1.05	1.34	1.59	1.71
河北	0.35	0.42	0.46	0.49	0.55	0.64	0.69	0.77	0.85	1.02	1.27	1.55	1.66
山西	0.32	0.38	0.45	0.49	0.55	0.64	0.70	0.77	0.83	1.03	1.28	1.51	1.66
内蒙古	0.33	0.39	0.44	0.47	0.54	0.62	0.69	0.76	0.82	0.98	1.26	1.41	1.70
辽宁	0.34	0.40	0.46	0.50	0.55	0.64	0.71	0.80	0.87	1.01	1.33	1.58	1.65
吉林	0.34	0.41	0.45	0.48	0.53	0.61	0.70	0.75	0.84	1.02	1.32	1.60	1.70
黑龙江	0.33	0.41	0.44	0.49	0.52	0.61	0.68	0.72	0.83	1.14	1.34	1.55	1.63
上海	0.38	0.42	0.49	0.50	0.55	0.63	0.70	0.76	0.83	1.02	1.28	1.54	1.67
江苏	0.37	0.43	0.47	0.49	0.55	0.65	0.72	0.79	0.84	1.00	1.27	1.55	1.66
浙江	0.32	0.40	0.44	0.47	0.51	0.59	0.66	0.74	0.79	1.00	1.19	1.44	1.61
安徽	0.35	0.41	0.45	0.48	0.55	0.63	0.70	0.76	0.85	0.97	1.23	1.46	1.64
福建	0.32	0.40	0.43	0.46	0.51	0.59	0.66	0.73	0.79	0.95	1.21	1.39	1.58
江西	0.33	0.39	0.43	0.47	0.52	0.60	0.65	0.74	0.80	0.97	1.19	1.36	1.55
山东	0.35	0.41	0.47	0.48	0.54	0.62	0.70	0.78	0.86	1.07	1.28	1.61	1.69
河南	0.36	0.41	0.45	0.48	0.53	0.62	0.67	0.76	0.78	1.00	1.27	1.53	1.67
湖北	0.35	0.40	0.44	0.47	0.52	0.60	0.67	0.73	0.80	0.98	1.16	1.43	1.60
湖南	0.33	0.39	0.44	0.46	0.51	0.60	0.66	0.72	0.78	0.95	1.14	1.46	1.60
广东	0.33	0.38	0.43	0.44	0.49	0.57	0.63	0.69	0.74	0.93	1.16	1.40	1.55
广西	0.34	0.39	0.43	0.46	0.50	0.57	0.65	0.72	0.77	0.96	1.16	1.38	1.52
海南	0.33	0.38	0.42	0.44	0.49	0.59	0.64	0.73	0.77	0.95	1.16	1.43	1.54
重庆	0.34	0.40	0.45	0.47	0.53	0.61	0.67	0.72	0.77	0.99	1.13	1.37	1.58
四川	0.32	0.39	0.43	0.46	0.51	0.60	0.67	0.72	0.78	0.97	1.22	1.46	1.62
贵州	0.35	0.39	0.43	0.46	0.50	0.58	0.66	0.72	0.79	0.99	1.20	1.42	1.55
云南	0.33	0.39	0.42	0.44	0.49	0.57	0.64	0.69	0.74	0.98	1.24	1.49	1.58
陕西	0.35	0.42	0.45	0.47	0.52	0.62	0.67	0.74	0.80	0.97	1.22	1.41	1.61
甘肃	0.32	0.39	0.43	0.46	0.51	0.59	0.66	0.71	0.77	1.03	1.28	1.44	1.56
青海	0.32	0.39	0.44	0.45	0.50	0.59	0.65	0.72	0.77	0.91	1.05	1.30	1.55
宁夏	0.35	0.40	0.44	0.48	0.53	0.60	0.67	0.72	0.78	0.93	1.15	1.45	1.66
新疆	0.35	0.39	0.42	0.46	0.50	0.59	0.66	0.72	0.78	0.95	1.13	1.33	1.62

数据来源：中国儿童环境暴露行为模式研究。

表 12-10　中国儿童分省的皮肤表面积（头部）推荐值

省（区、市）	皮肤表面积（头部）/m²												
	0~<3月	3~<6月	6~<9月	9月~<1岁	1~<2岁	2~<3岁	3~<4岁	4~<5岁	5~<6岁	6~<9岁	9~<12岁	12~<15岁	15~<18岁
合计	0.06	0.07	0.08	0.09	0.09	0.09	0.09	0.10	0.11	0.13	0.13	0.14	0.13
北京	0.06	0.08	0.08	0.09	0.09	0.09	0.10	0.11	0.11	0.13	0.14	0.14	0.13
天津	0.06	0.07	0.08	0.09	0.09	0.09	0.09	0.11	0.11	0.14	0.14	0.15	0.13
河北	0.06	0.08	0.08	0.09	0.09	0.09	0.09	0.11	0.11	0.13	0.14	0.14	0.13
山西	0.06	0.07	0.08	0.09	0.09	0.09	0.10	0.11	0.11	0.13	0.14	0.14	0.13
内蒙古	0.06	0.07	0.08	0.09	0.09	0.09	0.09	0.10	0.11	0.13	0.13	0.14	0.13
辽宁	0.06	0.07	0.08	0.09	0.09	0.09	0.10	0.11	0.11	0.13	0.14	0.15	0.13
吉林	0.06	0.07	0.08	0.09	0.09	0.09	0.10	0.11	0.11	0.13	0.14	0.15	0.13
黑龙江	0.06	0.07	0.08	0.09	0.09	0.09	0.10	0.11	0.11	0.15	0.15	0.14	0.13
上海	0.07	0.08	0.09	0.09	0.09	0.09	0.09	0.10	0.11	0.13	0.14	0.14	0.13
江苏	0.07	0.08	0.09	0.09	0.09	0.09	0.10	0.11	0.11	0.13	0.14	0.14	0.13
浙江	0.06	0.07	0.08	0.09	0.08	0.09	0.09	0.10	0.11	0.13	0.13	0.13	0.13
安徽	0.06	0.07	0.08	0.09	0.09	0.09	0.09	0.10	0.11	0.13	0.13	0.13	0.13
福建	0.06	0.07	0.08	0.09	0.08	0.09	0.09	0.10	0.12	0.13	0.13	0.13	0.12
江西	0.06	0.07	0.08	0.09	0.09	0.09	0.09	0.10	0.11	0.13	0.13	0.13	0.13
山东	0.06	0.08	0.08	0.09	0.09	0.09	0.10	0.11	0.11	0.14	0.14	0.15	0.13
河南	0.07	0.08	0.08	0.09	0.09	0.09	0.09	0.11	0.10	0.13	0.14	0.14	0.13
湖北	0.06	0.07	0.08	0.09	0.09	0.09	0.09	0.10	0.10	0.13	0.13	0.13	0.12
湖南	0.06	0.07	0.08	0.08	0.08	0.09	0.09	0.10	0.10	0.12	0.12	0.13	0.13
广东	0.06	0.07	0.08	0.08	0.08	0.09	0.10	0.10	0.10	0.12	0.13	0.13	0.12
广西	0.06	0.07	0.08	0.08	0.08	0.09	0.09	0.10	0.10	0.13	0.13	0.13	0.13
海南	0.06	0.07	0.08	0.08	0.08	0.09	0.09	0.10	0.10	0.12	0.13	0.13	0.12
重庆	0.06	0.07	0.08	0.09	0.09	0.09	0.09	0.10	0.10	0.13	0.12	0.13	0.12
四川	0.06	0.07	0.08	0.08	0.08	0.09	0.09	0.10	0.10	0.13	0.13	0.13	0.13
贵州	0.06	0.07	0.08	0.08	0.08	0.09	0.09	0.10	0.10	0.13	0.13	0.13	0.12
云南	0.06	0.07	0.08	0.08	0.08	0.09	0.09	0.10	0.13	0.13	0.13	0.14	0.12
陕西	0.06	0.08	0.08	0.08	0.09	0.09	0.09	0.10	0.11	0.13	0.13	0.13	0.13
甘肃	0.06	0.07	0.08	0.08	0.08	0.08	0.09	0.10	0.10	0.14	0.13	0.13	0.12
青海	0.06	0.07	0.08	0.08	0.08	0.08	0.10	0.10	0.10	0.12	0.12	0.12	0.12
宁夏	0.06	0.07	0.08	0.09	0.08	0.09	0.09	0.10	0.10	0.12	0.12	0.13	0.12
新疆	0.06	0.07	0.08	0.08	0.08	0.08	0.09	0.10	0.10	0.12	0.12	0.12	0.13

数据来源：中国儿童环境暴露行为模式研究。

表 12-11　中国儿童分省的皮肤表面积（躯干）推荐值

省(区、市)	皮肤表面积（躯干）/m²												
	0~<3月	3~<6月	6~<9月	9月~<1岁	1~<2岁	2~<3岁	3~<4岁	4~<5岁	5~<6岁	6~<9岁	9~<12岁	12~<15岁	15~<18岁
合计	0.12	0.14	0.16	0.17	0.19	0.23	0.22	0.23	0.28	0.35	0.42	0.48	0.52
北京	0.13	0.15	0.16	0.17	0.19	0.24	0.23	0.25	0.30	0.36	0.45	0.50	0.52
天津	0.12	0.15	0.16	0.17	0.19	0.24	0.22	0.24	0.29	0.37	0.46	0.52	0.55
河北	0.13	0.15	0.16	0.18	0.20	0.24	0.22	0.24	0.30	0.36	0.44	0.51	0.54
山西	0.11	0.14	0.16	0.18	0.19	0.25	0.22	0.24	0.29	0.36	0.44	0.49	0.54
内蒙古	0.12	0.14	0.16	0.17	0.19	0.24	0.22	0.24	0.29	0.34	0.43	0.46	0.55
辽宁	0.12	0.14	0.16	0.18	0.19	0.25	0.22	0.25	0.30	0.36	0.46	0.52	0.53
吉林	0.12	0.15	0.16	0.17	0.19	0.24	0.22	0.24	0.29	0.36	0.45	0.52	0.55
黑龙江	0.12	0.14	0.16	0.17	0.19	0.23	0.22	0.23	0.29	0.40	0.46	0.51	0.53
上海	0.14	0.15	0.17	0.18	0.20	0.24	0.22	0.24	0.29	0.36	0.44	0.50	0.54
江苏	0.13	0.15	0.17	0.18	0.20	0.25	0.23	0.25	0.29	0.35	0.44	0.51	0.54
浙江	0.12	0.14	0.16	0.17	0.18	0.23	0.21	0.23	0.28	0.35	0.41	0.47	0.52
安徽	0.12	0.15	0.16	0.17	0.19	0.24	0.22	0.24	0.30	0.34	0.42	0.48	0.53
福建	0.11	0.14	0.15	0.16	0.18	0.23	0.21	0.23	0.28	0.33	0.41	0.45	0.51
江西	0.12	0.14	0.16	0.17	0.18	0.23	0.21	0.23	0.28	0.34	0.41	0.45	0.50
山东	0.12	0.15	0.17	0.17	0.19	0.24	0.22	0.25	0.30	0.37	0.44	0.53	0.55
河南	0.13	0.15	0.16	0.17	0.19	0.24	0.21	0.24	0.27	0.35	0.44	0.50	0.54
湖北	0.12	0.14	0.16	0.17	0.18	0.23	0.21	0.23	0.27	0.35	0.40	0.47	0.51
湖南	0.12	0.14	0.16	0.16	0.18	0.23	0.21	0.23	0.27	0.33	0.39	0.48	0.52
广东	0.12	0.14	0.15	0.16	0.18	0.22	0.20	0.22	0.26	0.33	0.40	0.46	0.50
广西	0.12	0.14	0.16	0.16	0.18	0.23	0.21	0.23	0.27	0.34	0.40	0.45	0.49
海南	0.12	0.13	0.15	0.16	0.17	0.23	0.20	0.23	0.27	0.33	0.40	0.47	0.50
重庆	0.12	0.14	0.16	0.17	0.19	0.24	0.21	0.23	0.28	0.35	0.39	0.45	0.51
四川	0.11	0.14	0.15	0.16	0.18	0.23	0.21	0.23	0.27	0.34	0.42	0.48	0.53
贵州	0.12	0.14	0.15	0.17	0.18	0.22	0.21	0.23	0.28	0.35	0.41	0.46	0.50
云南	0.12	0.14	0.15	0.16	0.17	0.22	0.20	0.22	0.26	0.34	0.43	0.49	0.51
陕西	0.13	0.15	0.16	0.17	0.19	0.24	0.23	0.23	0.29	0.34	0.42	0.46	0.52
甘肃	0.11	0.14	0.15	0.16	0.18	0.23	0.21	0.22	0.27	0.36	0.44	0.47	0.50
青海	0.11	0.14	0.16	0.16	0.18	0.23	0.21	0.23	0.27	0.32	0.36	0.42	0.50
宁夏	0.12	0.14	0.16	0.17	0.19	0.23	0.21	0.23	0.27	0.33	0.39	0.47	0.54
新疆	0.12	0.14	0.15	0.16	0.18	0.23	0.21	0.23	0.28	0.33	0.39	0.44	0.52

数据来源：中国儿童环境暴露行为模式研究。

表 12-12　中国儿童分省的皮肤表面积（手臂）推荐值

| 省(区、市) | 皮肤表面积（手臂）/m² | | | | | | | | | | | | |
	0~<3月	3~<6月	6~<9月	9月~<1岁	1~<2岁	2~<3岁	3~<4岁	4~<5岁	5~<6岁	6~<9岁	9~<12岁	12~<15岁	15~<18岁
合计	0.05	0.06	0.06	0.06	0.07	0.07	0.10	0.10	0.11	0.13	0.16	0.18	0.24
北京	0.05	0.06	0.06	0.07	0.07	0.07	0.10	0.11	0.11	0.13	0.17	0.19	0.24
天津	0.05	0.06	0.06	0.07	0.07	0.07	0.10	0.11	0.11	0.14	0.17	0.20	0.25
河北	0.05	0.06	0.06	0.07	0.07	0.08	0.10	0.11	0.11	0.13	0.16	0.19	0.23
山西	0.04	0.05	0.06	0.07	0.07	0.08	0.10	0.11	0.11	0.13	0.17	0.19	0.25
内蒙古	0.04	0.05	0.06	0.07	0.07	0.07	0.10	0.11	0.11	0.13	0.16	0.17	0.24
辽宁	0.05	0.06	0.06	0.07	0.07	0.08	0.10	0.11	0.11	0.13	0.17	0.20	0.25
吉林	0.05	0.06	0.06	0.07	0.07	0.07	0.10	0.11	0.11	0.13	0.17	0.20	0.24
黑龙江	0.04	0.06	0.06	0.07	0.07	0.07	0.10	0.10	0.11	0.15	0.17	0.19	0.24
上海	0.05	0.06	0.07	0.07	0.07	0.07	0.10	0.11	0.11	0.13	0.16	0.19	0.24
江苏	0.05	0.06	0.06	0.07	0.07	0.08	0.10	0.11	0.11	0.13	0.16	0.19	0.23
浙江	0.04	0.06	0.06	0.06	0.07	0.07	0.10	0.10	0.10	0.13	0.15	0.18	0.23
安徽	0.05	0.06	0.06	0.07	0.07	0.07	0.10	0.11	0.11	0.13	0.16	0.18	0.24
福建	0.04	0.05	0.06	0.06	0.07	0.07	0.10	0.10	0.11	0.12	0.15	0.17	0.24
江西	0.05	0.05	0.06	0.06	0.07	0.07	0.09	0.10	0.10	0.13	0.15	0.17	0.23
山东	0.05	0.06	0.06	0.07	0.07	0.07	0.10	0.11	0.11	0.14	0.16	0.20	0.24
河南	0.05	0.06	0.06	0.07	0.07	0.07	0.10	0.11	0.10	0.13	0.16	0.19	0.24
湖北	0.05	0.06	0.06	0.07	0.07	0.07	0.10	0.10	0.10	0.13	0.15	0.18	0.24
湖南	0.05	0.05	0.06	0.06	0.07	0.07	0.09	0.10	0.10	0.12	0.15	0.18	0.23
广东	0.05	0.05	0.06	0.06	0.06	0.07	0.09	0.10	0.10	0.12	0.15	0.18	0.22
广西	0.05	0.05	0.06	0.06	0.06	0.07	0.09	0.10	0.10	0.12	0.15	0.17	0.23
海南	0.05	0.05	0.06	0.06	0.06	0.07	0.09	0.10	0.10	0.12	0.15	0.18	0.23
重庆	0.05	0.05	0.06	0.06	0.07	0.07	0.10	0.10	0.10	0.13	0.14	0.17	0.23
四川	0.04	0.05	0.06	0.06	0.07	0.07	0.10	0.10	0.10	0.13	0.16	0.19	0.24
贵州	0.05	0.05	0.06	0.06	0.07	0.07	0.10	0.10	0.10	0.13	0.15	0.18	0.23
云南	0.05	0.05	0.06	0.06	0.06	0.07	0.09	0.10	0.10	0.13	0.16	0.18	0.23
陕西	0.05	0.06	0.06	0.06	0.07	0.07	0.10	0.10	0.11	0.13	0.16	0.18	0.23
甘肃	0.04	0.05	0.06	0.06	0.07	0.07	0.09	0.10	0.10	0.14	0.17	0.18	0.24
青海	0.04	0.05	0.06	0.06	0.07	0.07	0.09	0.10	0.10	0.12	0.13	0.16	0.22
宁夏	0.05	0.05	0.06	0.07	0.07	0.07	0.10	0.10	0.10	0.12	0.15	0.18	0.25
新疆	0.05	0.05	0.06	0.06	0.07	0.07	0.10	0.10	0.10	0.12	0.15	0.17	0.24

数据来源：中国儿童环境暴露行为模式研究。

表 12-13　中国儿童分省的皮肤表面积（手部）推荐值

省（区、市）	皮肤表面积（手部）/m²												
	0~<3月	3~<6月	6~<9月	9月~<1岁	1~<2岁	2~<3岁	3~<4岁	4~<5岁	5~<6岁	6~<9岁	9~<12岁	12~<15岁	15~<18岁
合计	0.02	0.02	0.02	0.03	0.03	0.03	0.04	0.04	0.04	0.05	0.07	0.08	0.09
北京	0.02	0.02	0.02	0.03	0.03	0.03	0.04	0.04	0.04	0.05	0.07	0.08	0.09
天津	0.02	0.02	0.02	0.03	0.03	0.03	0.04	0.04	0.04	0.05	0.07	0.08	0.09
河北	0.02	0.02	0.02	0.03	0.03	0.03	0.04	0.04	0.04	0.05	0.07	0.08	0.09
山西	0.02	0.02	0.02	0.03	0.03	0.03	0.04	0.04	0.04	0.05	0.07	0.08	0.09
内蒙古	0.02	0.02	0.02	0.03	0.03	0.03	0.04	0.04	0.04	0.05	0.07	0.07	0.1
辽宁	0.02	0.02	0.02	0.03	0.03	0.03	0.04	0.05	0.04	0.05	0.07	0.08	0.09
吉林	0.02	0.02	0.02	0.03	0.03	0.03	0.04	0.04	0.04	0.05	0.07	0.09	0.09
黑龙江	0.02	0.02	0.02	0.03	0.03	0.03	0.04	0.04	0.04	0.05	0.07	0.08	0.09
上海	0.02	0.02	0.03	0.03	0.03	0.03	0.04	0.04	0.04	0.05	0.07	0.08	0.09
江苏	0.02	0.02	0.02	0.03	0.03	0.03	0.04	0.04	0.04	0.05	0.07	0.08	0.09
浙江	0.02	0.02	0.02	0.03	0.03	0.03	0.04	0.04	0.04	0.05	0.06	0.08	0.09
安徽	0.02	0.02	0.02	0.03	0.03	0.03	0.04	0.04	0.04	0.05	0.07	0.08	0.09
福建	0.02	0.02	0.02	0.02	0.03	0.03	0.04	0.04	0.04	0.04	0.06	0.07	0.09
江西	0.02	0.02	0.02	0.03	0.03	0.03	0.04	0.04	0.04	0.05	0.06	0.07	0.08
山东	0.02	0.02	0.02	0.03	0.03	0.03	0.04	0.04	0.04	0.05	0.07	0.09	0.09
河南	0.02	0.02	0.02	0.03	0.03	0.03	0.04	0.04	0.04	0.05	0.07	0.08	0.09
湖北	0.02	0.02	0.02	0.03	0.03	0.03	0.04	0.04	0.04	0.05	0.06	0.08	0.09
湖南	0.02	0.02	0.02	0.03	0.03	0.03	0.04	0.04	0.04	0.04	0.06	0.08	0.09
广东	0.02	0.02	0.02	0.02	0.03	0.03	0.04	0.04	0.04	0.04	0.06	0.07	0.08
广西	0.02	0.02	0.02	0.03	0.03	0.03	0.04	0.04	0.04	0.04	0.06	0.07	0.08
海南	0.02	0.02	0.02	0.02	0.03	0.03	0.04	0.04	0.04	0.04	0.06	0.08	0.08
重庆	0.02	0.02	0.02	0.03	0.03	0.03	0.04	0.04	0.04	0.05	0.06	0.07	0.09
四川	0.02	0.02	0.02	0.03	0.03	0.03	0.04	0.04	0.04	0.05	0.07	0.08	0.09
贵州	0.02	0.02	0.02	0.02	0.03	0.03	0.04	0.04	0.04	0.05	0.06	0.07	0.08
云南	0.02	0.02	0.02	0.02	0.03	0.03	0.04	0.04	0.03	0.05	0.07	0.08	0.09
陕西	0.02	0.02	0.02	0.03	0.03	0.03	0.04	0.04	0.04	0.05	0.07	0.07	0.09
甘肃	0.02	0.02	0.02	0.02	0.03	0.03	0.04	0.04	0.04	0.05	0.07	0.08	0.08
青海	0.02	0.02	0.02	0.02	0.03	0.03	0.03	0.04	0.04	0.04	0.06	0.07	0.09
宁夏	0.02	0.02	0.02	0.03	0.03	0.03	0.04	0.04	0.04	0.04	0.06	0.08	0.09
新疆	0.02	0.02	0.02	0.02	0.03	0.03	0.04	0.04	0.04	0.04	0.06	0.07	0.09

数据来源：中国儿童环境暴露行为模式研究。

表 12-14　中国儿童分省的皮肤表面积（腿）推荐值

省（区、市）	皮肤表面积（腿）/m²												
	0~<3月	3~<6月	6~<9月	9月~<1岁	1~<2岁	2~<3岁	3~<4岁	4~<5岁	5~<6岁	6~<9岁	9~<12岁	12~<15岁	15~<18岁
合计	0.07	0.08	0.09	0.1	0.12	0.14	0.18	0.21	0.22	0.27	0.36	0.48	0.53
北京	0.07	0.09	0.09	0.1	0.12	0.14	0.19	0.22	0.23	0.28	0.38	0.5	0.52
天津	0.07	0.08	0.09	0.1	0.12	0.14	0.19	0.21	0.23	0.28	0.39	0.52	0.56
河北	0.07	0.09	0.09	0.1	0.13	0.15	0.19	0.21	0.23	0.28	0.37	0.51	0.55
山西	0.07	0.08	0.09	0.1	0.13	0.15	0.19	0.21	0.23	0.28	0.38	0.49	0.54
内蒙古	0.07	0.08	0.09	0.1	0.12	0.14	0.18	0.21	0.22	0.26	0.37	0.46	0.56
辽宁	0.07	0.08	0.09	0.1	0.13	0.15	0.19	0.22	0.23	0.27	0.39	0.51	0.53
吉林	0.07	0.08	0.09	0.1	0.12	0.14	0.19	0.21	0.23	0.28	0.39	0.52	0.56
黑龙江	0.07	0.08	0.09	0.1	0.12	0.14	0.18	0.2	0.22	0.31	0.39	0.51	0.53
上海	0.08	0.09	0.1	0.1	0.13	0.15	0.19	0.21	0.23	0.28	0.38	0.5	0.55
江苏	0.08	0.09	0.1	0.1	0.13	0.15	0.19	0.22	0.23	0.27	0.37	0.51	0.55
浙江	0.07	0.08	0.09	0.1	0.12	0.14	0.18	0.21	0.21	0.27	0.35	0.47	0.53
安徽	0.07	0.08	0.09	0.1	0.13	0.15	0.19	0.21	0.23	0.26	0.36	0.48	0.54
福建	0.07	0.08	0.09	0.09	0.12	0.14	0.18	0.2	0.21	0.26	0.35	0.45	0.51
江西	0.07	0.08	0.09	0.1	0.12	0.14	0.18	0.2	0.21	0.26	0.35	0.44	0.5
山东	0.07	0.09	0.1	0.1	0.12	0.14	0.19	0.22	0.23	0.29	0.38	0.53	0.55
河南	0.07	0.09	0.09	0.1	0.12	0.14	0.18	0.21	0.21	0.27	0.37	0.5	0.55
湖北	0.07	0.08	0.09	0.1	0.12	0.14	0.2	0.2	0.27	0.34	0.47	0.52
湖南	0.07	0.08	0.09	0.09	0.12	0.14	0.18	0.2	0.21	0.26	0.33	0.48	0.52
广东	0.07	0.08	0.09	0.09	0.11	0.13	0.17	0.19	0.2	0.25	0.34	0.46	0.51
广西	0.07	0.08	0.09	0.1	0.12	0.13	0.17	0.2	0.21	0.26	0.34	0.45	0.49
海南	0.07	0.08	0.09	0.09	0.11	0.14	0.17	0.2	0.21	0.26	0.34	0.47	0.5
重庆	0.07	0.08	0.09	0.1	0.12	0.14	0.18	0.2	0.21	0.27	0.33	0.44	0.52
四川	0.07	0.08	0.09	0.09	0.12	0.14	0.2	0.2	0.21	0.26	0.36	0.48	0.53
贵州	0.07	0.08	0.09	0.1	0.12	0.13	0.18	0.2	0.21	0.27	0.35	0.46	0.5
云南	0.07	0.08	0.09	0.09	0.11	0.13	0.17	0.19	0.2	0.27	0.37	0.48	0.52
陕西	0.07	0.09	0.09	0.1	0.12	0.14	0.18	0.21	0.2	0.26	0.36	0.46	0.53
甘肃	0.07	0.08	0.09	0.1	0.12	0.14	0.18	0.2	0.21	0.26	0.38	0.47	0.5
青海	0.07	0.08	0.09	0.09	0.12	0.14	0.17	0.2	0.21	0.25	0.31	0.42	0.51
宁夏	0.07	0.08	0.09	0.1	0.12	0.14	0.18	0.2	0.21	0.25	0.34	0.48	0.54
新疆	0.07	0.08	0.09	0.09	0.12	0.14	0.18	0.2	0.21	0.26	0.33	0.43	0.53

数据来源：中国儿童环境暴露行为模式研究。

表 12-15   中国儿童分省的皮肤表面积（脚）推荐值

省(区、市)	皮肤表面积（脚）/m²												
	0~<3月	3~<6月	6~<9月	9月~<1岁	1~<2岁	2~<3岁	3~<4岁	4~<5岁	5~<6岁	6~<9岁	9~<12岁	12~<15岁	15~<18岁
合计	0.02	0.03	0.03	0.03	0.03	0.04	0.05	0.05	0.06	0.07	0.09	0.11	0.11
北京	0.02	0.03	0.03	0.03	0.03	0.04	0.05	0.06	0.06	0.07	0.10	0.12	0.11
天津	0.02	0.03	0.03	0.03	0.03	0.04	0.05	0.05	0.06	0.07	0.10	0.12	0.12
河北	0.02	0.03	0.03	0.03	0.03	0.05	0.05	0.05	0.06	0.07	0.09	0.12	0.12
山西	0.02	0.02	0.03	0.03	0.03	0.05	0.05	0.06	0.06	0.07	0.09	0.11	0.12
内蒙古	0.02	0.03	0.03	0.03	0.03	0.04	0.05	0.06	0.06	0.07	0.09	0.11	0.12
辽宁	0.02	0.03	0.03	0.03	0.03	0.05	0.05	0.06	0.06	0.07	0.10	0.12	0.12
吉林	0.02	0.03	0.03	0.03	0.03	0.04	0.05	0.05	0.06	0.07	0.10	0.12	0.12
黑龙江	0.02	0.03	0.03	0.03	0.04	0.04	0.05	0.05	0.06	0.08	0.10	0.12	0.11
上海	0.02	0.03	0.03	0.03	0.03	0.04	0.05	0.05	0.06	0.07	0.10	0.12	0.12
江苏	0.02	0.03	0.03	0.03	0.03	0.05	0.05	0.05	0.06	0.07	0.09	0.12	0.12
浙江	0.02	0.03	0.03	0.03	0.03	0.04	0.05	0.05	0.05	0.07	0.09	0.11	0.11
安徽	0.02	0.03	0.03	0.03	0.03	0.05	0.05	0.06	0.06	0.07	0.09	0.11	0.12
福建	0.02	0.03	0.03	0.03	0.03	0.04	0.05	0.05	0.05	0.07	0.09	0.11	0.11
江西	0.02	0.03	0.03	0.03	0.03	0.04	0.05	0.05	0.06	0.07	0.09	0.11	0.11
山东	0.02	0.03	0.03	0.03	0.03	0.04	0.05	0.05	0.06	0.07	0.09	0.12	0.12
河南	0.02	0.03	0.03	0.03	0.03	0.04	0.05	0.05	0.06	0.07	0.09	0.11	0.12
湖北	0.02	0.03	0.03	0.03	0.03	0.04	0.05	0.05	0.05	0.07	0.09	0.11	0.11
湖南	0.02	0.03	0.03	0.03	0.03	0.04	0.05	0.05	0.05	0.07	0.08	0.11	0.11
广东	0.02	0.02	0.03	0.03	0.03	0.04	0.05	0.05	0.05	0.06	0.09	0.11	0.11
广西	0.02	0.03	0.03	0.03	0.03	0.04	0.05	0.05	0.05	0.07	0.09	0.11	0.11
海南	0.02	0.02	0.03	0.03	0.03	0.04	0.05	0.05	0.05	0.07	0.09	0.11	0.11
重庆	0.02	0.03	0.03	0.03	0.03	0.04	0.05	0.05	0.05	0.07	0.08	0.11	0.11
四川	0.02	0.03	0.03	0.03	0.03	0.04	0.05	0.05	0.05	0.07	0.09	0.11	0.11
贵州	0.02	0.03	0.03	0.03	0.03	0.04	0.05	0.05	0.05	0.07	0.09	0.11	0.11
云南	0.02	0.03	0.03	0.03	0.03	0.04	0.05	0.05	0.05	0.07	0.09	0.11	0.11
陕西	0.02	0.03	0.03	0.03	0.03	0.04	0.05	0.05	0.06	0.07	0.09	0.11	0.11
甘肃	0.02	0.03	0.03	0.03	0.03	0.04	0.05	0.05	0.05	0.07	0.09	0.11	0.11
青海	0.02	0.03	0.03	0.03	0.03	0.04	0.05	0.05	0.05	0.06	0.08	0.10	0.11
宁夏	0.02	0.03	0.03	0.03	0.03	0.04	0.05	0.05	0.05	0.06	0.08	0.11	0.12
新疆	0.02	0.03	0.03	0.03	0.03	0.04	0.05	0.05	0.05	0.07	0.08	0.10	0.11

数据来源：中国儿童环境暴露行为模式研究。

参考文献

USEPA. 2008. Child-specific exposure factors handbook[S]. EPA/600/R-06/096F. Washington DC.